Wolfgang Hauer

Fische · Krebse · Muscheln
in heimischen Seen und Flüssen

stv

Wolfgang Hauer

Fische, Krebse & Muscheln in heimischen Seen und Flüssen

120 Arten in über 350 Lebendabbildungen

Leopold Stocker Verlag
Graz – Stuttgart

Umschlaggestaltung:
Werbeagentur Rypka GmbH, A-8143 Dobl/Graz,
Unterberg 58–60, www.rypka.at

Bildnachweis:
Sämtliche Bilder am Buchumschlag und im Textteil stammen von Wolfgang Hauer und sind urheberrechtlich geschützt mit Ausnahme von S. 27, 30 unten, 37: BOKU-IHG-Friedrich; S. 120, 121: Clemens Ratschan, S. 182: iStock/fusaromike.
Die Grafiken beim systematischen Überblick sind von Paul Veenvliet und aus dem Buch „Ribe slovenskih celinskih voda" mit freundlicher Genehmigung übernommen.

Bibliografische Information Der Deutschen Bibliothek
Die Deutsche Bibliothek verzeichnet diese Publikation in der Deutschen Nationalbibliografie; detaillierte bibliografische Daten sind im Internet unter http://dnb.ddb.de abrufbar.

Hinweis: Dieses Buch wurde auf chlorfrei gebleichtem Papier gedruckt. Die zum Schutz vor Verschmutzung verwendete Einschweißfolie ist aus Polyethylen chlor- und schwefelfrei hergestellt. Diese umweltfreundliche Folie verhält sich grundwasserneutral, ist voll recyclingfähig und verbrennt in Müllverbrennungsanlagen völlig ungiftig.

ISBN 978-3-7020-1897-9

Layout und Repro: Werbeagentur Rypka GmbH,
A-8143 Dobl/Graz, Unterberg 58–60, www.rypka.at

Inhalt

Zum Geleit

Süßwasserfische, Krebse und Muscheln sind Tiergruppen, die selbst dem Naturinteressierten oft nur unzureichend bekannt sind, deren grundsätzliche Bedeutung für unsere Gewässer aber außer Frage steht. Was die Formenvielfalt und die Bestimmung der vorkommenden Arten angeht, sind vielfach auch Fischer, Gewässerbewirtschafter und Naturschützer sehr bald am Ende ihres gesicherten Wissens angelangt. Aber auch in der wissenschaftlichen Forschung, die sich taxonomisch mit den Arten und ihrer Abgrenzung befasst, die Bestandsentwicklung erforscht oder die Verbreitung und die ökologischen Ansprüche studiert, stellen gerade Fische die vielleicht am schlechtesten bekannte Wirbeltiergruppe dar. Diese Wissensdefizite und mangelndes Interesse in der Öffentlichkeit wirken sich auch entsprechend in der Naturschutzgesetzgebung aus.

Das vorliegende Werk wendet sich an alle, denen intakte Lebensgemeinschaften in unseren Seen und Flüssen ein Anliegen sind. Es ist das besondere Verdienst des bekannten Fachmannes, Fischereimeister Wolfgang Hauer, dass er sich der mühsamen Arbeit unterzogen hat, schwer zugängliche Daten zur Bestimmung zu sammeln und vor allem in brillanten Lebendaufnahmen das Aussehen und wichtige Bestimmungsmerkmale zu präsentieren. Wer die Schwierigkeiten kennt, die mit der photographischen Dokumentation unserer heimischen Fische verbunden sind, wird dieses Werk mit Staunen und Bewunderung durchblättern und aufnehmen. Die Qualität der Darstellung wird aber ebenso den Naturfreund begeistern, der sich einfach an der besonderen Schönheit und Vielfalt der heimischen Tierwelt unter Wasser erfreuen will.

Dem naturverbundenen Angelfischer, den zahlreichen Gewässerbesitzern und Pächtern, dem Berufsfischer sowie dem Naturschutz wird mit diesem Buch jedenfalls ein unschätzbares Instrument in die Hand gegeben, das die Bewahrung und naturnahe Bewirtschaftung unserer Gewässer und ihrer Lebensgemeinschaften entscheidend beeinflussen und erleichtern wird.

Hofrat Dr. Ernst Bauernfeind
Naturhistorisches Museum Wien

Zur überarbeiteten und erweiterten Neuauflage 2020

Das mittlerweile zum Standardwerk für Fischbestimmung gewordene Fachbuch wurde vom Autor sorgfältig überarbeitet und auf den neuesten Stand gebracht. Für die Aktualisierung des Wissens über die Störe konnte der Experte DI Dr. Thomas Friedrich gewonnen werden. Auch das Kapitel Krebse wurde einer Revision unterzogen und vom Krebsfachmann und Züchter FM Ing. Johannes Hager auf den letzten Stand gebracht. Die in unserer Zeit so wichtig gewordenen Einstufungen bezüglich der Roten Listen in Österreich, Deutschland (Bayern, Baden-Württemberg) sowie der FFH Richtlinie oder CITES wurden von Veronika Stabauer, MMSc, sorgfältig aktualisiert. Berücksichtigt wurden auch die zunehmend in Erscheinung tretenden Neozoen: Quagga-Muschel und Körbchenmuschel werden ebenso in Fotos und Beschreibungen behandelt wie der Marmorkrebs oder die Amur Grundel. Auch der in Österreich erst 2015 neu entdeckte Smaragdgressling wird in Bild und Text vorgestellt. Insgesamt wurden mehr als 40 Lebendaufnahmen von Fischen neu in das Buch aufgenommen.

Die Überarbeitung hat das Buch jedenfalls auf den letzten wissenschaftlichen Stand gebracht, ohne es zu überfrachten. Es wird dem Fischer und jedem an der Lebewelt unserer Gewässer interessierten Leser ein verlässlicher und unentbehrlicher Begleiter sein

Hofrat Dr. Ernst Bauernfeind
Naturhistorisches Museum Wien

Einleitung

Dieses Buch soll Fischern, Gewässerbewirtschaftern, Fischzüchtern, Teichbesitzern und anderen Fischerei- und Naturinteressierten die Bestimmung der in unseren heimischen Gewässern vorkommenden Fische, Rundmäuler, Krebse und Muscheln ermöglichen. Für die Bearbeitung des Kapitels Muscheln konnte Frau Mag. Dr. Daniela Achleitner gewonnen werden, das Spezialgebiet der Störartigen wurde vom Experten DI Dr. Thomas Friedrich bearbeitet. Für das Kapitel der Süßwasserkrebse zeichnet Fischereimeister Ing. Johannes Hager verantwortlich. Neben der Bestimmung der Arten soll dieses Buch aber auch die unglaubliche Vielfalt und vor allem die Schönheit unserer Wassertiere vor Augen führen.

Zusätzlich zu den Gesamtaufnahmen der einzelnen Tierarten werden auch bestimmungsrelevante Details wie das Laichkleid, Kopfporträts, Flossen und Schuppen in Makroaufnahmen abgebildet. Von vielen Arten werden auch die Jugendstadien mit Makrofotos gezeigt. Bei den Fotos handelt es sich großteils um Erstveröffentlichungen, die zum Teil in jahrelanger Arbeit als Unterwasserbilder im Freiland entstanden sind. Viele der Fotos wurden in extra dafür angefertigten Spezialaquarien gemacht, weil die Sichttiefe in unseren heimischen Gewässern, von Gebirgsseen und klaren Bächen abgesehen, nur selten für bestimmungstaugliche Unterwasserfotos ausreicht. Der Großteil unserer Fischarten kommt aber in Seen und Flüssen des Tieflandes vor, die eine sehr geringe Sichttiefe aufweisen.

Neben der aufwändigen Arbeit hinter der Kamera war vor allem die Beschaffung der einzelnen Fischarten aus den verschiedensten Gewässern eine echte Herausforderung, da für dieses Buch lebende und möglichst makellose Exemplare mit typischem Aussehen gebraucht wurden. Ein besonderes Anliegen waren dem Autor dabei Aspekte des Artenschutzes und der Gewässerökologie. Viele der hier vorgestellten Arten sind mittlerweile sehr selten oder sogar in ihrem Bestand bedroht. Andere wieder kommen nur in sehr begrenzten Lebensräumen vor und sind aus diesem Grund schutzwürdig. Manche Kleinfischarten sind schwer zu unterscheiden und führen zusätzlich ein recht verborgenes Leben, sodass deren Erscheinungsbild selbst Fachleuten und erfahrenen Fischern nicht immer geläufig ist. Gesetzliche Schutzbestimmungen wie Schonzeiten und Mindestmaße haben aber nur dann einen Sinn, wenn die einzelnen Arten auch sicher erkannt werden. Schon deshalb ist die korrekte Bestimmung der Arten äußerst wichtig und stellt eine Basis aller Schutzbestrebungen dar.

Das Hauptaugenmerk dieses Buches liegt daher auf der raschen Bestimmung anhand leicht erkennbarer Unterscheidungsmerkmale am Äußeren der Tiere, daneben wird natürlich auch auf wichtige innere Unterscheidungsmerkmale eingegangen. So wird die Anordnung und Zahl der Schlundzähne, die Färbung des Bauchfelles bei den Karpfenartigen oder aber die Bezahnung des Pflugscharbeines bei den Salmoniden vorgestellt. Die Schuppen entlang der Seitenlinie oder die Zahl der Flossenstrahlen zu zählen, ist zur sicheren Bestimmung zwar manchmal notwendig – diese Prozedur am lebenden Tier durchzuführen, kann aber normalerweise nicht empfohlen werden! Im Zweifelsfall hat jeder weidgerechte Fischer die Möglichkeit, nicht einwandfrei bestimmbare Fische wieder schonend zurückzusetzen.

Neben dem für die Bestimmung besonders wichtigen Erscheinungsbild wird auch auf die Biologie, den natürlichen Lebensraum, die Nahrung und die Fortpflanzung der einzelnen Arten eingegangen.

Schuppenzahlen, Flossen-, Schlundzahnformeln

Die bei den einzelnen Arten angeführten Zahlen hinsichtlich der Flossenstrahlen und der Schuppen sind ebenso wie die Schlundzahnformeln großteils dem Bestimmungsschlüssel für heimische Fisch- und Neunaugenarten (Stand März 2004) des Institutes für Hydrobiologie und Gewässermanagement an der Universität für Bodenkultur in Wien entnommen. Ich bedanke mich dafür bei den Verfassern DI Dr. Christian Wiesner und DI Dr. Gerald Zauner, die mir die Verwendung ihrer Daten für dieses Buch gestattet haben.

Um die praktische Anwendbarkeit und Lesbarkeit zu gewährleisten, werden Literaturangaben nicht im Einzelnen angeführt, sondern am Ende des Buches zusammengefasst.

Auf die Beschreibung des Verbreitungsgebietes wurde großteils bewusst verzichtet. Die Angaben dazu sind in lokalfaunistischen Publikationen zerstreut und ihre Zusammenfassung würde aufgrund ihres unterschiedlichen Erscheinungsalters, der geografischen Lückenhaftigkeit der Dokumentation und mangelnden Überprüfbarkeit der Belege kein tatsächlich aktuelles Bild der Verbreitungssituation geben können.

Mehrere in diesem Buch angeführte Fischarten sind derzeit Gegenstand weitergehender, auch molekularbiologischer Untersuchungen. Ihre taxonomische Zuordnung ist derzeit strittig, hängt aber in jedem Falle auch von der individuellen Anwendung unterschiedlicher wissenschaftlicher Konzepte ab.

Bitte um Verständnis

Ich bitte um Verständnis, dass trotz allen Bemühens in der Praxis einzelne Fische nicht ohne Weiteres bestimmt werden können. Dies kann bei Jungfischen der Fall sein, aber auch bei Hybriden (Artbastarden), wie sie etwa bei den Karpfenartigen in der Natur relativ häufig vorkommen. In der Forellenzucht werden Kreuzungen aus ökonomischen Überlegungen auch ganz bewusst herbeigeführt, auch hier kann sich die Bestimmung recht schwierig gestalten. Manchmal zeigen Fischarten hinsichtlich ihres Erscheinungsbildes auch eine starke Anpassung an ihren unmittelbaren Lebensraum, sodass ihre zweifelsfreie Bestimmung nicht ohne Weiteres möglich ist.

Gefährdungsstatus

Stand Rote Liste Österreich: 2007
Stand Rote Liste Deutschland: 2009
Stand Rote Liste Bayern: 2003
Stand Rote Liste Baden-Württemberg: 2014
Stand FFH RL 2013

Bestimmungsmerkmale

Die Körperform der Fische

Die Körperform der einzelnen Fischarten stellt eine Anpassung an den jeweiligen Lebensraum bzw. die dort herrschenden Bedingungen dar. Natürlich sind die Übergänge bei den Formen fließend und eine klare Abgrenzung ist nicht immer möglich. Während Fische mit einem schlanken keulen- oder torpedoförmigen Körper meist ausdauernde Schwimmer sind und eher in strömungsreichen Abschnitten oder den Freiwasserzonen zu finden sind, kommen Fischarten mit hochrückigem Körperbau eher in stehenden oder langsam fließenden Gewässern vor. In der Folge sind einige Körperformen beispielhaft angeführt:

Schlangenförmig: Diese Körperform findet man beim Aal, dem Schlammpeitzger und den Neunaugen.

Keulenförmig und mehr oder weniger schlank: Die Körperform vieler Fischarten, die sich in fließenden Gewässern und im Freiwasser größerer Gewässer aufhalten. Dazu zählen die schlanken Karpfenartigen wie z. B. Aitel, Nase, Hasel, Nerfling, Strömer, Perlfisch oder Wildkarpfen. Aber auch die Forellen, Saiblinge oder etwa die Renken.

Spindelförmig und bauchseitig abgeflacht: Sind jene Fischarten, die sich vorwiegend am Grund aufhalten, wie z. B. Zingel, Streber, Koppe, Grundeln, Barbe oder die Gründlinge.

Torpedoförmig: Bei dieser Körperform handelt es sich meist um Raubfischarten, wie z. B. Hecht, Zander oder Huchen, die kurzfristig stark beschleunigen müssen, um Beute zu machen.

Hochrückig, scheibenförmig seitlich abgeflacht: Fischarten mit hochrückigem Körperbau kommen bevorzugt in stehenden oder langsam fließenden Gewässern vor, z. B. Brachse, Güster, Zobel, Bitterling oder Zuchtkarpfen.

Schema des Fischkörpers und Anordnung sowie Bezeichnung der Flossen

Die Flossen

Die Flossen dienen den Fischen zur Fortbewegung, Steuerung und Stabilisierung. Deren Form, ihre Anordnung sowie die Stellung zueinander dienen aber auch als Unterscheidungsmerkmale. Sie können paarweise nebeneinander stehen, also paarig angeordnet sein, so wie Brust- und Bauchflossen, oder einzeln stehen wie Rücken-, After- und Schwanzflosse, also unpaarig sein. Die Rückenflosse mancher Arten besteht aus zwei zusammenhängenden oder getrennten Abschnitten, wie z. B. bei den Barschartigen oder der Aalrutte. Eine Besonderheit stellt die Fettflosse dar, sie wird nicht von Flossenstrahlen gestützt. Charakteristisch ist sie für die Vertreter der Salmoniformes, man findet sie aber auch beim Zwergwels.

Die im Buch verwendeten Bezeichnungen für Flossen

RF = Rückenflosse RF1 bzw. RF 2, einteilig, zweiteilig, getrennt oder zusammenhängend
RF1 = erste Rückenflosse
RF2 = zweite Rückenflosse
AF = Afterflosse
BAF = Bauchflossen
BRF = Brustflossen
SF = Schwanzflosse
FF = Fettflosse

Die Fettflosse wird ***nicht*** von Flossenstrahlen gestützt.

Die wissenschaftliche (lateinische) Bezeichnung und deren Abkürzung

Rückenflosse	*Dorsale*	D bzw. D1 und D2
Afterflosse	*Anale*	A
Bauchflosse	*Ventrale*	V
Brustflosse	*Pectorale*	P
Schwanzflosse	*Caudale*	C
Fettflosse	*Adipose*	Ad

Am Hinterrand gesägte Hartstrahlen findet man an Rücken- und Afterflosse bei Karpfen, Barbe, Giebel und Karausche.

Die Flossenstrahlen

Die Flossenstrahlen dienen als Stütze für die Flossenhäute. Sie sind mit dem Flossenskelett verbunden und ermöglichen die gezielte Bewegung der Flossen. Flossenstrahlen werden hinsichtlich ihrer Form als **Hartstrahlen, gesägte Hartstrahlen, Stachelstrahlen, einfache Weichstrahlen** oder **gefiederte Weichstrahlen** bezeichnet. Ihre Anzahl in den einzelnen Flossen sowie ihre Form und Anordnung eignen sich für die Artunterscheidung. In der Fachliteratur wird meist eine sogenannte Flossenformel angegeben, diese ergibt sich aus der Summe der Hart- bzw. Weichstrahlen der einzelnen Flossen.

Beispiel einer Flossenformel (Flussbarsch)
RF zweiteilig getrennt,
RF 1/13–17 Stachelstrahlen
RF 2/1–2 Hartstrahlen und 13–16 gefiederte Weichstrahlen
AF 2 Stachelstrahlen und 8–10 gefiederte Weichstrahlen
BRF 14 gefiederte Weichstrahlen
BAF 1 Stachelstrahl und 5 gefiederte Weichstrahlen
SF 17 gefiederte Weichstrahlen

Die verschiedenen Formen der Schwanzflosse

Homocerk: Bei dieser Form der Schwanzflosse sind beide Enden etwa gleich lang, also äußerlich symmetrisch.

Heterocerk: Bei dieser Form der Schwanzflosse sind die Enden unterschiedlich lang.

Epicerk: Bei dieser Form ist der obere Lappen der Schwanzflosse länger, beim Hai oder den Stören setzt sich die Wirbelsäule in der oberen, längeren Schwanzflossenhälfte fort.

Hypocerk: Bei dieser Form ist der untere Lappen der Schwanzflosse länger.

Sonderform: Beim Aal oder bei den Neunaugen findet sich als Sonderform ein durchgehender Flossensaum anstelle einer eigentlichen Schwanzflosse.

Homocerk, Perlfisch

Homocerk, Seeforelle

Epicerk, Störe

Hypocerk, Zobel

Durchgehender Flossensaum anstelle der SF, Aal

Unterständig – Steingreßling

Unterständig – Barbe

Oberständig – Sichling

Endständig – Aitel

Endständig – Bachforelle

Typische Hornränder am Maul – Nase

Die verschiedenen Maulformen

Die Maulform der einzelnen Fischarten stellt eine Anpassung an deren oft spezielle Ernährungsgewohnheiten dar und dient zugleich als Unterscheidungsmerkmal.

Unterständig

Diese Maulform ist ein Hinweis auf eine eher bodenorientierte Nahrungssuche, dabei ist hier der Oberkiefer länger als der Unterkiefer. Die meisten Fischarten mit unterständiger Maulstellung können ihr Maul bei der Nahrungsaufnahme zusätzlich noch mehr oder weniger weit ausstülpen. Typisch ist dies z. B. bei den Stören, vielen Karpfenartigen wie Brachse, Karpfen, Barbe oder den Gründlingen.

Oberständig

Diese Maulform ist ein Hinweis auf die Nahrungssuche in den oberen Wasserschichten, bei dieser Stellung ist der Unterkiefer länger als der Oberkiefer, wobei der Unterkiefer mehr oder weniger steil nach oben gerichtet sein kann, wie beispielsweise bei Laube, Sichling, Blaubandbärbling, Moderlieschen oder Rotfeder.

Endständig

Ober- und Unterkiefer sind etwa gleich lang. Viele Fischarten weisen diese endständige Maulform auf, sie können ihre Nahrung sowohl im Freiwasser als auch am Gewässergrund und an der Wasseroberfläche aufnehmen. Hinsichtlich ihres Nahrungsspektrums sind sie oft Generalisten und ernähren sich von Wasserinsekten ebenso wie von kleinen Fischen. Man findet diese Maulstellung z. B. bei den meisten Forellenartigen, aber auch bei Karpfenartigen wie etwa dem Aitel.

Sonderformen

Finden wir z. B. bei der Nase, deren Lippen zu scharfkantigen Hornrändern umgebildet sind, um Aufwuchsalgen von den Steinen zu schaben, oder etwa beim Hecht, dessen entenschnabelförmiges Maul in der Beschleunigungsphase zwar den geringst möglichen Wasserwiderstand leistet, zum Erfassen der Beute aber blitzartig weit geöffnet werden kann. Auch die Saugscheibe der geschlechtsreifen Neunaugen ist eine besondere Maulform, sie dient diesen Tieren zum Festsaugen an glatten Steinen.

Oberständig – Seelaube

Saugmaul – Neunaugen

Die Barteln oder Bartfäden

Die Barteln dienen hauptsächlich als chemosensorische Tastorgane und sind dicht mit Sinneszellen besetzt. Sie werden vor allem bei der Nahrungssuche eingesetzt. Ihre Länge und Anzahl variiert je nach Fischart und dient daher auch zur Unterscheidung der einzelnen Arten.

Einzelner Bartfaden – Aalrutte

Zwei kurze Bartfäden – Schleie

6 längere und 4 sehr kurze Bartfäden – Schlammpeitzger

Winzige Rundschuppen – Aalrutte

Große Einzelschuppen – Karpfen

Schuppenbild – Bachforelle

Schuppenbild – Äsche

Schuppenbild – Barsch

Knochenplatten – Störe

Rundschuppe

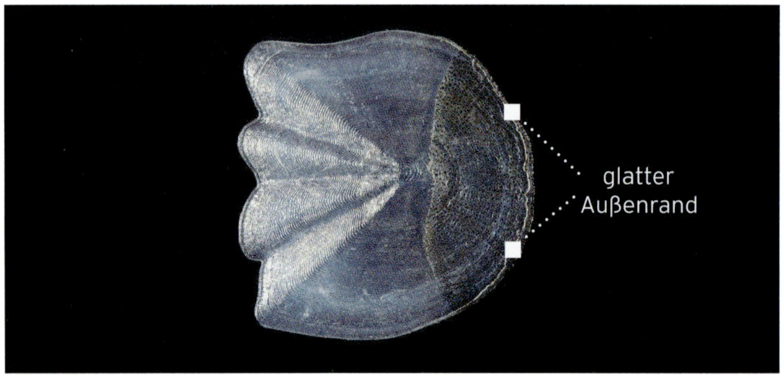

Kammschuppen der Barschartigen

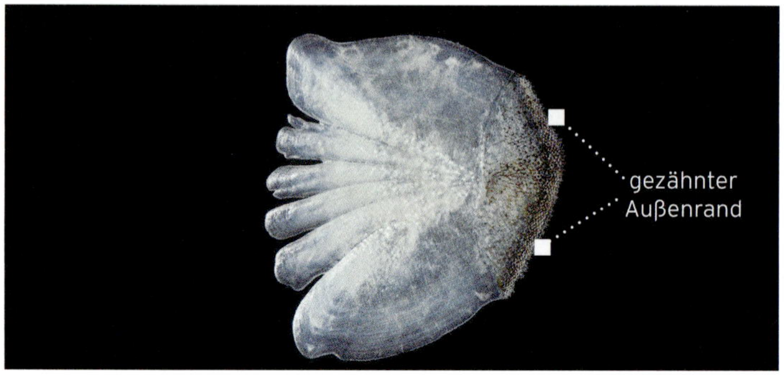

Die Schuppen

Die Schuppen sitzen unter der Oberhaut dachziegelartig angeordnet in den Schuppentaschen eingebettet. Sichtbar ist meist nur ein relativ kleiner, halbmondförmiger Bereich, der nicht von den anderen Schuppen verdeckt wird. Das unterschiedliche Wachstum der Fische während der Sommer- bzw. Wintermonate schlägt sich in den Schuppen in Form von konzentrischen Wachstumsringen nieder. Dies ermöglicht, ähnlich wie bei den Jahresringen der Bäume, die Bestimmung des Alters. Grundsätzlich wird zwischen Rundschuppen mit einem glatten äußeren Rand und Kammschuppen mit einem rauen, gezähnten Rand (der mit freiem Auge übrigens kaum sichtbar ist) unterschieden. Bei den Störartigen findet man anstelle der Schuppen Knochenplatten. Bei manchen Fischarten sind die Schuppen winzig und liegen unter einer dicken Schleimschicht verborgen wie beim Aal oder der Aalrutte. Einige Fischarten wie der Wels oder die Koppe besitzen keine Schuppen.

Rundschuppen *Cycloidschuppen*, findet man bei den meisten unserer Fische, beispielsweise bei den Salmoniden und den Cypriniden.

Kammschuppen *Ctenoidschuppen*, findet man z. B. bei den Barschartigen und den Grundeln.

Knochenschilde findet man bei den Störartigen.

Die Seitenlinie

Von den Kiemendeckeln bis zum Ansatz der Schwanzflosse erstreckt sich bei den meisten Fischarten das **Seitenlinienorgan,** es dient den Fischen als Ferntastsinn. Erkennbar ist es anhand einer Längsreihe durchlöcherter Schuppen. Die Anzahl der Schuppen entlang der Seitenlinie bzw. über und unter dieser sind wichtige Hilfsmittel zur Bestimmung der einzelnen Fischarten. Ihre Anzahl entlang der Seitenlinie wird im Buch durch **SL (Anzahl) Schuppen,** angegeben. Die wissenschaftliche Bezeichnung für die Seitenlinie lautet *Linea lateralis* (Ll).

Seitenlinienschuppen des Strömer

Regenerat nach Schuppenverlust

Die Bezahnung der Fische

Die Zähne im Maul unserer Fische dienen in erster Linie dazu, die Nahrung festzuhalten bzw. die Beute zu töten, man findet Zähne daher vor allem im Maul räuberischer Fischarten. Die Zähne können auf Ober- und Unterkiefer, Zwischenkiefer, Gaumenknochen, Pflugscharbein und dem Zungenbein sitzen. Die Form der Zähne ist unterschiedlich, so findet man große, einzeln nebeneinander stehende Fangzähne am Unterkiefer des Hechtes. Am Vorderende des Unter- und Oberkiefers sitzen die charakteristischen Hundszähne beim Zander. Kleine, dicht beisammen sitzende Bürsten- oder Hechelzähne finden wir etwa beim Barsch, der Aalrutte, dem Aal oder dem Wels.

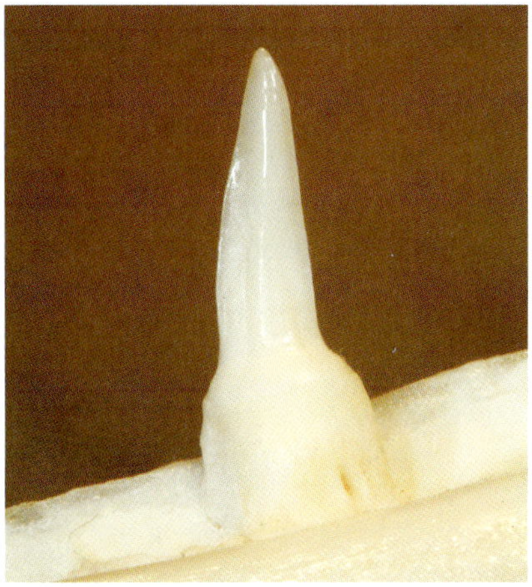

Scharfkantiger Fangzahn – Hecht

Typische Hundszähne – Zander

Kleine Hechelzähne – Wels

Schlundzähne

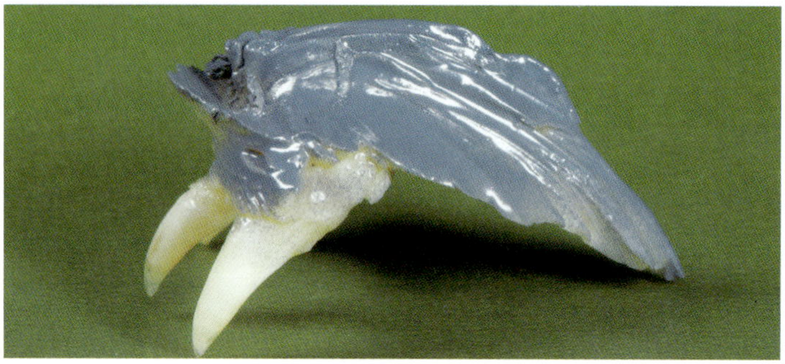
Kurzes Pflugscharbein – Huchen

Langes Pflugscharbein mit bezahntem Stiel – Seeforelle

Kiemenbogen eines Huchens

Kiemenbogen eines Riedlings

Eine Besonderheit stellen die Schlundzähne bei den Karpfenartigen und Schmerlen dar, deren Zähne sitzen nicht im Maul, sondern befinden sich auf dem fünften Kiemenbogen, der zu sogenannten Schlundknochen umgewandelt ist. Die Form der Schlundzähne und ihre Anordnung in ein, zwei oder drei Reihen lässt Rückschlüsse auf ihre Ernährungsweise zu und ermöglicht die Unterscheidung der einzelnen Arten. Über die Anzahl und Anordnung der Schlundzähne gibt die Schlundzahnformel Auskunft.
Sie lautet z. B. beim Perlfisch: einreihig, 5–5, beim Aitel: zweireihig, 2.5–5.2 oder beim Karpfen: dreireihig, 1.1.3–3.1.1

Die Lachsartigen besitzen ebenfalls bezahnte Kieferknochen im Maul, bei ihnen stellt das Pflugscharbein (Vomer) eine Besonderheit dar. Dieser Knochen sitzt am Gaumendach und dient je nach Anordnung der Bezahnung zur Unterscheidung der Arten.

Kiemenreusendornen

Die Kiemenreusendornen stehen auf der Innenseite der Kiemenbögen, ihre Form, Länge und vor allem ihre Anzahl stellen ein wichtiges Unterscheidungsmerkmal dar. Bei Raubfischen sind die einzelnen Reusendornen noch zusätzlich mit feinen Zähnen besetzt, ihre Aufgabe ist es, das Entkommen von Beutefischen zwischen den Kiemenbögen zu verhindern. Bei den Renken findet man zahlreiche, aber recht feine Kiemenreusendornen, womit diese Fische winzige Planktonkrebse aus dem Wasser filtrieren.

Systematischer Überblick

Die systematische Einteilung der Fische ist immer noch nicht völlig geklärt. Die systematische Zusammenstellung erfolgte hier im Wesentlichen nach STARCK (1991) und dem Internetportal FishBase.

Stamm: Chordatiere, *Chordata*
Unterstamm: Wirbeltiere, *Vertebrata*
Überklasse: Kieferlose Fische, *Agnata*

Familie: Neunaugen *(Petromyzontidae)*
- Ukrainisches Bachneunauge *(Eudontomyzon mariae)*
- Bachneunauge *(Lampetra planeri)*

Überklasse: Kiefertragende Fische, *Gnathostoma*
Klasse: Knochenfische im weiteren Sinne, *Osteichthyes*
Unterklasse: Strahlenflosser, *Actionopterygii*
Infraklasse: *Chondrostei*

Familie: Störe *(Acipenseridae)*
- Waxdick *(Acipenser gueldenstaedti)*
- Glattdick *(Acipenser nudiventris)*
- Sterlet *(Acipenser ruthenus)*
- Sternhausen *(Acipenser stellatus)*
- Hausen *(Huso huso)*
- Sibirischer Stör *(Acipenser baeri)*
- Adriatischer Stör *(Acipenser naccarii)*
- Europäischer Stör *(Acipenser sturio)*
- Weißer Stör *(Acipenser transmontanus)*
- Kurznasenstör *(Acipenser brevirostrum)*
- Atlantische Stör *(Acipenser oxyrinchus)*

Familie: Löffelstöre *(Polyodontidae)*
- Löffelstör *(Polyodon spathula)*

Infraklasse: Echte Knochenfische, *Teleostei*
Familie: Aale *(Anguillidae)*
- Aal *(Anguilla anguilla)*

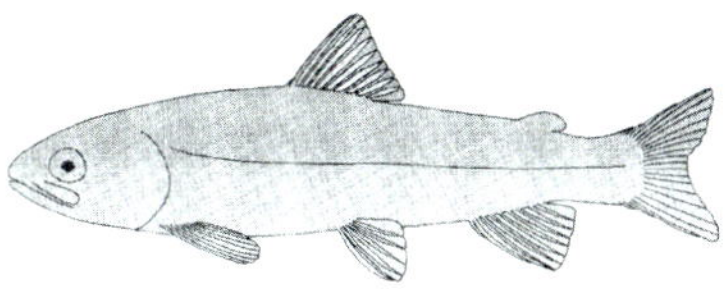

Familie: Lachsartige *(Salmonidae)*
- Bachforelle *(Salmo trutta f. fario)*
- Seeforelle *(Salmo trutta f. lacustris)*
- Huchen *(Hucho hucho)*
- Seesaibling *(Salvelinus umbla, Syn: S. alpinus)*
- Bachsaibling *(Salvelinus fontinalis)*
- Regenbogenforelle *(Oncorhynchus mykiss)*
- Namaycush *(Salvelinus namaycush)*

Familie: Renken *(Coregonidae)*
Renken, Felchen, Maränen *(Coregonus sp.)*

Familie: Äschen *(Thymallidae)*
Äsche *(Thymallus thymallus)*

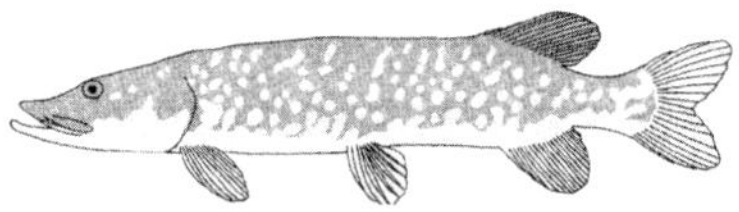

Familie: Hechte *(Esocidae)*
Hecht *(Esox lucius)*

Familie: Hundsfische *(Umbridae)*
Europäischer Hundsfisch *(Umbra krameri)*

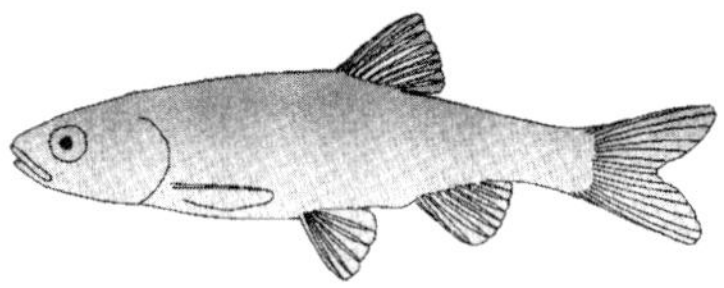

Familie: Karpfenartige *(Cyprinidae)*
Karpfen *(Cyprinus carpio)*
Amur, Weißer Amur *(Ctenopharyngodon idella)*
Tolstolob, Silberkarpfen *(Hypophthalmichthys molitrix)*
Marmorkarpfen *(Hypophthalmichthys nobilis)*
Schwarzer Amur *(Mylopharyngodon piceus)*
Brachse *(Abramis brama)*
Zope *(Ballerus ballerus)*
Zobel *(Ballerus sapa)*
Güster *(Blicca bjoerkna)*
Schneider *(Alburnoides bipunctatus)*
Laube *(Alburnus alburnus)*
Moderlieschen *(Leucaspius delineatus)*
Rapfen, Schied *(Aspius aspius)*
Barbe *(Barbus barbus)*
Semling *(Barbus balcanicus, petenyi-* Gruppe)
Karausche *(Carassius carassius)*
Giebel *(Carassius gibelio)*
Seelaube *(Alburnus mento)*
Nase *(Chondrostoma nasus)*
Donau-Gründling *(Gobio obtusirostris)*
Donau-Weißflossengründling *(Romanogobio vladykovi)*
Donau-Sandgründling *(Romanogobio carpathorossicus)*

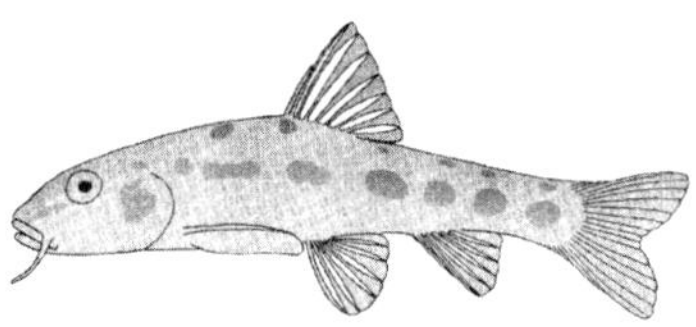

Steingressling *(Romanogobio uranoscopus)*
Smaragdgressling *(Romanogobio skywalkeri)*
Hasel *(Leuciscus leuciscus)*
Nerfling *(Leuciscus idus)*
Aitel *(Squalius cephalus)*
Strömer *(Telestes souffia)*
Sichling *(Pelecus cultratus)*
Elritze, Pfrille *(Phoxinus phoxinus)*
Blaubandbärbling *(Pseudorasbora parva)*
Bitterling *(Rhodeus amarus)*
Rotauge *(Rutilus rutilus)*
Perlfisch *(Rutilus meidingeri)*
Frauennerfling *(Rutilus pigus)*

Rotfeder *(Scardinius erythrophthalmus)*
Schleie *(Tinca tinca)*
Rußnase *(Vimba vimba)*

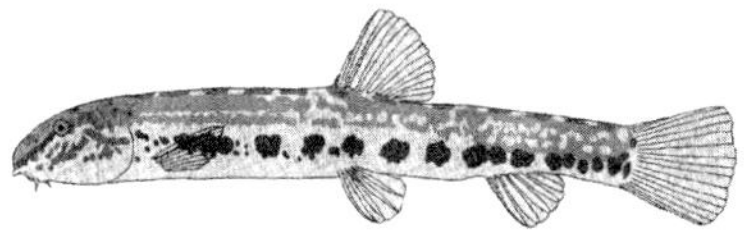

Familie: Schmerlen *(Cobitidae)*
Steinbeißer, Dorngrundel *(Cobitis sp.)*
Goldsteinbeißer *(Sabanejewia balcanica)*
Schlammpeitzger *(Misgurnus fossilis)*

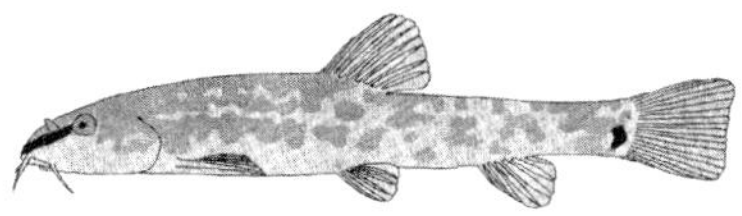

Familie: Bachschmerlen *(Nemacheilidae)*
Bachschmerle *(Barbatula barbatula)*

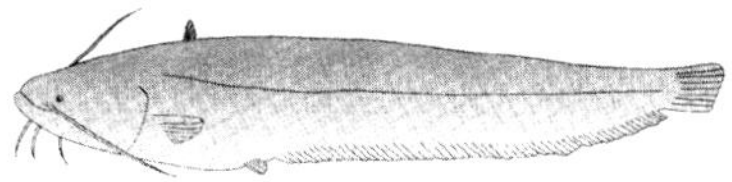

Familie: Welse *(Siluridae)*
Wels, Waller *(Silurus glanis)*

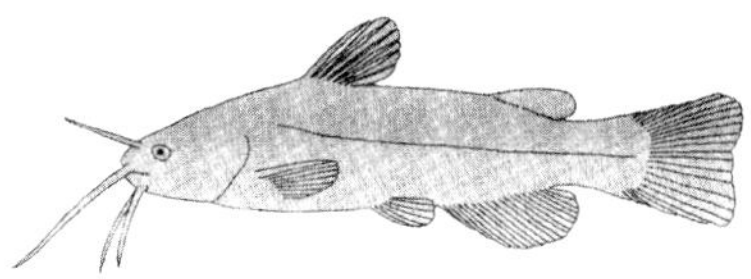

Familie: Zwergwelse *(Ictaluridae)*
Schwarzer Zwergwels *(Ameiurus melas)*
Brauner Zwergwels *(Ameiurus nebulosus)*

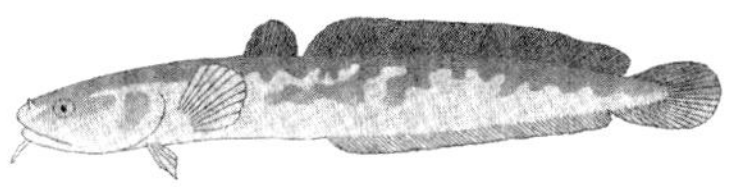

Familie: Dorsche *(Lotidae)*
Aalrutte *(Lota lota)*

Familie: Stichlinge *(Gasterosteidae)*
Dreistacheliger Stichling *(Gasterosteus aculeatus)*
Neunstacheliger Stichling *(Pungitius pungitius)*

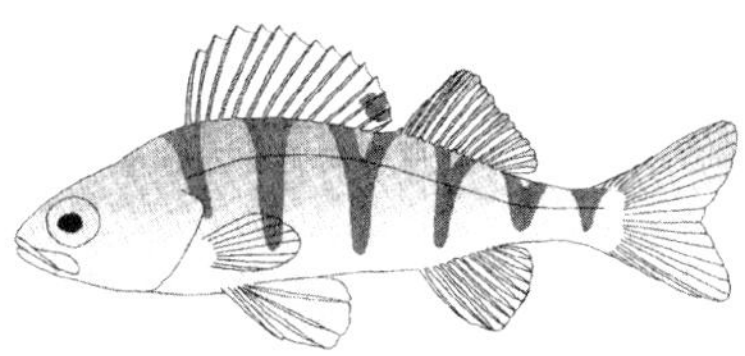

Famlie: Barsche *(Percidae)*
Flussbarsch *(Perca fluviatilis)*
Donaukaulbarsch *(Gymnocephalus baloni)*
Kaulbarsch *(Gymnocephalus cernuus)*
Schrätzer *(Gymnocephalus schraetser)*
Zander *(Sander lucioperca)*
Wolgazander *(Sander volgensis)*
Streber *(Zingel streber)*
Zingel *(Zingel zingel)*

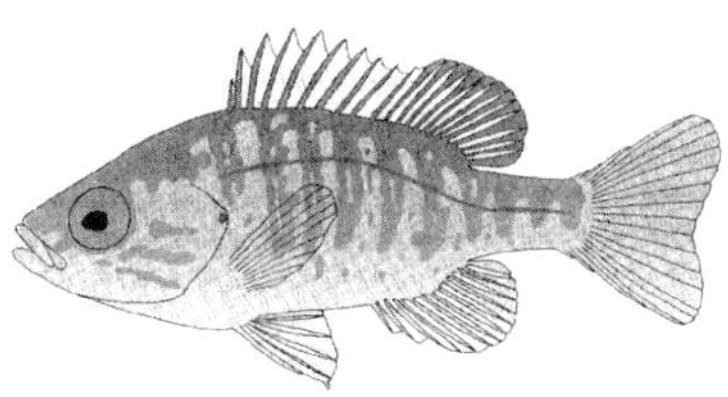

Familie: Sonnenbarsche *(Centrarchidae)*
Sonnenbarsch *(Lepomis gibbosus)*
Forellenbarsch *(Micropterus salmoides)*
Schwarzbarsch *(Micropterus dolomieu)*

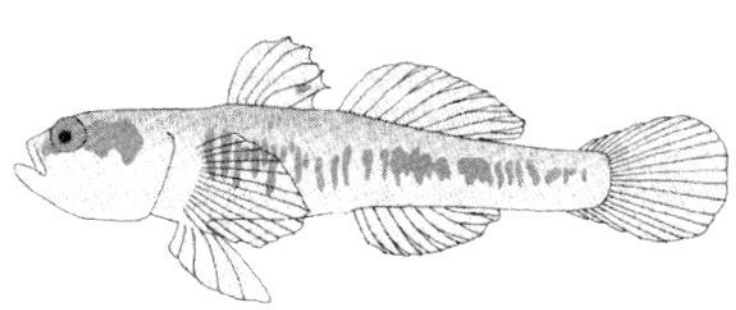

Familie: Grundeln *(Gobiidae)*
Marmorierte Grundel *(Proterorhinus semilunaris)*
Nackthalsgrundel *(Babka gymnotrachelus)*
Kessler Grundel *(Ponticula kessleri)*
Schwarzmundgrundel *(Neogobius melanostomus)*

Familie: Schläfergrundeln *(Odontobutidae)*
Amur Schläfergrundel *(Percottus glenii)*

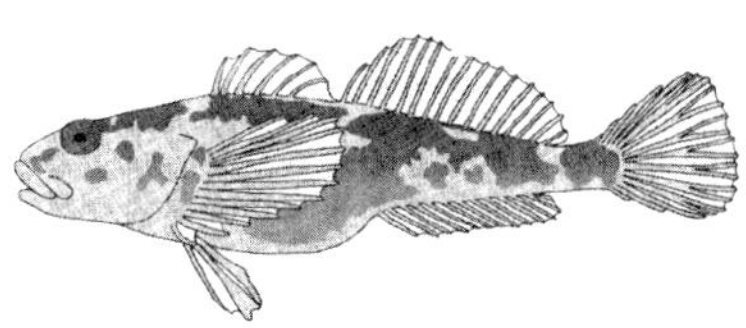

Familie: Koppen *(Cottidae)*
Koppe *(Cottus gobio)*

Fische

Bach-neunaugen

Familie: Neunaugen, *Petromyzontidae*
Bachneunauge: *Lampetra planeri* (Bloch, 1748)
Englisch: Brook lamprey
Ukrainisches Bachneunauge:
Eudontomyzon mariae (Berg, 1931)
Englisch: Ukrainian brook lamprey

Merkmale: Das auffälligste Merkmal der Neunaugen ist ihr schlangenförmiger Körper, der an die Körpergestalt kleiner Aale erinnert. Von diesen sind Neunaugen durch verschiedene leicht erkennbare Merkmale zu unterscheiden. Ihnen fehlen die Kiefer (daher auch Kieferlose), die bei den eigentlichen Fischen vorhanden sind, ihr Maul ist bei erwachsenen Tieren zu einer Saugscheibe umgebildet. Weiters fehlen ihnen die paarigen Brustflossen, am Kopf hinter den Augen befinden sich auf jeder Seite 7 Kiemenöffnungen. An der Schnauze sitzt nur eine Nasenöffnung.
Aus der Summe von einer Nasenöffnung, einem Auge und 7 Kiemenöffnungen an jeder Seite entstand der Name „Neunauge". Die Augen und die Saugscheibe sind jedoch nur bei geschlechtsreifen Tieren ausgeprägt, bei den Larvenstadien, den sogenannten Querdern, fehlen diese beiden typischen Merkmale. Die sieben Kiemenöffnungen sind jedoch auch bei den Querdern erkennbar. Die Färbung am Rücken variiert von Sandfarben über Olivgrün bis Braun, an den Seiten werden die Farben heller, um auf der Bauchseite in ein silbriges Weiß überzugehen. Der Flossensaum am Rücken ist je nach Entwicklungsstadium mehr oder weniger stark eingekerbt. Auf der Körperunterseite beginnt der Flossensaum beim Waidloch und reicht bis zur Schwanzspitze, dort vereinigt er sich mit dem Rückensaum. Bei geschlechtsreifen Männchen ist vor dem Afterflossenansatz ein penisartiger Fortsatz erkennbar. Bei den Weibchen sind die Eier kurz vor der Laichzeit in der Leibeshöhle bereits von außen sichtbar. Die schleimige Haut der Neunaugen trägt keine Schuppen, auch eine Schwimmblase ist nicht vorhanden.

Wachstum

Bachneunauge: 12–16 cm
Ukrainisches Bachneunauge: 18–21 cm

Bezahnung an den Mundscheiben

Nur bei erwachsenen Exemplaren
Bachneunauge
Oberkieferplatte breit, mit einem starken Zahn an jeder Seite, Unterkieferplatte mit 5–9 (meist 7) gleich großen, abgerundeten Zähnen, Mundscheibe weist nur obere und randständige Lippenzähne auf, seitliche äußere und untere Lippenzähne fehlen. Die inneren sind schwach entwickelt, zwei oder dreihöckrig, vordere

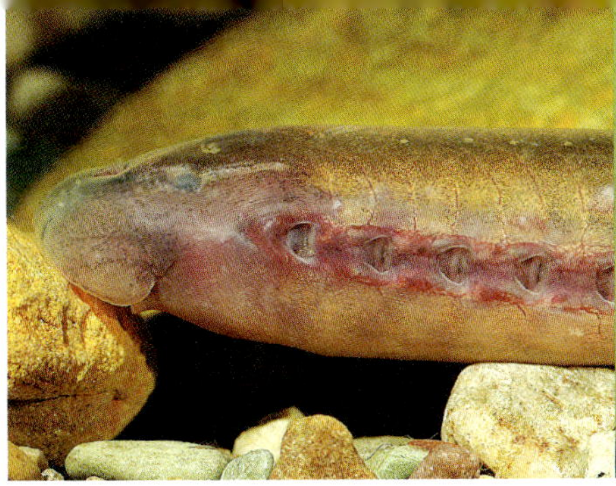
Kopf eines Querders

Männliches Geschlechtsorgan

Ukrainisches Bachneunauge

Bachneunauge

Zungenplatte mit mittlerer Einsenkung, ihre Vorderkante trägt mehrere Zähnchen, von denen das mittlere vergrößert und verbreitert ist.

Ukrainisches Bachneunauge
Oberkieferplatte breit mit einem großen Zahn an jeder Seite. Unterkieferplatte mit 5–10 (gewöhnlich 7–8) Zähnen, die bei geschlechtsreifen Tieren scharf und spitz sind. Äußere seitliche Lippenzähne vorhanden, innere Lippenzähne fast immer zweizackig, hintere Mundscheibenbezahnung in 1 bis 4 gekrümmten Reihen oder fehlend. Vordere Zungenplatte ohne mittlere Einsenkung, ihre Vorderkante trägt 5 Zähne, in der Mitte einen vergrößerten und verbreiterten Zahn, an den sich rechts und links je zwei kleine Zähnchen anschließen.

Verwechslungsarten: Kleine Aale, diese besitzen paarige Brustflossen und nur eine Kiemenöffnung an der Seite sowie zwei Nasenöffnungen.

Biologie: Die Biologie der Neunaugen ist sehr interessant, so leben ihre Larvenstadien bis zu 6 Jahre im sandig/schlammigen Sediment verborgen. Nur während der Nacht strecken sie ihre eigentümlichen Köpfe heraus, um Nahrung wie bestimmte Algen und Detritus aufzunehmen. Sandbänke, die von Neunaugen bewohnt sind, kann man an den typischen trichterförmigen Löchern erkennen. Die geschlechtsreifen Tiere nehmen keine Nahrung mehr auf und verlassen im Frühjahr die schützenden Sandbänke, um ihre Laichplätze aufzusuchen. In größeren Fließgewässern ziehen die Neunaugen zum Laichen meist in kleine Zubringerbäche mit schotterig/kiesigem Grund. In kleinen Gewässern laichen die Neunaugen an den nächstgelegenen geeigneten Stellen. Die Milchner heben dabei kleine Laichgruben aus, dies geschieht durch schlagende Bewegungen mit dem Hinterkörper, größere Kiesel werden auch durch Wegheben mit dem Saugmaul entfernt. Die Elterntiere verenden kurz nach dem Ablaichen.

1 Nasenloch, 1 Auge,
7 Kiemenöffnungen = Neunauge

Nahrung: Die geschlechtsreifen Tiere des Ukrainischen Bachneunauges und des Bachneunauges nehmen keine Nahrung mehr zu sich. Die Larvenstadien ernähren sich von Kieselalgen und Detritus.

Gefährdungsursachen: Die Hauptursachen liegen in der Zerstörung ihrer bevorzugten Lebensräume, das sind in erster Linie ufernahe Sandbänke, durch harte Flussverbauungen bzw. Begradigungen. Aber auch ihre Laichplätze, die an rasch überströmten Kiesbänken sowohl im Hauptfluss als auch in kleinen Zubringern liegen können, sind oft nicht mehr funktionsfähig oder nicht erreichbar.

Gefährdungsstatus

Ukrainisches Bachneunauge
Rote Liste Österreich: gefährdet
Rote Liste Deutschland: nicht angeführt
Rote Liste Bayern: nicht angeführt
Rote Liste Baden-Württemberg: nicht angeführt
Im Anhang II der FFH Richtlinie (92/43/EWG) angeführt

Bachneunauge
Rote Liste Österreich: stark gefährdet
Rote Liste Deutschland: ungefährdet
Rote Liste Bayern: vom Aussterben bedroht
Rote Liste Baden-Württemberg: gefährdet
Im Anhang II der FFH Richtlinie (92/43/EWG) angeführt

Flussneunauge
Rote Liste Österreich: nicht angeführt
Rote Liste Deutschland: gefährdet
Rote Liste Bayern: ausgestorben oder verschollen
Rote Liste Baden-Württemberg: stark gefährdet

Die Familie der Störe (*Acipenseridae*)

Die Störe unterscheiden sich schon aufgrund ihrer Körperform deutlich von allen anderen heimischen Fischarten. Ihre Schwanzflosse ist unsymmetrisch (epicerk), die Wirbelsäule setzt sich im oberen deutlich verlängerten Lappen fort, die Rückenflosse ist weit nach hinten versetzt. Die Schnauze der Störe läuft je nach Art mehr oder weniger spitz zu, an ihrer Unterseite befinden sich vier Bartfäden. Das Maul ist stark unterständig und wird bei der Nahrungsaufnahme vorgestülpt. Anstelle der Schuppen findet man bei den Stören Knochenplatten, die in fünf Reihen angeordnet sind und dem Körper einen fünfeckigen Querschnitt geben. Die wichtigsten Bestimmungsmerkmale sind Farbe und Größe der Schilder, Länge der Schnauze, Größe des Mauls und Position der Bartfäden sowie die Färbung der Flossensäume. Selbst kleine Arten können bis zu einem Meter Länge und mehr erreichen, während größere Arten gar bis zu sieben Meter groß werden können. Störe sind sehr langlebig, bis zu 200 Jahre, und werden in der Regel sehr spät geschlechtsreif. Störe neigen zur Hybridisierung und Störhybriden bleiben in der Regel fertil.
Einige der angeführten Störarten sind in Mitteleuropa längst ausgestorben. Ihre Lebensweise und ihre Biologie im Detail zu beschreiben, scheint daher nicht sinnvoll. Die meisten Störarten sind anadrom und verbringen den größten Teil ihres Lebens im Meer und steigen nur für das Laichgeschehen mehrmals im Leben bis zu mehrere tausend Kilometer in die Flüsse auf. Es gibt jedoch auch reine Süßwasserarten, wie den Sterlet, und Arten, welche Süßwasserpopulationen ausbilden, wie den Glattdick, welche ihre Wanderungen im Flusssystem unternehmen. Gelaicht wird in starker Strömung auf steinigen bis kiesigem Untergrund in den Monaten von April bis September. Störe sind benthivor und nicht wählerisch bei der Nahrungsaufnahme, so werden Insektenlarven, Krebstiere, Würmer, Muscheln und Schnecken ebenso verzehrt wie Fischlaich oder Jungfische. Nur der Hausen wird mit zunehmendem Alter ein reiner Raubfisch.

Die angeführten Störarten findet man heute in Fischzuchten und einige relativ häufig in Angelteichen. Illegale Besatzmaßnahmen und entkommene Fische stellen im Freigewässer eine Gefahr für die heimischen Arten durch Konkurrenz und Hybridisierung dar. Von unkontrolliertem Besatz ist dringend abzuraten, da auch ehemals heimische Arten oftmals kaspischen Ursprungs sind. Vor Besatz- oder Wiederansiedelungsmaßnahmen sind daher die ökologischen Rahmenbedingungen zu klären und die genetische Herkunft der Besatztiere zu bestimmen.

Recht häufig werden auch Störhybriden im Handel angeboten, deren Bestimmung allerdings sehr schwierig sein kann und den Umfang dieses Buches sprengen würde. In diesem Fall wird geraten, Experten zur Bestimmung hinzuzuziehen.
Die meisten Störarten sind weltweit aufgrund gezielter Wilderei und Überfischung sowie Barrieren in den Wanderrouten hochgradig vom Aussterben bedroht.

Fachlich fundierte Auskünfte zum Thema Störe erhält man unter thomas.friedrich@boku.ac.at

Adriatischer Stör

Familie: Störe, *Acipenseridae*
Adriatischer Stör: *Acipenser naccarii* (Bonaparte, 1836)
Englisch: Adriatic sturgeon

Verbreitung: Europa

Alter: bis 50 Jahre

Merkmale
Länge: bis 2 m
Gewicht: bis 150 kg
Rückenschilder: 9–21
Seitenschilder: 29–46
Bauchschilder: 8–13
Kiemenreusendorne: 30–35
Färbung: Rücken und Seiten sind dunkelgrau bis schwarz gefärbt, die Bauchseite weiß bis gelblich.
Rückenschild: Das erste Rückenschild hängt mit dem Hinterhaupt zusammen.
Bartfäden: 4 Stück, stehen näher zur breiten, gerundeten Schnauze als zum Maul, die äußeren Bartfäden sind etwas länger als die inneren.

Nahrung: In der Hauptsache werden wirbellose Benthosorganismen gefressen, manchmal auch kleine Fische.

Gefährdungsstatus
Im Anhang II und V der FFH-Richtlinie (92/43/EWG) angeführt

Gefährdung
Washingtoner Artenschutzabkommen Anhang II, stark gefährdet

Vorkommen: Der adriatische Stör kam ursprünglich in den Zuflüssen der Adria vom Po in Italien bis nach Albanien vor. In der Vergangenheit beinahe ausgestorben, laufen inzwischen seit mehreren Jahrzehnten Anstrengungen zur Stärkung der Populationen in Norditalien. Die Art wird auch kommerziell produziert und in geringen Mengen auch nach Mitteleuropa als Angel- und Zierfisch verkauft.

Merkmale: Die Art ist in der Kopfform dem Weißen Stör sehr ähnlich, hat jedoch eine gelbliche bis olivbraune Grundfärbung. Die äußeren Bartfäden sind länger als die inneren.

links: Kopfunterseite des Adriastörs

rechts: Kopf des Adriastörs – die Bartfäden stehen näher zur Schnauze als zum Maul.

Hausen

Familie: Störe, *Acipenseridae*
Hausen: *Huso huso* (Linnaeus, 1758)
Beluga, Belugastör
Englisch: Great sturgeon

Alter: bis 100 Jahre

Merkmale

Länge: heute max. 6 bis 7 m, früher bis 9 m
Gewicht: bis 2.000 kg
Rückenflosse: mehr als 60 Flossenstrahlen
Afterflosse: 22–41 Flossenstrahlen
Rückenschilder: 9–17
Seitenschilder: 37–60
Bauchschilder: 7–14
Kiemenreusendorne: 17–36
Färbung: Rücken und Seiten sind grau bis schwarz gefärbt (manchmal mit bläulichem Schimmer), die Bauchseite weiß.
Rückenschild: Das erste Rückenschild ist vom Hinterhaupt getrennt.
Bartfäden: 4 Stück, sind abgeflacht, gezähnt und relativ lang. Sie stehen näher zum Maul als zur Schnauzenspitze.
Schnauze: Kurz, an der Basis breit und läuft gegen ihr Ende spitz zu. Das Maul ist auffallend groß, die sichelförmige Maulspalte reicht bis zum Außenrand des Kopfes. Das große sichelförmige Maul ist im Vergleich zur geraden Maulspalte der anderen Störarten das wichtigste Unterscheidungsmerkmal beim Hausen.
Oberlippe: dick und wulstig.
Unterlippe: geteilt.
Kiemenhäute: Sind miteinander verwachsen und bilden eine freie Falte unter dem Isthmus.

Nahrung: Der Hausen ernährt sich hauptsächlich von Fischen, daneben werden aber auch Muscheln, Krebse und kleinere Wirbellose gefressen.

Vorkommen (ursprünglich): Schwarzes und Kaspisches Meer sowie deren Zuflüsse. In der Donau bis Bayern und in verschiedenen Nebenflüssen, wie zum Beispiel March, Drau, Save und Theiß. Eine isolierte Population gab es auch in der oberen Adria, welche im Po abgelaicht hat.

Die breite Maulspalte ist typisch für den Hausen.

Merkmale: Der Hausen hat im Vergleich zu den anderen Störarten einen sehr bulligen Körper mit einem stahlblau-silber bis kupfernen Rücken und weißen Bauch. In sehr klarem Wasser kann die Färbung auch bis ins Schwarze variieren. Die Schnauze ist keilförmig und spitz. Wichtigstes Bestimmungsmerkmal ist das große sichelförmige Maul, welches bis an den Außenrand des Kopfes reicht. Die Bartfäden sind abgeflacht und leicht gezahnt. Die Seitenschilder sind mittelgroß, ihre Anzahl liegt zwischen 37 und 60. Die Knochenplatten sind zumeist heller als der Untergrund und wachsen bei älteren Individuen in der Haut ein.

Wachstum: Die Durchschnittsgrößen der laichreifen Tiere liegen bei 2,2–2,5 m bei den Milchnern und 2,5–3 m bei den Rognern, bei einem Gewicht von 120–300 kg. Maximallängen bis knapp sieben Meter und über einer Tonne Gewicht sind dokumentiert.

Verwechslungsarten: Aufgrund des sichelförmigen Mauls kann der Hausen nicht mit anderen Störarten in Mitteleuropa verwechselt werden. Nur Hybriden, wie der Bester (Hausen x Sterlet), sehen der reinen Art sehr ähnlich und weisen in der Regel ebenfalls ein sichelförmiges Maul auf, welches jedoch nicht bis an den Rand des Schädels reicht.

Biologie: Der Hausen ist anadrom und verbringt den größten Teil seines Lebens im Meer. Zur Vermehrung steigt er bis zu 2.500 km in die Flussläufe auf. Die Geschlechtsreife tritt sehr spät nach 15–20 Jahren ein, die Laichzüge einzelner Individuen finden dann im Abstand von 3–7 Jahren mehrmals im Leben statt. Es gibt sowohl Frühjahrsformen, welche im Frühjahr in die Flüsse wandern und unmittelbar ablaichen, als auch Herbst- und Winterformen, welche ihre Wanderung früher beginnen, im Fluss überwintern und dann die Wanderung fortsetzen, um entsprechend weiter flussauf gelegene Laichplätze zu erreichen. Die Fische wandern nach dem Laichakt wieder flussab. Die klebrigen Eier werden auf hartem Sediment in starker Strömung deponiert und entwickeln sich innerhalb weniger Tage. Die Larven werden zu Beginn passiv verdriftet, später wandern die Jungfische aktiv mit der Strömung in die Mündungszonen der Flüsse.

Gefährdungsursachen: Wie die meisten Störarten ist der Hausen hochgradig vom Aussterben bedroht. Zum einen durch massive Überfischung in den vergangenen Jahrhunderten und anhaltender Wilderei auf die streng geschützten Restpopulationen, zum anderen durch Wanderbarrieren im Verbreitungsgebiet, welche den Zugang zu Laichgründen blockieren. Eine kleinere Rolle spielen zudem Begradigungen und Verbauungen sowie die Gewässerverschmutzung. Aktuell ist die Donau der letzte Fluss im Einzugsgebiet des Schwarzen Meeres mit einer geringen Reproduktion im Unterlauf.

Gefährdungsstatus
Rote Liste global: Vom Aussterben bedroht
Rote Liste Österreich: Ausgestorben
CITES: Anhang II
FFH-Richtline: Anhang V

Sibirischer Stör

Familie: Störe, *Acipenseridae*
Sibirischer Stör: *Acipenser baeri* (Brandt, 1869)
Englisch: Sibirian sturgeon

Verbreitung: Europa und Asien

Alter: bis 60 Jahre

Merkmale
Länge: bis 2 m
Gewicht: bis 200 kg
Rückenschilder: 10–20
Seitenschilder: 32–62
Bauchschilder: 7–16
Kiemenreusendorne: 20–49
Färbung: Der Rücken und die Seiten sind braungrau bis schwarz gefärbt, die Bauchseite weiß bis gelblich.
Rückenschild: Das erste Rückenschild hängt mit dem Hinterhaupt zusammen. Die Knochenplatten heben sich farblich kaum von der Gesamtfärbung ab.
Bartfäden: 4 Stück, stehen zwischen Maul und Schnauzenspitze und sind leicht gefranst.
Schnauze: Die Länge der Schnauze kann sehr unterschiedlich sein und ist zur Bestimmung daher nur bedingt geeignet.
Oberlippe: eingebuchtet.
Unterlippe: in der Mitte tief gespalten.

Nahrung: In der Hauptsache werden wirbellose Benthosorganismen und Krebse gefressen.

Gefährdung: Washingtoner Artenschutzabkommen Anhang II, stark gefährdet.

Vorkommen: In Europa nicht heimisch. Ursprünglich in Flusseinzugsgebieten, wie etwa der Lena, dem Ob, oder dem Jenissei, heimisch.

Kopfunterseite des Sibirischen Störes

Merkmale: Der Körper ist von Dunkelbraun über Grau bis Schwarz gefärbt mit hellem Bauch. Die Schnauze ist spitz und je nach Ursprungspopulation lang bis gedrungen. Das Maul ist quergestellt und mittelgroß, die Bartfäden leicht gefranst. Die lateralen Knochenplatten (32–62) sind mittelgroß und haben dieselbe Farbe wie der Untergrund. Die Flossen haben keine hellen Säume.

Wachstum: Der Sibirische Stör wird bis zu 2 m groß und über 150 kg schwer.

Verwechslungsarten: Der Sibirische Stör wird oft mit dem Sterlet verwechselt. Die Unterscheidungsmerkmale sind beim Sterlet beschrieben.

Biologie: Der Sibirische Stör bildet in seinem ursprünglichen Verbreitungsgebiet anadrome und reine Süßwasserpopulationen aus. Die Art wird heute weltweit in der Aquakultur produziert und vielfach beabsichtigt oder unbeabsichtigt in Freigewässer entlassen und stellt dort eine Gefahr für heimische Arten durch Konkurrenz, die Übertragung von Krankheitserregern und vor allem Hybridisierung dar.

Neben dem Sibirischen Stör finden sich auch einige weitere nicht heimische Störarten in Fischzuchten, Angelteichen und Zierfischteichen, welche nachfolgend kurz aufgelistet werden.

Weißer Stör
Familie: Störe, *Acipenseridae*
Weißer Stör: Pazifischer Stör, *Acipenser transmontanus* (Richardson, 1836)
Englisch: White sturgeon

Ursprünglich an der Pazifikküste Nordamerikas beheimatet, findet sich der kalifornische Stamm der Art inzwischen in vielen Aquakulturen Europas, besonders in Italien. Männliche Tiere werden in großer Zahl an Angelteiche in ganz Europa abgegeben. Charakteristisch ist die kurze stumpfe Schnauze und die zumeist silbergraue Färbung mit weißen Knochenplatten. Die Bartfäden sitzen näher zur Schnauzenspitze.

Kurznasenstör
Familie: Störe, *Acipenseridae*
Kurznasenstör: *Acipenser brevirostrum* (LeSueur, 1818)
Englisch: Shortnose sturgeon

Der Kurznasenstör ist an der Ostküste Nordamerikas heimisch. Er wurde in den letzten Jahren erstmals vereinzelt nach Europa importiert und findet sich hauptsächlich in Liebhaberteichen.

Sterlet

Familie: Störe, *Acipenseridae*
Sterlet: *Acipenser ruthenus* (Linnaeus, 1758)

Verbreitung: Europa und Asien

Alter: bis 27 Jahre

Merkmale

Länge: bis 1,2 m
Gewicht: bis 20 kg
Rückenschilder: 11–18
Seitenschilder: 56–71
Bauchschilder: 10–20
Kiemenreusendorne: 11–27
Färbung: Der Rücken und die Seiten sind dunkelbraun bis grau gefärbt, die Bauchseite rötlich-weiß bis gelblich. Es werden aber auch weißlich-gelbe Albino-Sterlets gezüchtet und in Angelteichen und Freigewässern ausgesetzt.
Seitenschilder: Überdecken einander und erscheinen dadurch wie ein weißes Längsband.
Rückenschild: Das erste Rückenschild hängt mit dem Hinterhaupt zusammen.
Bartfäden: 4 Stück, stehen zwischen Maul und Schnauzenspitze und sind stark gefranst.
Schnauze: Meist schmal und lang gestreckt, sie läuft oft in einer kugelförmigen Verdickung aus. Ist bei den Rognern länger und dünner.
Oberlippe: nicht eingebuchtet.
Unterlippe: in der Mitte geteilt.

Nahrung: In der Hauptsache werden kleine wirbellose Benthosorganismen wie Schnecken, Würmer und Insektenlarven gefressen.

Vorkommen: Er stammt aus den Zuflüssen des Schwarzen und Kaspischen Meeres sowie des Kara- und Weißen Meeres.

Merkmale: Schlanke Körperform mit grauem bis braunem Rücken und weißem bis hellgelbem Bauch. Die Schnauze ist spitz und endet in einer Verdickung. Das Maul ist quergestellt und klein, die vier runden Bartfäden sind stark gefranst. Die sehr vielen kleinen Seitenschilder (56–71) sind heller als der Untergrund und erscheinen als weißes Längsband. Die Flossen haben einen weißen bis gelben Flossensaum.

Wachstum: Der Sterlet wird maximal 120 cm lang, maximale Durchschnittsgrößen der männlichen Tiere liegen bei 60–70 cm, bei den weiblichen Tieren bei 75–95 cm. Das Maximalgewicht liegt bei rund 20 kg.

Verwechslungsarten: Der Sibirische Stör sieht dem Sterlet sehr ähnlich, bestes Unterscheidungsmerkmal sind die deutlich kleineren und helleren lateralen Knochenschilder beim Sterlet sowie die ausgeprägten hellen Flossensäume, welche dem Sibirischen Stör fehlen.

Biologie: Der Sterlet ist eine reine Süßwasserart und unternimmt Wanderungen von wenigen Kilometern bis zu 300 Kilometern in den Flusssystemen. Die Geschlechtsreife tritt bei den Milchnern nach 4–5, bei den Rognern nach 5–7 Jahren ein. Milchner laichen zumeist jährlich, während Rogner nur alle zwei Jahre reife Ovarien entwickeln. Die Laichzeit beginnt Ende April und dauert je nach Wassertemperatur bis Anfang Juni. Die Laichplätze gleichen jenen des Hausen hinsichtlich Substrat, Tiefe und Strömungsgeschwindigkeit. Die positiv photoaktiven Larven driften zunächst passiv über wenige Tage, bevor mit der aktiven Nahrungsaufnahme begonnen wird.

Gefährdungsursachen: Im Gegensatz zu den anderen Störarten ist beim Sterlet die Überfischung nicht der wesentliche Hauptgrund für den Rückgang der Bestände, sondern vielmehr Barrieren auf den Wanderrouten und Verbauung und Begradigung der Gewässer, durch welche die Habitatvielfalt deutlich zurückging. Die Belastung der Sedimente an der Flusssohle mit Schwermetallen und anderen Toxinen führt nachweislich zu einem Rückgang der Fruchtbarkeit. Auch die Hybridisierung mit nicht heimischen Störarten birgt ein hohes Risiko. In der deutschen und österreichischen Donau ist aktuell nur eine kleine reproduzierende Population dokumentiert, es gibt Bestrebungen, die Art auch in anderen Abschnitten wieder zu etablieren. In der Slowakei und in Ungarn ist nach dem Bau des Kraftwerks Gabcikovo eine Überalterung der Bestände wahrzunehmen. Ein regelmäßiges Aufkommen von Jungfischen ist aktuell nur im serbischen Teil der Donau, der Theiß sowie flussab des „Eisernen Tores" – zwei für Fische unüberwindbare Staudämme an der Grenze zwischen Rumänien und Serbien – dokumentiert.

Gefährdungsstatus

Rote Liste global: Potentiell gefährdet
Rote Liste Österreich: Vom Aussterben bedroht
Rote Liste Bayern: Vom Aussterben bedroht
Rote Liste Deutschland: Ausgestorben oder verschollen
CITES: Anhang II
FFH-Richtline: Anhang V

Die Seitenschilder überdecken sich und erscheinen als weißes Längsband.

Sternhausen

Familie: Störe, *Acipenseridae*
Sternhausen: *Acipenser stellatus* (Pallas, 1771)
Englisch: Starry sturgeon, Stellate sturgeon

Verbreitung: Europa

Alter: bis 35 Jahre

Merkmale

Länge: bis 2,2 m
Gewicht: bis 68 kg
Rückenflosse: 40–54
Afterflosse: 22–35
Rückenschilder: 9–16
Seitenschilder: 26–43
Bauchschilder: 9–14
Kiemenreusendorne: 24–29
Färbung: Der Rücken ist schwarz bis rostbraun, die Seiten sind etwas heller, die Bauchseite weiß bis gelblich. Die Knochenschilder sind immer schmutzig-weiß gefärbt.
Rückenschild: Das erste Rückenschild ist vom Hinterhaupt getrennt. Zwischen den Reihen der Rücken- und Seitenschilder befinden sich zahlreiche sternförmige Knochenplättchen, die in Längsreihen angeordnet sind.
Bartfäden: 4 Stück, sind kurz und nicht gefranst, sie stehen näher zum Maul als zur Schnauzenspitze.
Schnauze: auffallend länglich und flach, zudem etwas nach oben gebogen.
Oberlippe: dick, wulstig und leicht eingebuchtet.
Unterlippe: in der Mitte geteilt.

Die Schnauze ist etwas nach oben gebogen.

Nahrung: In der Hauptsache Würmer, Schnecken, Muscheln, Krebse und manchmal auch kleine Fische

Merkmale: Im Vergleich zu den anderen Störarten hat der Sternhausen einen deutlich dünneren Körper. Der Rücken ist immer dunkelgrau bis tiefschwarz, der Bauch weiß. Die großen Knochenplatten (26–43) sind weiß, zwischen den Knochenplatten befinden sich viele kleine weiße Schilder. Die Schnauze ist lang und flach, die runden, nicht gefransten Bartfäden sitzen näher am kleinen quergestellten Maul als zur Schnauzenspitze.

Wachstum: Der Sternhausen wird bis zu 2 m lang, aufgrund seiner Körperform jedoch nur bis 80 kg schwer.

Verwechslungsarten: Durch die lange flache Schnauze und den dünnen Körper ist der Sternhausen leicht von allen anderen Störarten zu unterscheiden.

Biologie: Der Sternhausen ist anadrom und bildet im Flusssystem mehrere Populationen aus, die zu unterschiedlichen Zeiten migrieren und verschieden lange Wanderdistanzen überwinden. Historisch sind in der Donau die Wanderungen kürzer als bei Hausen und Waxdick. Die Geschlechtsreife wird nach 8–14 Jahren erreicht. Das Laichverhalten, die Laichplätze und Jungfischdrift gleichen jenen des Hausens, wobei bei höheren Wassertemperaturen etwas später im Jahr gelaicht wird.

Gefährdungsursachen: Wie beim Hausen sind auch hier Überfischung, anhaltende Wilderei und Degradierung des Lebensraumes sowie Migrationsbarrieren und Begradigungen Schuld am Bestandsrückgang. In der Donau unterhalb der Kraftwerke am Eisernen Tor findet nach wie vor eine geringe natürliche Reproduktion statt, ein Anstieg an Hybriden zwischen den Donauarten in den letzten Jahren deutet jedoch auf einen anhaltenden Bestandsrückgang hin.

Gefährdungsstatus
Rote Liste: Vom Aussterben bedroht
Rote Liste Österreich: Ausgestorben
CITES: Anhang II
FFH-Richtline: Anhang V

Waxdick

Familie: Störe, *Acipenseridae*
Waxdick: *Acipenser gueldenstaedti* (Brandt & Ratzeburg, 1833)
Russischer Stör
Englisch: Russian sturgeon

Verbreitung: Europa

Alter: bis 50 Jahre

Merkmale
Länge: bis 2,3 m (bis 4 m)
Gewicht: bis 110 kg
Rückenflosse: 27–51
Afterflosse: 18–33
Rückenschilder: 8–18
Seitenschilder: 24–50
Bauchschilder: 6–13
Kiemenreusendorne: 15–31
Färbung: Rücken und Seiten sind graugrün bis schwarz gefärbt (manchmal mit bläulichem Schimmer), die Bauchseite weiß. Die Knochenschilder besitzen immer eine andere Farbe als der Untergrund. Zwischen den Rücken- und Seitenschildern können sich Reihen von kleineren Knochenschildern befinden.
Rückenschild: Das erste Rückenschild ist vom Hinterhaupt getrennt, die einzelnen Schilder sind ebenfalls getrennt und weisen eine scharfe Spitze nach hinten auf.
Bartfäden: 4 Stück, sind glatt und stehen näher zur Schnauzenspitze als zum Maul.
Schnauze: kurz, an der Basis breit und gegen ihr Ende spitz. Das Maul ist klein und spaltförmig.
Unterlippe: in der Mitte geteilt.

Nahrung: Der Waxdick ernährt sich hauptsächlich von Weichtieren, Muscheln, Krebsen und kleineren Fischen.

Vorkommen: Schwarzes Meer und Kaspisches Meer sowie deren Zubringer. In der Donau bis Bayern mit den Zuflüssen March, Waag, Drau, Mur, Save, Theiß und anderen.

Merkmale: Der Waxdick ist sehr variabel in Färbung und Aussehen. Der Körper ist in der Regel dunkelgrau, braun oder schwarz mit weißem oder gelbem Bauch. Die sehr großen seitlichen Knochenplatten (24–50) sind weiß oder gelb und heller als der Untergrund. Zwischen den Schilderreihen finden sich oftmals noch viele sehr kleine Knochenplatten, welche bei älteren Tieren von Haut überwuchert sein können. Die Schnauze ist stumpf und leicht zugespitzt, die runden glatten Barteln sitzen näher zur Schnauzenspitze als zum quergestellten Maul. Typisch ist eine markante Knochenstruktur auf der Stirn.

Wachstum: Der Waxdick kann bis zu 2,5 m groß werden und ein Gewicht von bis zu 200 kg erreichen. Mittlere Größen der Adultfische liegen bei 1,4–1,6 Meter.

Verwechslungsarten: Die nicht heimischen Arten Weißer Stör und Adriatischer Stör sehen dem Waxdick sehr ähnlich, haben aber eine fast halbkreisförmig abgerundete Schnauze und keine ausgeprägte Struktur auf der Stirn.

Biologie: Der Waxdick bildet sowohl anadrome als auch potamodrome Formen aus. Die Geschlechtsreife tritt nach 7–14 Jahren ein. Es gibt Frühjahrs- und Winterformen, welche sich in ihren Wanderdistanzen unterscheiden. Der Laichvorgang gleicht jenem des Hausen, wobei in der Regel höhere Temperaturen bevorzugt werden.

Die Bartfäden stehen näher zur Schnauzenspitze als zum Maul.

Gefährdungsursachen: Der Waxdick ist stark vom Aussterben bedroht. Massive Überfischung, anhaltende Wilderei und Wanderbarrieren sind ebenso wie bei den anderen Störarten die Hauptgründe für den Bestandsrückgang. Die letzte nachgewiesene Reproduktion in der Donau fand 2007 statt. Aktuell werden Jungfische im Einzugsgebiet des Schwarzen Meeres nur noch aus dem Rioni in Georgien gemeldet.

Gefährdungsstatus

Rote Liste global: Vom Aussterben bedroht
Rote Liste Österreich: Ausgestorben
CITES: Anhang II
FFH-Richtline: Anhang V

Glattdick

Familie: Störe, *Acipenseridae*
Glattdick: *Acipenser nudiventris* (Lovetsky, 1828)
Englisch: Ship sturgeon

Verbreitung: Europa und Asien

Alter: bis 36 Jahre

Merkmale
Gewicht: bis 120 kg
Länge: bis 2,2 m
Rückenflosse: 39–57 Flossenstrahlen
Afterflosse: 23–37 Flossenstrahlen
Rückenschilder: 11–17
Seitenschilder: 49–74
Bauchschilder: 11–17
Kiemenreusendorne: 24–45
Färbung: Der Rücken ist graugrün bis braun, die Seiten sind etwas heller, die Bauchseite weiß bis gelblich.
Rückenschild: Das erste Rückenschild hängt mit dem Hinterhaupt zusammen und ist gleichzeitig das größte Schild. An diesem Punkt erreicht dieser Fisch auch die größte Körperhöhe.
Bartfäden: 4 Stück, sind rund und an der Innenseite leicht gefranst.
Schnauze: kegelförmig.
Oberlippe: dick, wulstig und leicht eingebuchtet.
Unterlippe: Die dicke Unterlippe ist nicht geteilt und stellt ein sehr wichtiges Bestimmungsmerkmal dar.

Nahrung: In der Hauptsache dienen Schnecken, Muscheln, Krebse und manchmal auch kleine Fische als Nahrung.

Vorkommen: Schwarzes Meer, Kaspisches Meer und Aralsee sowie deren Zuflüsse

Merkmale: Auffälligstes Merkmal ist das sehr hohe erste Rückenschild, welches mit dem Schädel verwachsen ist und den höchsten Punkt des Körpers darstellt. Die Schnauze ist keilförmig spitz und wird bei älteren Tieren runder. Die Bartfäden sind leicht gefranst. Die Unterlippe ist im Gegensatz zu allen anderen Störarten nicht geteilt, dieses Merkmal ist jedoch nur bei größeren Fischen im Feld gebräuchlich. Der Körper ist als Jungtier beinahe schwarz, bei größeren Exemplaren dunkelbraun bis grau, mit weißem bis gelbem Bauch. Die Seitenschilder sind heller als der Untergrund und sehr klein (49–74) und erscheinen dadurch als weißes Längsband.

Wachstum: Der Glattdick wird bis zu 2,2 m lang und über 100 kg schwer.

Verwechslungsarten: Vom Sterlet lässt sich der Glattdick vor allem durch sein sehr hohes erstes Rückenschild, die kürzere Schnauze sowie die als Jungtier sehr dunkle Färbung unterscheiden. Der Waxdick hat ebenfalls ein deutlich niedrigeres erstes Rückenschild und im Gegensatz zum Glattdick deutlich größere und weniger Seitenschilde.

Kopfportrait: Gut erkennbar ist das erste hohe Rückenschild.

Biologie: Der Glattdick bildet sowohl anadrome als auch reine Süßwasserstämme aus. In der Donau war der Glattdick ein reiner Süßwasserfisch, welcher in der Vergangenheit zumindest bis Wien nachweislich dokumentiert ist. Über die Biologie ist wenig bekannt, Laichverhalten und Nahrungspräferenzen dürften aber den anderen Arten ähneln.

Gefährdungsursachen: Wie die anderen Störarten spielen auch beim Glattdick Überfischung, Wanderhindernisse und Degradierung des Lebensraumes die Hauptrolle beim Niedergang. Die Art ist in der Donau funktionell ausgestorben, die letzten bekannten Fänge von alten Einzelexemplaren waren 2005, 2007 und 2009. Es gibt keine Fische des Donaustammes bzw. aus dem Schwarzen Meer in Gefangenschaft und keinen Nachweis einer natürlichen Reproduktion in seinem gesamten ursprünglichen Verbreitungsgebiet. Alle in der Aquakultur erhältlichen Glattdicks stammen ursprünglich von nur vier Elterntieren ab. Der Glattdick ist somit eine der am meisten gefährdeten Fischarten Europas, wenn nicht weltweit.

Gefährdungsstatus
Rote Liste global: Vom Aussterben bedroht
Rote Liste Österreich: Ausgestorben
CITES: Anhang II
FFH-Richtline: Anhang V

Atlantischer Stör (*Acipenser oxyrinchus*)

Europäischer / Atlantischer Stör

Familie: Störe, *Acipenseridae*
Europäischer Stör, Gemeiner Stör: *Acipenser sturio* (Linnaeus, 1758)
Atlantischer Stör, Baltischer Stör: *Acipenser oxyrinchus* (Mitchill, 1815)

Verbreitung: Europa

Merkmale
Länge: bis 6 m
Gewicht: bis 600 kg
Alter: bis 60 Jahre
Rückenschilder: 9–16
Seitenschilder: 24–40
Bauchschilder: 8–14
Kiemenreusendorne: 15–29
Färbung: Der Rücken und die Seiten sind blauschwarz bis goldgrün gefärbt, die Bauchseite weiß bis gelblich.
Rückenschild: Das erste Rückenschild hängt mit dem Hinterhaupt zusammen.
Bartfäden: 4 Stück, stehen zwischen Maul und Schnauzenspitze.
Schnauze: lang, breit und leicht nach oben gebogen.
Oberlippe: dick, wulstig und leicht eingebuchtet.
Unterlippe: geteilt.

Nahrung: In der Hauptsache werden wirbellose Benthosorganismen gefressen, manchmal auch kleine Fische.

Vorkommen: Das Verbreitungsgebiet des Europäischen Störes erstreckt sich von der Nordsee über die Atlantikküste in das Mittelmeer, die Adria und das Schwarze Meer und deren Zuflüsse. In der Ostsee und ihren Zuflüssen wurde der Europäische Stör vor Jahrtausenden durch natürliche Zuwanderung vom Atlantischen Stör aus Nordamerika verdrängt, welcher auch an der europäischen Atlantikküste sympatrisch vorkam.

Merkmale: Beide Arten haben eine olivbraune bis grünliche Grundfärbung mit hellerem Bauch. Die sehr großen seitlichen Knochenplatten (*A. sturio* 24–40, *A. oxyrinchus* 24–35) können heller sein als der Untergrund. Oftmals haben sie rhombische Knochenplättchen zwischen den Schilderreihen. Das Maul ist quergestellt und sehr klein, die Schnauze kurz beim Europäischen Stör und lang beim Atlantischen Stör. Im Gegensatz zu den anderen europäischen Störarten ist die Rückenflosse annähernd so hoch wie lang.

Wachstum: Beide Arten werden 4–6 m lang und erreichen Gewichte um die 500 kg.

Gefährdungsursachen: Überfischung, Wanderbarrieren und der Verlust von Habitaten sind auch für diese beiden Arten die Gründe für das beinahe völlige Verschwinden. Der Europäische Stör kommt von seinem einstigen großflächigen Verbreitungsgebiet heute nur noch in kleiner Zahl im französischen Flusssystem der Gironde vor und wird mittels künstlicher Nachzucht und Auswilderung gestützt. Wiedereinbürgerungsbemühungen mit Auswilderungen von Jungtieren gibt es auch in Elbe und Rhein.
Der Atlantische Stör wurde in der Ostsee gänzlich ausgerottet, seit Ende der 1990er-Jahre laufen Wiedereinbürgerungsprojekte mit Muttertieren und Jungfischen aus Kanada in den meisten Ländern entlang der Ostsee.

Gefährdungsstatus
Rote Liste global: Vom Aussterben bedroht
Rote Liste Deutschland: Ausgestorben oder verschollen
CITES: Anhang I *(A. sturio)* und II *(A. oxyrinchus)*
FFH-Richtline: Anhang II & IV

Die Familie der Polyodontidae

Löffelstör

Familie: Löffelstöre, *Polyodontidae*
Löffelstör: *Polyodon spathula* (Walbaum, 1792)
Englisch: Paddlefsh

Verbreitung: Nordamerika

Merkmale
Alter: bis 40 Jahre
Gewicht: bis 80 kg
Länge: bis 2,3 m
Färbung: Der Rücken und die Seiten sind graugrün bis blauschwarz, die Bauchseite weiß bis gelblich.
Rückenschild: Löffelstöre besitzen keine Knochenplatten.
Bartfäden: Löffelstöre besitzen keine Bartfäden.
Schnauze: Ist löffelartig ausgeformt und kann bis zu einem Drittel der Gesamtlänge ausmachen. Das Maul ist nicht vorstülpbar.

Nahrung: Mit seinem speziellen Filterapparat (Kiemenreusen) wird Zooplankton filtriert.

Gefährdung: Der Löffelstör gilt in seinem ursprünglichen Verbreitungsgebiet als gefährdet.

Gefährdungsstatus
Washingtoner Artenschutzabkommen Anhang II

Vorkommen: Der Löffelstör stammt ursprünglich aus dem Mississippi-Einzugsgebiet und wurde im 20. Jahrhundert für die teichwirtschaftliche Produktion in vielen Ländern importiert, um als Planktonfiltrierer die Primärproduktion von Teichen zu nutzen. Die Art hat sich aber nicht durchgesetzt, sodass man ihn inzwischen hauptsächlich in Angel- und Zierteichen findet.

Verwechslungsarten: Aufgrund seines eigentümlichen Körperbaus mit langem Löffel, großem Maul und Kiemenreusendornenapparat sowie dem nacktem Körper ohne Knochenplatten ist der Löffelstör mit keiner anderen Fischart zu verwechseln.

Besonderheiten: Die Enden der Schwanzflosse sind annähernd gleich lang, die Augen auffallend klein. Der Löffelstör ist aufgrund seines eigentümlichen Körperbaues mit keinem anderen Fisch zu verwechseln.

Die Familie der Anguillidae

Aal

Familie: Aale, *Anguillidae*
Aal: *Anguilla anguilla* (Linnaeus, 1758)
Flussaal, Blankaal, Gelbaal, Glasaal
Englisch: Eel

Merkmale: Das auffälligste Merkmal des Aales ist der schlangenartige Körper, der im vorderen Bereich fast drehrund und etwa ab dem Ansatz der Afterflosse seitlich immer mehr zusammengedrückt erscheint. Die paarigen Brustflossen sitzen direkt hinter dem Kopf, herkömmliche, aufklappbare Kiemendeckel fehlen, es sind lediglich lochartige Kiemenspalten vorhanden. Die Afterflosse setzt unmittelbar hinter dem Waidloch an, die Rückenflosse etwas weiter vorne, und beide ziehen sich bis zur Schwanzspitze durch und bilden einen zusammenhängenden Flossensaum. Die Bauchflossen fehlen. Hinsichtlich der Kopfform werden zwei Erscheinungsformen unterschieden, der Spitzkopfaal mit kleinem Kopf und kurzer Maulspalte und der Breitkopfaal, der einen verhältnismäßig großen, breiten Kopf und eine tiefe Mauspalte aufweist. Es handelt sich dabei aber keineswegs um verschiedene Arten. Wie in vielen anderen Bereichen gibt es aber auch hier „Übergangsformen“, die sich nicht eindeutig zuordnen lassen. Die Färbung ändert sich im Laufe der Entwicklung, so sind Glasaale durchscheinend bzw. transparent, während der Gelbaal am Rücken grün/grau und am Bauch gelblich gefärbt ist. Der Blankaal zeigt hingegen einen weißen Bauch, und seine Flanken schimmern grau/silbrig bis leicht kupferfarben. Ein weiteres typisches Merkmal des Blankaales sind seine deutlich vergrößerten Augen. Der Aal besitzt kleine längliche Schuppen, die unter einer dicken Schleimschicht verborgen sind.

Wachstum: Die Durchschnittsgröße ist stark von der Wassertemperatur und dem Nahrungsangebot abhängig, liegt aber meist zwischen 40 und 80 cm. Die Milchner erreichen meist nur eine Maximalgröße von rund 50 cm, die Rogner können in Ausnahmefällen über 130 cm lang werden.

Bezahnung: Feine Bürstenzähne am Unter- und Oberkiefer.

Verwechslungsarten: Den Neunaugen fehlen die paarigen Brustflossen, außerdem besitzen sie beidseits je sieben Kiemenöffnungen.

Biologie: Die Biologie des Aales gehört zu den spannendsten Geheimnissen der Natur. Nach der Fressphase (Gelbaal) im Süßwasser wandern die Aale (Blankaal) in Richtung ihrer Laichplätze, die im Westatlantik, der Sargassosee, liegen. Der Aal ist demnach ein katadromer Wanderfisch. Nachdem sie sich dort gepaart haben, sterben die Laichfische. Die „jungen" Aale entwickeln sich zu Weidenblattlarven, die mit dem Golfstrom in Richtung europäische Küsten verdriftet werden. Nach einer weiteren „Verwandlung" zum Glasaal wandern sie aktiv flussaufwärts in die großen Flüsse wie z. B. die Elbe.

Aale sind nachtaktive Fische, die sich fast ausschließlich am Grund aufhalten. Sie kommen sowohl in Flüssen als auch in stehenden Gewässern vor. Aale sind sehr anpassungsfähig und können hohe Wassertemperaturen ebenso wie Phasen mit geringer Sauerstoffsättigung gut überdauern. Um Hindernisse zu überwinden, können Aale kurzfristig sogar über Land wandern, dazu ist allerdings ein feuchter Untergrund, wie regen- oder taunasse Wiesen, notwendig. Der Höhepunkt ihrer Aktivität liegt in der warmen Jahreszeit, im Winter verfallen Aale in eine Art Winterruhe. Allerdings gibt es auch hier Ausnahmen, so fressen die Alle an manchen Voralpenseen den Laich der Seesaiblinge und Renken, und das bei einer Wassertemperatur zwischen 4 und 6 °C. Aale halten sich tagsüber meist versteckt in gut strukturierten Bereichen mit dichten Unterwasserpflanzen, Totholz, Höhlen und Blockwürfen auf. Sie graben sich aber auch gerne in schlammigen Bereichen ein, dabei ragt nur mehr der Kopf aus dem Gewässergrund. Zur Nahrungsaufnahme während der Dunkelheit suchen Aale gerne seichte Uferbereiche auf, in großen Gewässern, wie z. B. den Voralpenseen, dringt der Aal aber auch in Tiefen bis über 80 m vor.

Nahrung: Aale ernähren sich meist von tierischer Nahrung, dabei entwickeln sich oft zwei „Formen", die nach der Art ihrer Nahrung unterschieden werden. Der Spitzkopfaal frisst in der Hauptsache benthische Kleinlebewesen wie Bachflohkrebse, Wasserasseln, Insektenlarven, Schnecken, Würmer, Fischlaich und Ähnliches. Der Breitkopfaal ernährt sich hingegen räuberisch von kleinen Fischen, wobei nicht nur bodenlebende Arten wie z. B. die Koppe, sondern auch andere schlanke Fischarten gefressen werden. Breitkopfaale lauern oft im Wasserpflanzendickicht auf ihre Beutefische. In manchen Voralpenseen haben sich die Raubaale darauf spezialisiert, Fische, die sich in den Netzen der Berufsfischer verfangen haben, zu fressen. Oft werden von den Aalen dabei nur die besten Stücke, wie Leber, Herz und Gonaden aus den Fischen herausgefressen. Zur bevorzugten Beute großer Aale zählen auch Krebse, wobei sie nach deren Häutung (Butterkrebsstadium) auch größere Exemplare leicht überwältigen können. Aale fressen auch die Eier anderer Fischarten, besonders gerne werden die Eier aus den Nestern von Zandern und Welsen gefressen, wodurch der Aal zu einer ernstzunehmenden Konkurrenz für diese Fischarten werden kann.

Die Schuppen liegen unter einer dicken Schleimschicht.

Gefährdungsursachen: Dort, wo der Aal ursprünglich heimisch war, ist er teilweise sehr selten geworden, andererseits kommen Aale heute durch Besatz in fast allen Gewässern Mitteleuropas vor. Die Hauptursachen für den Rückgang des Aales in seinem ursprünglichen Verbreitungsgebiet sind einerseits unüberwindbare Hindernisse für aufstiegswillige Glasaale und teils massive Überfischung. Andererseits werden die Richtung Meer abwandernden Blankaale oft in den Turbinen der zahlreichen Wasserkraftwerke regelrecht zerstückelt.

Gefährdungsstatus
Rote Liste Österreich: regional ausgestorben (im ursprünglichen Verbreitungsgebiet)
Rote Liste Deutschland: stark gefährdet
Rote Liste Bayern: gefährdet
Rote Liste Baden-Württemberg: stark gefährdet
Washingtoner Artenschutzabkommen Anhang II

Fischerei: Aale gelten besonders im geräucherten Zustand als Delikatesse und sind daher von großem wirtschaftlichem Interesse für die Fischerei.

Blankaal

Gelbaal

Glasaale

Die Familie der Salmonidae

Die Familie der Lachsartigen umfasst sehr begehrte Fischarten wie Lachse, Forellen, Huchen und Saiblinge. Diese Fischarten sind sowohl hinsichtlich ihres ausgezeichneten Fleisches als auch als Angelfische sehr begehrt. Meerforellen und Lachse sind anadrome Wanderfische, sie leben also im Meer und steigen zum Laichen ins Süßwasser auf. Ein ähnliches Verhalten kann man auch bei einigen Seeforellenpopulationen großer Alpenseen beobachten. Diese Fische halten sich während des Jahres in den Freiwasserzonen der Seen auf, steigen im Herbst aber in die Zuflüsse auf, um zu laichen. Ihr ausgezeichnetes Fleisch ist sehr geschätzt, es besitzt kaum Zwischenmuskelgräten und so gehören beispielsweise die Regenbogenforellen zu den meist gezüchteten Speisefischen. Ihr bevorzugter Lebensraum sind sauerstoffreiche, kühle bis eiskalte Seen und Fließgewässer. So besiedelt unsere Bachforelle selbst noch kleinste Bäche, vorausgesetzt, sie findet dort sauberes Wasser und genügend Strukturen, die ihr Einstände und Laichmöglichkeiten bieten. Seesaiblinge findet man hingegen in den Tiefen unserer Voralpenseen oder in Hochgebirgsseen. Ihr gemeinsames Merkmal ist eine kleine strahlenlose Flosse zwischen Rücken- und Schwanzflosse, die sogenannte Fettflosse. Abgesehen von den Unterfamilien *Coregonidae* und *Thymallidae* besitzen die Salmoniden nur sehr kleine Schuppen und ein vergleichsweise großes Maul. Der Körper ist mit unterschiedlich vielen dunklen oder roten Flecken übersäht. Charakteristisch ist für einige Salmonidenarten auch der sogenannte Laichhaken, eine knorpelige Ausbildung am Ende des Unterkiefers, der nur bei den Milchnern zu finden ist. Der Laichhaken kann unterschiedlich stark ausgebildet sein, bei älteren See- und Bachforellen kann er sehr markant sein, während er bei Seesaiblingen meist eher unscheinbar ist. Beim Huchen findet man dieses Merkmal übrigens nicht. Die Färbung der Salmoniden ist meist dem Lebensraum angepasst, ein Musterbeispiel für Tarnung ist unsere heimische Bachforelle. Ihre Färbung ist so unterschiedlich wie die Lebensräume, in denen sie vorkommt, und kann von nahezu Weiß bis fast völlig Schwarz variieren. Saiblinge sind meist recht bunt gefärbt, sowohl der heimische Seesaibling als auch der aus Nordamerika stammende Bachsaibling leuchten besonders während der Laichzeit in intensiven Rot- und Orangetönen.

Ihr Nahrungsspektrum reicht, abhängig von Art und Größe, von winzigen Wasserinsekten bis hin zu Fischen. So ernähren sich Huchen oder Seeforellen fast ausschließlich von Fischen, während Forellen und Saiblinge hauptsächlich Wasserinsekten und deren Larven fressen. Auch hinsichtlich ihrer Endgröße gibt es bei den Salmoniden große Unterschiede. Steinforellen, kleinwüchsige Bachforellen in nahrungsarmen Gebirgsbächen, erreichen oft kaum 20 cm Endgröße, ebenso wie die Schwarzreuther, Seesaiblinge in eiskalten Hochgebirgsseen. Dagegen können Seeforellen, gute Bedingungen vorausgesetzt, durchaus Gewichte von 15 kg und darüber erreichen, ebenso wie Huchen in großen Flüssen deutlich über 30 kg schwer werden können. Neben äußeren Merkmalen gelten Form und Bezahnung des Pflugscharbeines als Unterscheidungsmerkmal der Salmonidenarten.

Huchen

Familie: Lachsartige, *Salmonidae*
Huchen: *Hucho hucho* (Linnaeus, 1758)
Donaulachs, Hauchforelle, Rotfisch
Englisch: Danube salmon

Merkmale: Heimische Fischart mit kleinen Schuppen, großem Kopf und tief gespaltenem Maul, mit einem auffällig langgestreckten Körperbau, der im Querschnitt fast drehrund erscheint. Ein weiteres Merkmal ist der lange, von der Seite her betrachtet, schlanke Kopf mit seiner tiefen Maulspalte, die bis hinter das Auge reicht. Betrachtet man den Kopf hingegen von oben, erscheint die Schnauze stumpf. Charakteristisch ist auch die im Gegensatz zu den anderen Flossen relativ große Fettflosse. Die Färbung kann von Gewässer zu Gewässer variieren. Während als Grundfarbe etwa im vorderen Körperdrittel Grau- und Grüntöne dominieren, ist der Körper im hinteren Bereich am Rücken und an den Flanken oft kupferrot oder rotbraun gefärbt. Diese rötliche Färbung findet man während des ganzen Jahres, während der Laichzeit wird sie jedoch intensiver. In manchen Flüssen, meist solchen mit Gletscherwasser, können Huchen aber auch am ganzen Körper einheitlich grau, manchmal sogar mit leichtem Grünschimmer gefärbt sein. Die Bauchseite ist weiß eingefärbt. Über den Körper verteilt, besitzt der Huchen kleine schwarze Flecken, die nicht kreisrund, sondern halbmond- oder sternförmig sind. Die Anzahl dieser Flecken variiert ebenso stark wie die Grundfarbe. So findet man bei manchen Exemplaren nur ganz wenige Flecken, andere Huchen sind geradezu übersät mit ihnen. Bei manchen Populationen wie etwa in der Pielach findet man diese Flecken auch in der Rückenflosse. Brust-, Bauch-, After- und Schwanzflosse sind nicht gefleckt, die paarigen Flossen weisen aber gerade bei jüngeren Exemplaren gerne einen dünnen weißen Saum auf. Bei Junghuchen sind während der ersten 2 Jahre vor allem bei Wildfängen die Jugendflecken gut erkennbar, zudem sind diese Fische meist intensiv gefärbt und mit zahlreichen dunklen Punkten übersät. Bei Junghuchen, die aus Fischzuchten stammen, können die Jugendflecken nur schwach ausgeprägt sein oder gänzlich fehlen. Die Färbung dieser Besatzfische kann von Hellgrau bis Rotbraun variieren und die dunklen Tupfen können manchmal völlig fehlen. Meist ist bei jungen Besatzhuchen der Hinterrand der Schwanzflosse ausgefranst und deren Enden sind abgerundet. Bei Junghuchen, die wild aufgewachsen sind, laufen die Enden der Schwanzflosse spitz aus.

Wachstum: Die Durchschnittsgröße liegt je nach Gewässer zwischen 70 und 100 cm, die aktuellen Maximalgrößen liegen bei ca. 145 cm und das Maximalgewicht bei rund 35 kg. In der Vergangenheit wurden aber in der Donau Huchen mit bis zu 60 kg gefangen.

Schuppenformel
SL 180–220 Schuppen entlang der Seitenlinie

Flossenformel
RF 3–4 Hartstrahlen, 9–10 gefiederte Weichstrahlen
AF 4–5 Hartstrahlen, 7–9 gefiederte Weichstrahlen

Bezahnung: Die Kieferknochen des Huchens sind mit kräftigen Zähnen besetzt, ebenso das Zungenbein. Die Platte der Pflugscharbeines trägt vier bis acht Zähne, der Stiel ist nicht bezahnt.

Verwechslungsarten: Die Regenbogenforelle, besitzt zahlreiche dunkle Flecken in der Schwanzflosse, ihr Körper ist seitlich zusammengedrückt und im Vergleich zum Huchen hochrückiger, ihre Fettflosse deutlich kleiner. Die Bachforelle besitzt meist rote Tupfen, der Huchen nicht. Manche Zuchtformen der Saiblinge sehen dem Huchen vom Körperbau her ähnlich, haben aber meist einen marmorierten Rücken.

Biologie: Der Huchen lebt in den sauerstoffreichen und kühlen Fließgewässern des Donaueinzugsgebietes von der Äschen- bis zur Barbenregion. Er bevorzugt als Raubfisch Standplätze wie tiefe Rinner, unterspülte Ufer und Bereiche mit versunkenem Holz. Meist leben Huchen als Einzeltiere in Gewässern mit gutem Bestand, aber auch in kleinen Gruppen.

Laichzeit: Frühjahrslaicher, zieht je nach Wassertemperatur zwischen März und Mai zu den Laichplätzen, die an seichten, stark überströmten Kiesbänken liegen. Von den Rognern werden Laichgruben geschlagen, um dann ihre Eier darin abzulegen. An den sogenannten Riebplätzen spielen sich unter den Milchnern wilde Kämpfe um die Vorherrschaft ab. Die Entwicklung der Eier und der Dottersackbrut findet im Schutz des Kieslückensystems statt.

Nahrung: Der Huchen ist ein ausgesprochener Raubfisch, er ernährt sich bereits als Jungfisch hauptsächlich von der Brut anderer Fische, meist Cyprinidenarten wie Aitel, Barben, Nasen, Strömer, aber auch Äschen. Daneben fressen Junghuchen auch noch Insekten und deren Larven. Das Beutespektrum erwachsener Huchen umfasst hauptsächlich Fische, dabei werden jene Fischarten gefressen, die am häufigsten vorkommen, schlanke Arten wie Aitel, Barben, Nasen, Aalrutten, Neunaugen und Salmoniden werden aber bevorzugt. Bei sich bietender Gelegenheit erbeuten große Huchen auch kleine Nager und junge Wasservögel.

Gefährdungsursachen: Die Hauptursachen liegen im Verlust natürlicher Lebensräume, fehlende oder nicht erreichbare Laichplätze, strukturarme, hart verbaute Gewässer sind oft die traurige Realität. Schwall- und Sunkbetrieb machen vielerorts

Kopf eines erwachsenen Huchens

Kopf eines 1-jährigen Huchens

1-jähriger Huchen

schon eine erfolgreiche Entwicklung von Ei- und Larvalstadien unmöglich, überströmte Seichtwasserbereiche oder fischpassierbare Seitengewässer fehlen oft, sind aber der Lebensraum der Junghuchen. Gar nicht so selten fehlen den Junghuchen auch die entsprechenden Futterfischbestände. In der Vergangenheit hat da und dort wohl auch zu großer Befischungsdruck eine Rolle gespielt.

Gefährdungsstatus

Rote Liste Österreich: stark gefährdet
Rote Liste Deutschland: stark gefährdet
Rote Liste Bayern: gefährdet
Rote Liste Baden-Württemberg: vom Aussterben bedroht
Im Anhang II und V der FFH Richtlinie (92/43/EWG) angeführt

Angelfischerei

Der Huchen ist von großem Interesse für Angler.

2-jähriger Huchen

Kopf eines 2-jährigen Huchens

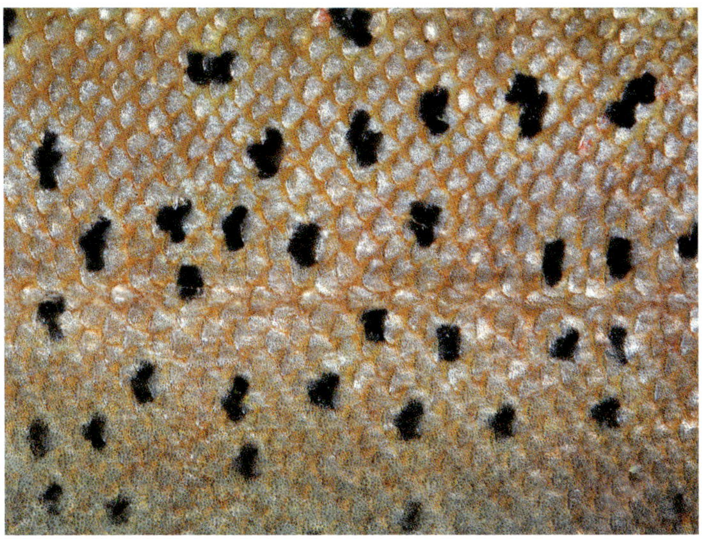

Schuppenbild beim erwachsenen Huchen

Schwarze Flecken treten bei vielen Exemplaren auch in der Rückenflosse auf.

Regenbogen-forelle

Familie: Lachsartige, *Salmonidae*
Regenbogenforelle: *Oncorhynchus mykiss* (Walbaum, 1792)
Englisch: Rainbow trout

Merkmale: Der Körperbau der Regenbogenforelle gleicht in etwa dem der Bachforelle, allerdings ist die Regenbogenforelle seitlich mehr zusammengedrückt und ihr Kopf verhältnismäßig klein. Die Regenbogenforelle fällt durch ein mehr oder weniger intensiv rot gefärbtes Längsband auf, das sich von den Kiemendeckeln bis zur Schwanzwurzel ziehen kann. Es kommen aber auch Exemplare vor, denen dieses typische rötliche Band fehlt, meist handelt es sich dabei um Fische, die in Seen leben. Ein weiteres typisches Merkmal sind zahlreiche dunkle Tupfen, die über den ganzen Körper verteilt sein können. Die Zahl und Anordnung dieser Tupfen variiert zwischen einzelnen Populationen und Stämmen deutlich. Die größte Dichte dieser Tupfen findet man gewöhnlich im Rückenbereich. Die Körperfärbung variiert, abgesehen vom rötlichen Längsband, von Hell- bis Dunkelgrün am Rücken, an den Flanken dominieren silbrige bis grünliche Farben. Der Bauch ist meist weiß, kann aber zur Laichzeit bei manchen Stämmen rötlich oder orangerot angehaucht sein. Bei der Rücken- und Schwanzflosse dominiert ein Graugrün als Grundfarbe, darüber liegen aber zahlreiche schwarze Tupfen. Bei manchen Stämmen ist die Spitze der Rückenflosse weiß gefärbt, auch die Bauch- und Afterflossen sind oft weiß gesäumt. Generell sind die Milchner intensiver gefärbt als die Rogner. Die Maulspalte ist bei kleinen und mittleren Exemplaren nicht sehr tief und reicht meist nur bis zum Augenhinterrand, erst bei älteren Milchnern ist das Maul tief gespalten und reicht bis hinter das Auge zurück. Ähnlich verhält es sich mit den Proportionen des Kopfes, während dieser bei jüngeren und weiblichen Exemplaren eher klein erscheint, tritt bei alten Milchnern ein massiger Schädel mit deutlichem Laichhaken in Erscheinung.

Wachstum: Die Durchschnittsgröße der Regenbogenforelle in Freigewässern liegt zwischen 25 und 35 cm, Wildfische können bei entsprechendem Nahrungsangebot in Ausnahmefällen 80 cm und mehr erreichen. In Angelteichen werden Regenbogenforellen bereits mit erheblichen Größen und Gewichten besetzt, sie können unter günstigen Bedingungen (Fütterung) Gewichte bis über 10 kg erreichen.

Flossenformel
RF 4 Hartstrahlen, 9–10 gefiederte Weichstrahlen
AF 3 Hartstrahlen und 10–11 gefiederte Weichstrahlen

Bezahnung: Die Kieferknochen der Regenbogenforelle sind mit eher kleinen Zähnen besetzt, am Pflugscharbein ist der Stiel bezahnt, auf der Platte sitzen meist vier Zähne.

Verwechslungsarten: Die Junghuchen besitzen zwar manchmal auch weiße Säume an den paarigen Flossen und der Afterflosse, aber keine schwarzen Tupfen auf der Schwanzflosse. Den Junghuchen fehlt das rötliche Längsband entlang der Flanken, zudem erscheint ihr Körper und Kopf auffallend schlank und im Querschnitt fast drehrund.

Biologie: Die Regenbogenforelle wurde um 1880 nach Europa und in weiterer Folge nach Österreich eingeführt, ihre ursprüngliche Heimat liegt in Nordamerika. Die Regenbogenforelle ist im Vergleich zur Bachforelle hinsichtlich der Wassertemperatur, Gewässerstruktur und anderer Umweltbedingungen wesentlich toleranter. Deshalb kann sie sich auch in naturfern verbauten Gewässern wie Stauseen, aber auch in Baggerseen und Teichen gut halten.

Auch wenn die Regenbogenforelle wohl der „meistbesetzte" Fisch in Europa ist und viele Bestände nur durch Besatz aufrecht erhalten werden, reproduziert diese Fischart heute in zahlreichen heimischen Freigewässern sehr erfolgreich, beispielsweise in der Mur, Gail oder in der Lammer. In vielen mitteleuropäischen Bächen und Flüssen ist die Regenbogenforelle heute mit Abstand die häufigste Fischart. Recht unterschiedlich fällt ihr „rechtlicher Status" aus, er hängt von den örtlichen Fischereigesetzen ab. So gilt sie mancherorts als eingebürgert, standortfremd oder heimisch und genießt demnach in manchen Gewässern eine Schonzeit und ein Mindestmaß oder eben nicht. In manchen europäischen Ländern, etwa auch in Kärnten, darf die Regenbogenforelle nicht mehr in Freigewässer besetzt werden, in vielen Gewässern wäre die Angelfischerei ohne diese Fischart in den letzen Jahren aber nicht mehr möglich gewesen. Natürlich sollte man die Regenbogenforelle nicht in Gewässer mit intaktem Bachforellen- oder Äschenbestand besetzen. In den zahlreichen vom Menschen beeinträchtigten Gewässern ist die Regenbogenforelle jedoch oft die einzige überlebensfähige Salmonidenart.

Laichzeit: Regenbogenforellen laichen je nach Abstammung im Herbst oder im Frühjahr.

Wenig schwarze Tupfen, Regenbogenforelle aus der Lammer

Zahlreiche schwarze Tupfen, Regenbogenforelle aus der Mur

1-jährige Regenbogenforelle

Goldforelle

Nahrung: Regenbogenforellen ernähren sich in Freigewässern in der Hauptsache von Wasserinsekten und deren Larven, Kleinkrebsen, Würmern, Muscheln und Schnecken. Größere Exemplare entwickeln sich in manchen Gewässern zu ausgesprochenen Raubfischen, die sich fast ausschließlich von Fischen ernähren. Andererseits spielen Insekten auch bei großen Regenbogenforellen noch eine wichtige Rolle in der Nahrungszusammensetzung. Regenbogenforellen sind bei der Auswahl ihrer Nahrung nicht besonders wählerisch, so kommt es häufig vor, dass sie Brot oder Speisereste fressen, die eigentlich für Wasservögel gedacht waren.

Fischerei: Für die Fischerei ist die Regenbogenforelle die mit Abstand wichtigste Salmonidenart in Mitteleuropa, die hauptsächlich als Speise-, aber auch als Besatzfisch produziert wird. Auch für Angler ist diese Fischart von großem Interesse.

Gefährdungsstatus

Rote Liste Österreich: nicht eingestuft
Rote Liste Deutschland: nicht bewertet
Rote Liste Bayern: nicht angeführt
Rote Liste Baden-Württemberg: nicht bewertet

Kopfporträt der Regenbogenforelle

Bachforelle

Familie: Lachsartige, *Salmonidae*
Bachforelle: *Salmo trutta forma fario* (Linnaeus, 1758)
Steinforelle, Flussforelle, Rotgetupfte
Englisch: Brown trout

Kopf einer 1-jährigen Bachforelle

Lokale Farbvariante eines Bachforellenstammes aus der Wilden Gerlos

Merkmale: Heimische Fischart mit kleinen Schuppen und großem Maul. Die Körperform erscheint langgestreckt, keulenförmig und ist seitlich zusammengedrückt. Erwachsene Tiere zeigen mehr oder weniger zahlreiche schwarze Tupfen, die sich vom Rücken bis über die Flanken ziehen. Diese Tupfen können rund und klar abgegrenzt, aber auch sternförmig und über mehrere Schuppen verteilt sein. Charakteristisch für die Bachforelle sind allerdings ihre roten Tupfen, die oft weiß eingefasst sind. Die Bauchseite ist weißlich, die Flanken graugrün bis dottergelb gefärbt, der Rücken meist olivgrün. In den ersten beiden Lebensjahren sind an den Flanken deutliche große Jugendflecken erkennbar. Grundsätzlich dient die Körperfärbung der Bachforelle ihrer Tarnung, entsprechend variabel sind auch die Farbvarianten, die bei dieser Fischart zu finden sind. Die Bachforelle besitzt auch die Fähigkeit, ihre Körperfärbung in kurzer Zeit einer neuen Umgebung anzupassen. In der Rückenflosse finden sich dunkle Tupfen, ihre Grundfärbung ist meist grau/grün. Bei manchen Exemplaren finden sich in der Rückenflosse aber auch zahlreiche rote Tupfen. Die Brust-, Bauch- und Afterflosse können gelb, grün oder auch weißlich gefärbt sein, sind aber farblich meist auf die restliche Körperfärbung abgestimmt. Auf der Fettflosse finden sich bei manchen Bachforellen rote und/oder schwarze Tupfen. Die Schwanzflosse ist besonders bei jungen Tieren oft deutlich eingebuchtet, ältere Exemplare zeigen dagegen meist einen gerade verlaufenden Rand der Schwanzflosse. Während der Laichzeit färben sich Bachforellen ähnlich wie die Meerforellen dunkel ein, besonders bei den Milchnern können dann der Bauch und die paarigen Flossen schwarz eingefärbt sein. Der Kopf läuft, seitlich betrachtet, gegen die Schnauze schlank zu, die Maulspalte reicht meist bis hinter das Auge. Ältere Milchner prägen einen typischen „Charakterkopf" mit starkem Laichhaken aus, die Unterscheidung der Geschlechter anhand des Kiefer- oder Laichhakens ist aber nicht immer möglich. Die Kiefer sind mit kräftigen Zähnen besetzt.

Wachstum: Das Wachstum der Bachforelle hängt stark von ihrem Lebensraum ab, so können in kleinen, nahrungsarmen Bächen sogenannte Steinforellen vorkommen, die bereits mit einer Größe von ca. 15 cm laichreif werden und an ihrem proportional großen Kopf erkennbar sind. Andererseits können Bachforellen in nahrungsreichen Bächen oder Flüssen zu Exemplaren mit über 10 kg abwachsen. Unter normalen Bedingungen kann man von einer Durchschnittslänge zwischen 25 und 35 cm ausgehen.

Schuppenformel

SL 105–132 Schuppen entlang der Seitenlinie

Flossenformel

RF 3–4 Hartstrahlen, 8–12 gefiederte Weichstrahlen
AF 3–4 Hartstrahlen, 6–10 gefiederte Weichstrahlen

Bezahnung: Die Kieferknochen der Bachforelle sind mit kräftigen Zähnen besetzt, ebenso das Zungenbein. Am Pflugscharbein sind der Stiel mit 9–18 und die Platte mit 2–6 Zähnen besetzt.

Verwechslungsarten: Seeforellen und Bachforellen sind anhand ihres äußeren Erscheinungsbildes nicht immer zu unterscheiden. Regenbogenforellen zeigen meist einen rötlichen Streifen bzw. Schimmer, beginnend am Kiemendeckel über die Körpermitte. Junghuchen haben nie rote Punkte und immer eine auffallend schlanke Körperform.

Biologie: Die Bachforelle bewohnt kühle, sauerstoffreiche Bäche und Flüsse vom Gebirge bis in die Niederungen. Ebenso findet man sie in kalten Gebirgsseen.
Die Bachforelle ist stark an Strukturen gebunden, in die sie sich bei Gefahr zurückziehen kann. Das bedeutet, dass unterspülte Uferbereiche, überhängendes Gras oder Äste, Totholzansamm-

Die Fettflosse kann sehr unterschiedlich gefärbt sein.

Bachforellenmilchner mit beginnender Laichfärbung

lungen, Wasserpflanzenbestände, große Steine oder Felsen und ein abwechslungsreicher Verlauf des Gewässers die idealen Lebensraumbedingungen für sie darstellen. So können sich selbst in kleinsten Bächen, wenn sie ausreichend strukturiert sind, gute Bachforellenbestände entwickeln.

Laichzeit: Bachforellen sind Herbstlaicher und suchen von Oktober bis Dezember ihre Laichplätze auf. In kleinen Bächen liegen diese oft in unmittelbarer Nähe der Standplätze. In größeren Gewässern ziehen Bachforellen meist in kleine Zuflüsse hinauf, um dort zu laichen. Die Rogner schlagen an stark überströmten, meist recht seichten Bereichen Laichgruben in das kiesige Substrat, während die Milchner um die Vorherrschaft am Laichplatz kämpfen. Die abgelegten Eier werden vom Rogner wieder mit Kies bedeckt und entwickeln sich im Schutze des Kieslückensystems.

Nahrung: Bachforellen ernähren sich recht vielseitig, der Schwerpunkt kleiner und mittlerer Fische liegt aber bei Wasserinsekten und vor allem deren Larven, daneben werden Bachflohkrebse, Würmer, in manchen Gewässern auch Schnecken und kleine Muscheln gefressen. Größere Bachforellen ernähren sich zunehmend räuberisch, so werden Amphibien wie Frösche und Molche bzw. deren Larven gerne gefressen. Auch kleine Nager wie Mäuse fallen großen Bachforellen manchmal zum Opfer. Einen sehr wichtigen Aspekt im Nahrungsspektrum größerer Bachforellen stellen aber Fische dar, wobei besonders Koppen, Schmerlen, Elritzen und andere Kleinfische gefressen werden. In kleinen Gewässern mit dichtem Bachforellenbestand spielt der Kannibalismus eine wesentliche Rolle in der Ernährung.

Gefährdungsursachen: Viele Bachforellenbestände werden heute nur mehr durch Besatz aufrecht erhalten, dieser Umstand verleitet dazu, die dramatische Situation mancher Populationen nicht richtig einzuschätzen. Natürlich reproduzierende Bestände ursprünglicher Bachforellen sind heute meist nur mehr in kleinen, fischereilich kaum bewirtschafteten Bächen zu finden. Die Ursachen dafür liegen in der Zerstörung natürlicher Lebensräume bzw. im Verlust oder der Nichterreichbarkeit der Laichplätze. So wer-

Das Aussehen hängt stark vom jeweiligen Gewässer ab.

Bachforellen ernähren sich auch räuberisch.

In nahrungsarmen Gewässern bilden sich kleinwüchsige Hungerformen.

Der Tigerfisch ist eine Kreuzung zwischen Bachforelle und Bachsaibling.

den selbst heute noch ursprünglich gut strukturierte Forellenbäche rücksichtslos begradigt bzw. naturfern verbaut. Aber auch der Eintrag toxischer Stoffe, wie z. B. Jauche aus der Landwirtschaft, löscht immer wieder ganze natürlich reproduzierende Bestände aus. In manchen Gewässern ist auch ein zu hoher Befischungsdruck für den Rückgang der Bachforellenbestände mitverantwortlich. Gerade in kleineren Gewässern hat der Fraßdruck durch Graureiher, vor allem während der Laichzeit, verheerende Folgen für die Bachforellenbestände. Eine nicht zu unterschätzende und von vielen Bewirtschaftern unbemerkte Gefahr geht allerdings auch vom Besatz mit ungeeignetem Besatzmaterial aus, dadurch kommt es zur genetischen Vermischung der Bestände, die dadurch ihre Überlebensfähigkeit einbüßen.

Gefährdungsstatus

Rote Liste Österreich: nahezu gefährdet
Einschätzung des Autors 2020: gefährdet
Rote Liste Deutschland: nur Forelle/*Salmo trutta* angeführt – ungefährdet
Rote Liste Bayern: Art der Vorwarnliste
Rote Liste Baden-Württemberg: Vorwarnliste

Angelfischerei

Die Bachforelle ist von großem Interesse für Angler.

Seeforelle

Familie: Lachsartige, *Salmonidae*
Seeforelle: *Salmo trutta forma lacustris* (Linnaeus, 1758)
Lachsforelle, Ferche, Schwebforelle, Laxl, Lax, Låxn
Englisch: Lake trout (gilt allerdings auch für den Namaycush)

Wichtiger Hinweis: Bei der Seeforelle handelt es sich um eine Form, einen Ökotyp, der europäischen Forelle *Salmo trutta*. In der Praxis ist es oft nicht möglich, „Bachforellen" und „Seeforellen" anhand äußerer Merkmale eindeutig zuzuordnen, da speziell in Seen, die von Fließgewässern durchflossen werden (z. B. Traunsystem, Hallstättersee, Traunsee), beide Ökotypen nebeneinander vorkommen und sich auch natürlich vermischen. Zudem wurden in Fischzuchten in der Vergangenheit verschiedenste Stämme von See- und Bachforellen gekreuzt und in zahlreiche Gewässer besetzt. Vereinzelte rote Flecken werden oft überbewertet und machen aus einer Seeforelle noch keine Bachforelle – wie umgekehrt Bachforellen mit überwiegend schwarzen Tupfen noch keine Seeforelle ausmachen. So zeigen die Bachforellen in irischen Lochs fast ausschließlich schwarze Flecken. In einigen großen Voralpenseen haben sich aber Populationen der „typischen Seeforelle" herausgebildet. Die folgende Beschreibung bezieht sich daher auf das typische Erscheinungsbild des Ökotyps Seeforelle.

Merkmale: Heimische Fischart mit kleinen Schuppen und großem Maul, in den ersten beiden Lebensjahren sind Seeforellen meist nicht von der Bachforelle zu unterscheiden, da sie auch rote Tupfen und eine oft stark eingebuchtete Schwanzflosse haben. Die Körperform erscheint langgestreckt, keulenförmig und ist seitlich

Sechs Monate alte Seeforelle

Seeforellenmilchner im Laichkleid (Wolfgangsee)

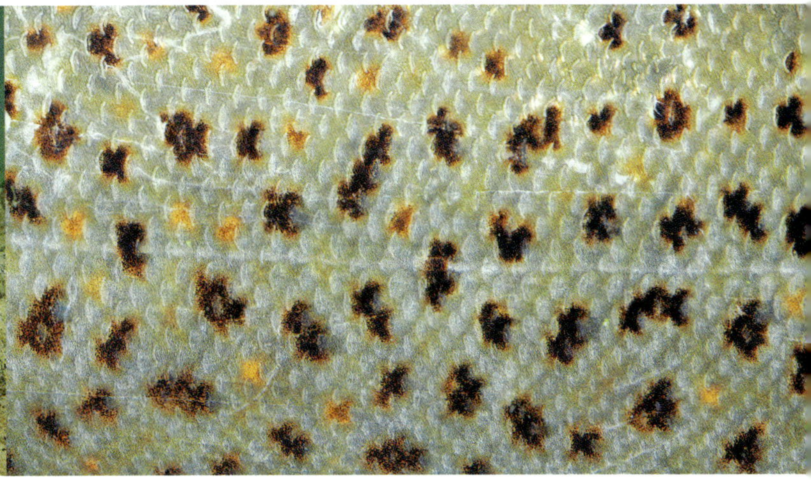

Schuppenbild einer Seeforelle im Laichkleid

zusammengedrückt. Ältere Exemplare können bei entsprechendem Nahrungsangebot in großen Voralpenseen mit Renken- und Seesaiblingsbeständen eine bullige, relativ hochrückige Körperform aufweisen. In nahrungsarmen Gebirgsseen hingegen sind selbst alte Exemplare noch schlank und haben oft einen unverhältnismäßig großen Kopf. Die Färbung des Ökotyps s*almo trutta forma lacustris* ist sehr variabel und hängt stark vom Lebensraum und der Herkunft der Fische ab. Charakteristisch für die Seeforelle ist die silbrige Grundfärbung an den Seiten, der Bauch ist weiß gefärbt. Der Rücken kann dunkelgrau, dunkelgrün, fast schwarz, in manchen Seen aber auch türkisgrün gefärbt sein. Typisch sind auch die mehr oder weniger häufigen schwarzen Flecken, die meist auf mehrere Schuppen verteilt sind und daher oft unsymmetrisch oder kreuzförmig erscheinen. Diese schwarzen Flecken finden sich auch am Kopf, hinter dem Auge und auf den Kiemendeckeln sowie auf der Rückenflosse. Bei manchen Seeforellenstämmen können diese Flecken auch dunkelbraun oder rostfarben sein. In seltenen Ausnahmefällen findet man einige dieser Flecken auch auf der Schwanzflosse. Die paarigen Flossen und die Afterflosse sind nicht gefleckt. Zwischen der Rücken- und Schwanzflosse sitzt eine meist relativ große Fettflosse. Der Hinterrand der Schwanzflosse verläuft bei erwachsenen Exemplaren gerade, oft sogar leicht nach außen gewölbt. Während der Laichzeit färben sich Seeforellen ähnlich wie die Meerforellen dunkel bis schwarz. Der Kopf läuft, seitlich betrachtet, gegen die Schnauze schlank zu, die Maulspalte reicht meist bis hinter das Auge. Ältere Milchner prägen einen typischen „Charakterkopf" mit starkem Laichhaken aus. Die Kiefer sind mit kräftigen Zähnen besetzt.

Wachstum: Die Durchschnittsgröße liegt je nach Gewässer zwischen 40 und 80 cm, die aktuellen Maximalgrößen liegen bei ca. 100 cm und das Maximalgewicht bei rund 20 kg. In der Vergangenheit wurden aber in den großen Voralpenseen, wie Attersee, Traunsee, Grundlsee usw., Seeforellen mit über 30 kg gefangen.

Schuppenformel

SL 105–132 Schuppen entlang der Seitenlinie

Flossenformel

RF 3–4 Hartstrahlen, 8–12 gefiederte Weichstrahlen
AF 3–4 Hartstrahlen, 6–10 gefiederte Weichstrahlen

Bezahnung: Die Kieferknochen der Seeforelle sind mit kräftigen Zähnen besetzt, ebenso das Zungenbein. Am Pflugscharbein sind der Stiel mit 9 bis 18 und die Platte mit zwei bis sechs Zähnen besetzt.

Verwechslungsarten: Nicht klar abgrenzbar, da es in der Natur zur Vermischung der beiden Ökotypen Bachforelle und Seeforelle kommt. Bachforellen besitzen typischerweise neben dunklen Tupfen meist runde rote Tupfen mit heller Umrandung und eine grünbraune Rückenfärbung, die Seiten sind oft gelblich gefärbt. Die Regenbogenforelle besitzt zahlreiche dunkle Flecken in der Schwanzflosse und meist einen rötlichen Schimmer (Streifen) am Kiemendeckel und entlang der Seitenlinie. Der Huchen erscheint immer schlank und langgestreckt, sein Körperquerschnitt fast drehrund.

Biologie: Die Seeforelle lebt in kühlen, sauerstoffreichen Alpen- und Voralpenseen. Die Jungfische halten sich entweder im Mündungsbereich von Zuflüssen oder im Uferbereich der Seen auf. Erwachsene Seeforellen leben meist in den weitläufigen Freiwasserzonen der Seen, kommen zur Nahrungssuche aber auch an die Oberfläche oder in Ufernähe. Die Laichreife erreichen großwüchsige Seeforellenstämme erst mit ca. 4 Jahren, sie sind dann bereits über 60 cm lang und rund 3 kg schwer.

Seeforelle aus der Mondseeache im 2. Lebensjahr

Milchner mit ausgeprägtem Laichhaken

Laichzeit: Seeforellen sind Herbstlaicher und ziehen dort, wo es möglich ist, von Oktober bis Dezember in die Seezuflüsse hinauf, um zu laichen. Dabei legen manche Populationen kilometerlange Strecken in größeren Flüssen zurück, andere wieder steigen nur ein paar hundert Meter in kleine einmündende Bäche auf. Ist der Laichaufstieg wegen Niedrigwasser nicht möglich, laichen die Seeforellen auf den Schotterkegeln der einmündenden Zubringer. In manchen Seen können Seeforellen sogar im See selbst an kiesigen Stellen laichen. Die Laichplätze in den Zubringern liegen ebenfalls an stark überströmten kiesigen Stellen. Von den Rognern werden dort Laichgruben geschlagen, um dann ihre Eier darin abzulegen. Die Entwicklung der Eier und der Dottersackbrut findet im Schutz des Kieslückensystems statt.

Nahrung: Seeforellen ernähren sich in ihrer Jugend von Wasserinsekten und deren Larven, Kleinkrebsen und Fischbrut. Erwachsene Seeforellen sind ausgesprochene Raubfische und ernähren sich fast ausschließlich von Fischen. Bevorzugte Beutefische der Seeforelle sind Seesaiblinge, Renken und Seelauben.

Gefährdungsursachen: Die Ursachen liegen im Verlust intakter Laichplätze bzw. darin, dass der Aufstieg zu den Laichplätzen z. B. durch Querbauwerke nicht möglich ist. Für den Rückgang der einst guten Seeforellenbestände ist aber ohne Zweifel auch die Überfischung der Bestände verantwortlich. So gingen an vielen Salzkammergutseen die Seeforellenbestände nach der Einführung der Monofilnetze dramatisch zurück. Aber auch der Fang junger Seeforellen durch intensive Angelfischerei trug zum Rückgang einiger Bestände bei. Leider ist bis heute in vielen Gewässern das Mindestmaß für Seeforellen viel zu niedrig angesetzt, was zur Folge hat, dass die meisten Seeforellen gefangen werden, bevor sie einmal ablaichen konnten. Als positives Beispiel kann hier der Weißensee in Kärnten angeführt werden, dort gilt für die Seeforelle ein Mindestmaß von 70 cm.

Gefährdungsstatus in Österreich

Rote Liste Österreich: nicht angeführt
Einschätzung des Autors 2020: stark gefährdet
Rote Liste Deutschland: nur Forelle/*Salmo trutta* angeführtungefährdet
Rote Liste Bayern: stark gefährdet
Rote Liste Baden-Württemberg: stark gefährdet

Fischerei: Das Fleisch der Seeforelle gilt als besondere Delikatesse, ist jedoch nur selten verfügbar.

Seesaibling

Familie: Lachsartige, *Salmonidae*
Seesaibling: *Salvelinus umbla* (Linnaeus, 1758)
Wildfangsaibling, Freiwassersaibling, Tiefensaibling, Schwarzreuther
Englisch: Arctic char

Merkmale: Der Seesaibling gehört zu den schönsten heimischen Fischen. Die Körperform ist langgestreckt und schlank, im Querschnitt fast rund und seitlich nur wenig zusammengedrückt. Seine Färbung ist sehr variabel und vom Lebensraum abhängig. Der Rücken kann von grün bis blau und grau gefärbt und mit hellen Punkten übersäht sein, ist jedoch nicht so deutlich marmoriert wie beim Bachsaibling. Die Flanken sind grau bis olivgrün und ebenfalls mit zahlreichen hellen, oft roten bis orangefarbenen Punkten übersäht, diese Punkte sind jedoch nicht blau eingefasst wie beim Bachsaibling. Oft zeichnen sich selbst bei erwachsenen Exemplaren die großen Jugendflecken noch mehr oder weniger stark ab. Besonders die Milchner können entlang des Bauches mehr oder weniger intensiv orangerot oder gelb gefärbt sein. Die Rogner sind üblicherweise blasser gefärbt als die Milchner, doch gibt es hier auch Ausnahmen. Die Farben werden zur Laichzeit besonders intensiv, das Maulinnere und der Kopf kann bei den Milchnern fast schwarz werden und einen starken Kontrast zu den leuchtend roten Bäuchen bilden. Bei manchen Stämmen kann zur Laichzeit die orangerote Färbung stellenweise vom Bauch bis über die Seitenlinie hinauf zum Rücken reichen. Ältere Milchner können einen deutlichen Laichhaken ausbilden. Seesaiblinge, die in großen Tiefen leben, können aber auch zeitlebens unscheinbar blassgrau gefärbt sein. Die Vorderränder der paarigen Flossen und der Afterflosse sind weiß gesäumt. Die Rückenflosse ist nicht stark marmoriert so wie beim Bachsaibling. Die Schwanzflosse ist selbst bei älteren Exemplaren noch deutlich eingebuchtet. Bei alten Wildfischen kann der Maulspalt sehr tief sein und die Spitzen der Brustflossen können bis zum Ansatz der Rückenflosse zurückreichen.

Wachstum: Die Durchschnittsgröße des Seesaiblings hängt stark vom jeweiligen Gewässer ab. In nahrungsarmen Gebirgsseen können sich regelrechte Hungerformen (sogenannte Schwarzreuther) ausbilden, deren maximale Größe 20 cm kaum überschreitet und die bereits mit 12 cm laichreif sein können. Aufgrund des sehr

Seesaibling im 1. Lebensjahr

2-jährig – mit deutlichen Jugendflecken

langsamen Wachstums im Hochgebirge erreichen diese Fische ein Alter von bis zu 22 Jahren. Ähnliche „Zwergformen" kommen auch in tiefen Voralpenseen neben den „normalen" Seesaiblingen vor. Andererseits können räuberische Seesaiblinge (sogenannte Wildfangsaiblinge) unter günstigen Umständen durchaus 5 kg und mehr erreichen. Im Normalfall liegt die Durchschnittsgröße etwa zwischen 25 und 35 cm.

Flossenformel

RF 3–4 Hartstrahlen, 9–11 gefiederte Weichstrahlen
AF 3 Hartstrahlen, 8–10 gefiederte Weichstrahlen

Bezahnung: Der Seesaibling besitzt eine kräftige Bezahnung an allen Kieferknochen, beim Pflugscharbein ist nur die Platte bezahnt, der Stiel ist zahnlos.

Verwechslungsarten: Beim Bachsaibling sind die Brust-, Bauch- und Afterflosse durch einen schwarzweißen Saum abgegrenzt, der Rücken und die Rückenflosse sind deutlich marmoriert. Der Elsässer Saibling weist sowohl die Merkmale des Bachsaiblings als auch die des Seesaiblings auf.

Biologie: Der Seesaibling unserer Alpenseen stellt ein Relikt aus der letzten Eiszeit dar, er ist vor ca. 10.000 Jahren aus dem Norden eingewandert. In unseren Seesaiblingsseen haben sich im Laufe der Zeit einige unterschiedliche Formen entwickelt. Diese lokal angepassten Formen unterscheiden sich im Aussehen, der Färbung, dem Wachstum, der Lebensweise und der Ernährung. Als Wildfangsaibling bezeichnet man großwüchsige Seesaiblinge, die sich räuberisch von Fischen ernähren. Die häufigste Erscheinungsform in unseren Seen ist der sogenannte „Normalsaibling", der eine Durchschnittsgröße zwischen 25 und 35 cm aufweist. Es gibt aber auch sogenannte Tiefensaiblinge am Attersee und Traunsee. Während die in großen Tiefen lebenden Saiblinge des Attersees eher kleinwüchsig sind, wachsen die Tiefensaiblinge des Traunsees zu stattlichen Exemplaren ab. In größeren Seen können sogar verschiedene Seesaiblingsstämme nebeneinander vorkommen, oft ist dies auch durch Besatzmaßnahmen begründet. Die eigentliche Stammform des Seesaiblings ist der arktische Wandersaibling, der heute noch in den Meeren der nördlichen Hemisphäre als anadromer Wanderfisch vorkommt. Aus ihm entwickelten sich im Laufe der Zeit die heutigen Binnenformen.

Laichzeit: Die Hauptlaichzeit der Seesaiblinge fällt in den Spätherbst und den Winter. Manche Populationen beginnen mit dem Laichen aber schon im Spätsommer, bei anderen Stämmen wiederum kann sich die Laichzeit bis ins Frühjahr erstrecken. Die Laichplätze liegen über kiesigem bzw. steinigem Grund, in den Seen liegen sie meist in der Nähe von Bacheinmündungen oder über Quell- und Grundwasseraustritten, wobei die Tiefe sehr unterschiedlich sein kann. In manchen meist kleineren Seen laichen die Seesaiblinge in nur zwei bis fünf Metern Tiefe und man kann sie dabei gut beobachten. In größeren, tieferen Seen können die Laichplätze der Seesaiblinge bis zu 40 m und tiefer liegen. Manche Seesaiblingsstämme ziehen zur Laichzeit aber auch in einmündende Bäche hinauf, um dort zu laichen. Vor und während der Laichzeit kommt es zu wilden Kämpfen unter den Milchnern, die versuchen, den Laichplatz gegen Konkurrenten zu verteidigen. Die Milchner sind meist schon im zweiten Jahr geschlechtsreif, die Rogner ein Jahr später.

Nahrung: Die Ernährung der Seesaiblinge ist so unterschiedlich wie diese Fische selbst. Meist haben Seesaiblinge ein breites Beutespektrum und fressen neben Insektenlarven und Plankton-

Hungerform: schlanker Körper, großer Kopf

Kopf eines Milchners

krebsen auch Kleinmuscheln und Jungfische. Meist ernähren sich die Seesaiblinge ähnlich den Renken von Wasserinsekten und deren Larven (z. B. Zuckmücken). Während der wärmeren Jahreszeit stellen manche Populationen dann völlig auf Zooplankton um, ja, sie bevorzugen sogar bestimmte Arten von Planktonkrebsen. Manche Seesaiblinge spezialisieren sich schon von Jugend an auf Fische als Nahrung und entwickeln sich zu großwüchsigen Raubfischen. Die Zwergformen mancher Hochgebirgsseen sind auch auf die Anflugnahrung während des kurzen Sommers angewiesen.

Gefährdungsursachen: In der Vergangenheit waren Seesaiblingsbestände durch die Eutrophierung mancher Seen und den damit verbundenen Verlust der Laichplätze gefährdet. Heute geht die Gefährdung mancher Bestände eher von der Überfischung durch die Berufsfischerei oder durch falsche Bewirtschaftung aus.

Gefährdungsstatus

Rote Liste Österreich: ungefährdet
Einschätzung des Autors 2020: gefährdet
Rote Liste Deutschland: ungefährdet
Rote Liste Bayern: Art der Vorwarnliste
Rote Liste Baden-Württemberg: stark gefährdet

Fischerei: Der Seesaibling ist sowohl in der Angel- als auch in der Berufsfischerei von Bedeutung.

„Eismeersaibling", *Salvelinus alpinus stagnalis* (Jordan & Evermann, 1896)

Elsässer-Saibling – eine Kreuzung zwischen See- und Bachsaibling. Die Merkmale der Ursprungsarten können unterschiedlich stark ausgeprägt sein.

Bachsaibling

Familie: Lachsartige, *Salmonidae*
Bachsaibling: *Salvelinus fontinalis* (Mitchill, 1814)
Englisch: Brook trout

Merkmale: Sein Körperbau ähnelt dem der Bachforelle. Der Bachsaibling fällt durch seine bunte Färbung auf, charakteristisch ist die deutliche Marmorierung am Rücken und an der Rückenflosse. An den Flanken geht die Marmorierung des Rückens in einzelne helle Flecken über. Typisch sind rote Punkte, die bei vielen Exemplaren blau umrandet sind. Der Bauch ist weiß bis gelb und färbt sich bei den Milchnern während der Laichzeit intensiv orangerot. Die rote Färbung erstreckt sich allerdings nicht über den ganzen Bauch wie beim Seesaibling, sondern nur über die Seiten des Bauches. Die Bauchunterseite ist beim Bachsaibling besonders während der Laichzeit dunkelgrau bis schwarz gefärbt. Generell sind die Milchner intensiver gefärbt als die Rogner, wobei sich auch der Rachenraum während der Laichzeit oft schwarz einfärbt. Ein weiteres typisches Merkmal ist die tiefe Maulspalte des Bachsaiblings, die bis hinter die Augen reicht. Besonders ausgeprägt ist diese Maulspalte bei alten Milchnern. Die Vorderränder der paarigen Flossen und der Afterflosse sind weiß gesäumt und vom Rest der Flosse durch einen schwarzen Saum abgegrenzt. Während die Schwanzflosse bei jüngeren Exemplaren noch deutlich eingebuchtet ist, kann sie bei älteren Milchnern mit einer geraden Linie abschließen.

Wachstum: Die Durchschnittsgröße des Bachsaiblings ist sehr variabel, so kann er unter günstigsten Verhältnissen 45 cm und ausnahmsweise darüber erreichen. In nahrungsarmen und hochgelegenen Gewässern erreicht diese Fischart aber oft kaum mehr als 25 cm Endgröße.

Flossenformel
RF 3–5 Hartstrahlen, 8–10 gefiederte Weichstrahlen
AF 3 Hartstrahlen und 9–11 gefiederte Weichstrahlen

Bezahnung: Der Bachsaibling besitzt eine kräftige Bezahnung, an allen Kieferknochen, außer dem Zungenbein. Beim Pflugscharbein ist nur die Platte bezahnt, der Stiel ist zahnlos.

Verwechslungsarten: Beim Seesaibling sind die weißen Säume der paarigen Flossen und der Afterflosse nicht durch einen deutlichen schwarzen Saum vom Rest der übrigen Flossen abgegrenzt. Seine Bauchseite ist immer einheitlich gefärbt und nicht durch schwarze Längsstreifen abgegrenzt. Die Maulspalte reicht beim Seesaibling meist nicht bis hinter die Augen. Helle oder rote Punkte an den Flanken sind nicht blau eingefasst.

Besonders bei alten Milchnern reicht die Maulspalte bis weit hinter die Augen.

Die Rogner sind eher schlicht gefärbt.

Milchner im Laichkleid.

Der Goldsaibling ist eine Farbvariante des Bachsaiblings.

Biologie: Der Bachsaibling ist ein sehr schöner, aber auch aggressiver und territorialer Fisch, der sein Revier energisch gegen andere Fische verteidigt. Die ursprüngliche Heimat des Bachsaiblings liegt im Nordosten Nordamerikas.
Er wurde etwa zeitgleich mit der Regenbogenforelle um 1880 nach Europa und in weiterer Folge nach Österreich importiert. Der Bachsaibling bewohnt ähnliche Lebensräume wie die Bachforelle und dringt oft hinauf bis in kleinste Gerinne vor. In Gewässern mit Bachforellenbestand kann es zur Konkurrenz beider Arten kommen und unter Umständen zur Verdrängung der Bachforelle. Es kommt in der Natur aber auch zu Kreuzungen beider Arten, die daraus hervorgehenden Fische werden als „Tigerfische" oder „Tigersaiblinge" bezeichnet. Andererseits kann der Bachsaibling auch in strukturarmen, hart verbauten und leicht verschmutzten Gewässern überleben. Im Gegensatz zur Bachforelle lebt der Bachsaibling deutlich weniger strukturbezogen, sodass er weniger Unterstände und Versteckmöglichkeiten benötigt. Außerdem toleriert er niedrigere pH-Werte als die Bachforelle und kann sich so in versauerten Gewässern halten, die Bachforellen nicht mehr zusagen. Er bevorzugt raschfließendes und vor allem kaltes Wasser. Wo er besetzt wurde, kommt der Bachsaibling auch in Mittelgebirgs- und Hochgebirgsseen vor. Dort laicht er oft an denselben Laichplätzen wie der Seesaibling und kann diesen Fisch so verdrängen. Bachsaiblinge wurden in verschiedensten Gewässern besetzt und können daher auch dort vorkommen, wo man sie nicht vermuten würde, z. B. in kalten Baggerseen im Tiefland.

Laichzeit: Der Bachsaibling laicht im Herbst und Winter auf Kiesgrund, dabei kommt es zu wilden Kämpfen unter den Milchnern, die versuchen, den Laichplatz gegen Konkurrenten zu verteidigen. Die Milchner sind meist schon im zweiten Jahr geschlechtsreif, die Rogner erst ein Jahr später.

Nahrung: Die tiefe Maulspalte von erwachsenen Exemplaren lässt es schon vermuten, dass sich der Bachsaibling nicht nur von Insekten, sondern auch räuberisch von Fischen und anderen kleinen Wirbeltieren wie Amphibien ernährt. So kann der Bachsaibling in Gebirgsregionen lokale Populationen von Bergmolchen vernichten.

Fischerei: Der Bachsaibling spielt in der Angelfischerei und in der Fischzucht eine wesentliche Rolle.

Gefährdungsstatus

Rote Liste Österreich: nicht eingestuft
Rote Liste Deutschland: nicht bewertet
Rote Liste Bayern: nicht angeführt
Rote Liste Baden-Württemberg: nicht bewertet

Namaycush

Familie: Lachsartige, *Salmonidae*
Namaycush: *Salvelinus namaycush* (Walbaum 1792), Amerikanische Seeforelle, Amerikanischer Seesaibling
Englisch: Lake Trout
Splake: Der so genannte Splake (Name zusammengesetzt aus Spekled Trout & Lake Trout) (Hybride zwischen Bachsaibling und Namaycush) wurde im großen Stil in vielen nordamerikanische Seen besetzt, um die Gewässer angelfischereilich attraktiver zu machen.

Merkmale: Die Körperform ist langgestreckt und schlank, im Querschnitt bei jungen Fischen fast rund. Bei älteren Exemplaren zeigt sich oft eine bauchige Körperform und ein ovaler Körperquerschnitt. Die Grundfärbung am Rücken und an den Seiten wird von Grau oder Grüntönen dominiert, die bis ins Dunkelbraune variieren können. Vor allem die Körperseiten, aber auch der Rücken und der Kopf sind mit zahlreichen weißen bis gelblichen Tupfen übersät. Sowohl die Größe als auch die Anzahl dieser Tupfen kann individuell variieren. Vor allem kleinere Namaycush haben oft relativ große Tupfen. Der Bauch ist weißlich bis gelb. Während der Laichzeit sind vor allem die Milchner intensiver gefärbt, ihre Flossen, insbesondere die Schwanzflosse, färben sich orange bis rötlich. Typisch für diesen Fisch ist auch die tief eingebuchtete Schwanzflosse die ebenfalls helle Tupfen aufweist.

Der Namaycush, und hier vor allem die größeren Exemplare, hat einen wuchtigen Schädel und ein sehr großes Maul, das tief gespalten ist. Die Maxillare reicht bis weit hinter den Augenhinterrand.

Wachstum: Der Namaycush ist grundsätzlich ein recht großwüchsiger Fisch, seine Durchschnittslänge beträgt abhängig vom jeweiligen Gewässer etwa 50 cm. Veröffentlichte Maximallängen liegen bei 150 cm, das Höchstgewicht bei 32,7 kg (www.fishbase.de, 16. 3. 2020). Das maximale Alter wird mit 50 Jahren angegeben, wobei auch hier die Bedingungen der jeweiligen Gewässer eine wesentliche Rolle spielen. In der freien Wildbahn wachsen Namaycush sehr langsam und erreichen oft erst mit einem Alter von 5–7 Jahren die Geschlechtsreife. Ein Zwergwuchs bzw. eine Verbuttung, wie man sie z. B. beim Seesaibling in manchen Gebirgsseen findet, ist beim Namaycush kaum zu beobachten.

Kopfportrait vom Namaycush

Jungfisch, Altersklasse 1+

Flossenformel
RF 4–5 Hartstrahlen, 8–10 gefiederte Weichstrahlen
AF 4–5 Hartstrahlen, 8–10 gefiederte Weichstrahlen

Bezahnung
Der Namaycush besitzt eine starke Bezahnung an den Kieferknochen.

Verwechslungsarten: Diverse Saiblingshybriden wie der Elsässer. Wobei der Schwanzstiel beim Namaycush schlanker und der Hinterrand der Schwanzflosse wesentlich tiefer eingeschnitten ist. Ebenso fehlen ihm blau eingerahmte, rote Tupfen und die starke Marmorierung des Bachsaiblings. Im Vergleich zum Seesaibling findet man beim Namaycush in der Schwanzflosse und am Kopf zahlreiche helle Tupfen, die teilweise ineinander fließen.

Biologie: Das ursprüngliche Verbreitungsgebiet erstreckt sich von den Großen Seen Nordamerikas bis nach Alaska. In den „Great Lakes" ist diese Art wegen Überfischung, Eutrophierung und der Einschleppung des Meerneunauges bedroht. Auch gegenüber Wasserverschmutzung und vor allem dem Eintrag von Insektiziden reagiert der Namaycush sehr empfindlich. Er wurde um 1881 nach Europa eingeführt und in hochgelegene natürliche Bergseen, aber auch Stauseen in Frankreich, Norditalien, Schweden, Lappland und der Schweiz, vereinzelt auch in Österreich besetzt. In vielen dieser Seen konnten sich selbst reproduzierende Bestände etablieren, beispielsweise in der Schweiz, wo er bei Anglern als attraktiver Sportfisch beliebt ist. In diesem Zusammenhang ist aber auch zu bedenken, dass dieser Fisch ein ausgesprochener Raubfisch ist und Bestände heimischer Fischarten, wie z. B. Seesaiblinge, massiv schädigen kann. Ein Beispiel dafür ist der Appenzeller Fählensee, wo der Besatz mit Namaycush zu einem dramatischen Rückgang der Seesaibling- und Bachforellenbestände geführt hat.

Eine Studie aus Nordamerika (Stewart et al. 1983) konnte zeigen, dass das Verhältnis zwischen Gewichtszunahme und aufgenommener Nahrung von 1 : 4 im 1. Lebensjahr bis 1 : 32 im neunten Jahr ansteigt.

Während größere Namaycush sich gerne in den Tiefenzonen der Seen aufhalten und meist nur im Frühjahr in Ufernähe kommen, halten sich die kleineren Fische auch gerne in seichteren ufernahen Bereichen auf.

Laichzeit: Der Namaycush laicht im Herbst und Winter über steinigem oder kiesigem Substrat. Die Entwicklung der Eier kann 3–4 Monate dauern. Vor allem in größeren Seen liegen die Laichplätze oft in großen Tiefen.

Nahrung: So wie das Wachstum hängt auch die Art der Ernährung stark vom jeweiligen Gewässer ab. Es reicht vom Zooplankton, Wasserinsekten und deren Larven über Kleinkrebse bis hin zu Fischen. Vor allem größere Namaycush sind in der Regel ausgesprochene Raubfische und ernähren sich fast ausschließlich von anderen Fischen. Bei sich bietender Gelegenheit werden aber auch Kleinsäuger oder Amphibien gefressen.

Fischerei: Begehrter Sportfisch, der v. a. in Alaska, Kanada und Nordamerika intensiv mit der Schleppangel befischt wird. Größere alte Fische werden von Angelfischern meist releast, um die Bestände zu schonen. Kleinere Exemplare werden vor allem im Frühjahr auch mit der Fliegenrute gefangen. Auch in der europäischen Aquakultur ist der Namaycush mancherorts zu finden und wird von Feinschmeckern wegen der besonderen Konsistenz seines Fleisches, die an das des Lachses erinnert, sehr geschätzt. Es ist fettarm und abhängig von der Art der Nahrung bzw. der Fütterung hellgrau bis rötlich.

Die Familie der Coregonidae

Coregonen

Familie: Renken, *Coregonidae*
Coregonen: Darunter fallen verschiedene Arten der Gattung Coregonus, die schwierig abzugrenzen sind, wie z. B. Renke, Maräne, Blaufelchen, Rheinanke, Bodenrenke, Schwebrenke, Riedling, Kröpfling
Englisch: Lake white fish

Anmerkung: Die taxonomische Einteilung der Coregonen ist äußerst kompliziert und man darf sich von künftigen molekularbiologischen Untersuchungen neue Erkenntnisse erwarten. So betrachten einige Autoren (Turgeon & Bernachez 2003) die Fülle der vorkommenden Coregonen-Formen nur als sogenannte Ökomorphotypen einer einzigen Art. Kottelat (2007) hingegen beschreibt alleine für den Bodensee vier verschiedene Arten, nämlich Sandfelchen, Gangfisch, Kilch und Blaufelchen. Die verschiedenen Coregonen-Arten bzw. -Ökotypen anhand ihrer äußeren Merkmale zu unterscheiden, ist nur selten möglich, ein Unterscheidungsansatz liegt in der durchschnittlichen Anzahl der Kiemenreusendornen bestimmter Populationen. Einzelne Fische so zu bestimmen, ist aber kaum möglich. Zudem wurden in der Vergangenheit gerade mit Coregonen zahlreiche Besatzversuche sowohl mit nicht heimischen Arten/Formen wie etwa *Coregonus maraena* als auch mit Arten/Formen aus unterschiedlichen heimischen Seen durchgeführt, die eine Vermischung einzelner Populationen erwarten lassen.

Manche Arten bzw. Ökotypen können aber anhand ihres äußeren Erscheinungsbildes voneinander unterschieden werden, als Beispiel soll hier der Riedling des Traunsees angeführt werden, der sich nicht nur durch seine deutlich geringere Größe von anderen Traunsee-Coregonen-Arten- oder -Formen unterscheidet. Ähnliches gilt auch für den Kröpfling des Attersees.
Der Körperbau des Riedlings, *Coregonus danneri,* Vogt 1908, aus dem Traunsee erscheint, verglichen mit den dort ebenfalls vorkommenden „Rheinanken", deutlich schlanker, seine Augen größer, sein Schuppenkleid bräunlich, seine Schnauze stumpfer und seine Flossen gelblich bis weiß gefärbt. Zudem bevölkert er deutlich tiefere Wasserschichten und laicht von November bis in den März hinein.
Gut von anderen Coregonen-Arten zu unterscheiden ist auch die Peled-Maräne. Sie stammt ursprünglich aus Sibirien und Finnland und ist als erwachsener Fisch im Vergleich zu heimischen Renken deutlich hochrückiger, ihre Schnauze kürzer und stumpfer, ihre Augen größer und ihr Kopf mit zahlreichen dunklen Punkten über-

Schwebrenke aus dem Mondsee

Bodenrenke

Peled-Maräne aus dem Feldsee

sät. Im Kärntner Feldsee lebt seit vielen Jahren eine reproduzierende Population der Peled-Maräne *(Coregonus peled)*.
Oft werden die Coregonen auch anhand ihrer Lebensweise unterschieden, man unterteilt hiebei in großwüchsige Bodenrenken, sogenannte Maränen, und eher kleinwüchsige Schwebrenken, sogenannte Blaufelchen. Das mag in manchen Gewässern möglich sein, in vielen Seen halten sich die Renken allerdings im Frühjahr in Grundnähe und im Sommer im Freiwasser auf, sodass eine Einteilung nach diesem Schema nicht zielführend ist.

Merkmale: Die im Folgenden angeführten äußeren Merkmale beziehen sich auf Coregonen im Allgemeinen und nicht auf eine spezielle Art oder Form. Die Körperform ist länglich, aber seitlich zusammengedrückt, bei erwachsenen Exemplaren kompakt wirkend, mit zunehmendem Alter und bei gutem Futterangebot auch hochrückiger. Der Kopf ist eher klein mit relativ großen Augen, die oft tropfenförmig nach vorne zeigen. Er hat ein sehr kleines Maul, dessen Stellung von leicht oberständig bis leicht unterständig variieren kann. Die Flossen sind meist grau/grün gefärbt, wobei die Flossenränder oft schwarz angehaucht erscheinen. Zwischen Rücken- und Schwanzflosse sitzt die strahlenlose Fettflosse, die an ihren Enden spitz auslaufende Schwanzflosse ist in der Mitte tief gegabelt. Die Bauchflossen sind verhältnismäßig groß und zeigen besonders während der Laichzeit einen goldbraunen Schimmer. Bei den Milchnern ist während der Laichzeit ein deutlicher Laichausschlag ausgeprägt, der sich in Längsreihen entlang der Flanken erstreckt. Coregonen besitzen relativ große, eher locker sitzende Schuppen, ihre Körperfärbung variiert am Rücken von Graubraun über Dunkelgrün bis hin zu leuchtendem Türkis. Die Flanken und der Bauch zeigen meist einen einheitlichen Silberschimmer.

Wachstum: Die Durchschnittsgröße der Coregonen hängt stark vom jeweiligen Gewässer bzw. den einzelnen Arten oder Formen ab. So liegt die Durchschnittsgröße der sogenannten Rheinanken (Schwebrenken der Salzkammergutseen) bei rund 30 bis 35 cm. Die sogenannten Maränen (Bodenrenken) erreichen in vielen Seen Stückgewichte bis über 4 kg, ihre Durchschnittsgröße liegt etwa zwischen 40 und 50 cm. Der Riedling des Traunsees wird dagegen kaum größer als 25 cm und erreicht bereits mit einer Länge von rund 15 cm erstmals seine Laichreife. Eine allgemein gültige Durchschnittsgröße anzugeben, ist hier also nicht sinnvoll.

Kopf einer Schwebrenke

Die Fettflosse ist ein wichtiges Unterscheidungsmerkmal.

Kopf einer Bodenrenke

Traunsee-Riedling

Zur Laichzeit schillern die Flossen der Renken goldgrün, ihr Laichausschlag ist in Längsreihen angeordnet.

Sechs Monate alte Renke (Fischzucht Kreuzstein)

Flossenformel
Schuppen entlang der Seitenlinie: 80–110
RF 2–4 Hartstrahlen, 9–11 gefiederte Weichstrahlen
AF 3–4 Hartstrahlen, 10–12 gefiederte Weichstrahlen

Verwechslungsarten: Karpfenartige Fische, diese besitzen aber keine Fettflosse.

Biologie: Die Renken unserer Alpenseen stellen einerseits ein Relikt aus der letzten Eiszeit dar, andererseits wurden auch vorher nicht heimische Arten besetzt. Heute wird versucht, die ursprünglich vorkommenden Arten/Formen zu erhalten.

Laichzeit: Die Hauptlaichzeit der Renken fällt in den Spätherbst und Winter. Dabei ist das Verhalten der einzelnen Populationen unterschiedlich. In manchen Gewässern laichen die Renken zwar in Ufernähe, aber über großer Tiefe im Freiwasser. Andererseits laichen Renken oft auch im Seichtwasser in Ufernähe über kiesigem Grund, manche Arten/Formen steigen zum Laichen sogar in einmündende Flüsse auf.

Nahrung: Die Nahrung der Renken besteht zum Großteil aus tierischem Plankton, das sie mit ihren Kiemenreusendornen filtern. Neben den Schwebrenken stellen auch die Bodenrenken während der Sommermonate ihre Ernährung meist auf Zooplankton um. Im Herbst und Frühjahr spielen aber auch Insektenlarven wie z. B. Zuckmückenlarven, kleine Schnecken und sogar die Wandermuschel *(Dreissena polymorpha)* eine wesentliche Rolle in der Ernährung. In manchen meist nahrungsarmen Gewässern fressen Renken aber auch Fischbrut und kleine Fische.

Gefährdungsursachen: In Österreich sind ursprünglich heimische Coregonen-Arten/-Formen lokal durch Überfischung, den Verlust ihrer Laichplätze, aber auch durch Besatz mit anderen Coregonen ungeklärter Herkunft gefährdet.

Gefährdungsstatus
Rote Liste Österreich: ausgestorben: Kilch *C. gutturosus;*
vom Aussterben bedroht: *Kröpfling C. sp. „Kröpfling";*
gefährdet: Sandfelchen C. arenicolus, Attersee-Reinanke *C. attercnsis*, Riedling *C. danneri*, Traunsee-Reinanke *C. renke*;
ungefährdet: Gangfisch *C. macrophtalmus*, Blaufelchen *C. wartmanni*;
Datenlage defizitär: *Coregonus sp.* Kärnten, Tirol, Trumer Seen
Rote Liste Deutschland: ausgestorben oder verschollen: Bodensee-Kilch *C. gutturosus*, Rhein-Schnäpel *C. oxyrinchus*;
vom Aussterben bedroht: Ammersee-Kilch *C. bavaricus*, Chiemsee-Renke *C. hoferi*;
stark gefährdet: Schaalsee Maräne *C. holsatus*, Luzin-Tiefenmaräne *C. lucinensis*;
gefährdet: Schnäpel *C. maraena*;
extrem selten: Sandfelchen *C. arenicolus*, Stechlin-Maräne *C. fontanae*, Gangfisch *C. macrophthalmus*, Blaufelchen *C. wartmanni*;
ungefährdet: Kleine Maräne (*C. albula*);
nicht bewertet: Peipus-Maräne *C. maraenoides*;
Daten unzureichend: Starnberger Renke *C. renke*, Buckelmaräne *C. widegreni*;
Rote Liste Bayern: stark gefährdet: Kilch *C. pidschian*, Sandfelchen (Bodensee) *C. arenicolus*;
Arten Vorwarnliste: Blaufelchen (Bodensee) *C. wartmanni*, Gangfisch (Bodensee) *C. macrophtalmus*;
Daten defizitär: Kilch (Ammersee) *C. bavaricus*, Kilch (Bodensee) *C. gutturosus*;
Rote Liste Baden-Württemberg: verschollen: Kilch *C. pidschian acronius*;
gefährdet: Sandfelchen *C. pidschian fera*;
nicht gefährdet: Gangfisch *C. lavaretus macropthalmus*, Blaufelchen *C. lavaretus wartmanni*;
als Coregonus sp. im Anhang V der FFH Richtlinie (92/43/EWG) angeführt

Fischerei: Renken sind in vielen Seen Brotfische der Berufsfischer, aber auch von erheblichem Interesse für Angler.

Die Familie der Thymallidae

Äsche

Familie: Äschen, *Thymallidae*
Äsche: *Thymallus thymallus* (Linnaeus, 1758)
Asch, Thymianduftende
Englisch: Grayling

Merkmale: Heimische Fischart mit relativ großen, fest sitzenden Schuppen und kleinem Maul. Der Körperbau erscheint langgestreckt, durch die hohe Rückenflosse oft ein wenig hochrückig und ist seitlich abgeflacht. Das auffälligste Merkmal der Äsche ist ihre lange Rückenflosse, deren längste Strahlen bei Milchnern bis zur Fettflosse reichen können. Die Unterscheidung der Geschlechter ist bei der Äsche relativ einfach. Beim Rogner ist die Rückenflosse (Fahne) relativ kurz und im Vergleich zum Milchner niedrig, die letzten Flossenstrahlen sind die kürzesten. Beim Milchner hingegen ist die Rückenflosse stark ausgeprägt, hoch und auffallend lang. Die letzten Flossenstrahlen sind beim Milchner die längsten. Ein weiteres Merkmal ist die tropfenförmige Pupille, deren Spitze nach vorne zeigt, dieses Merkmal ist jedoch auch bei anderen Salmoniden mehr oder weniger ausgeprägt zu finden. Der Kopf zeigt eine eher schlanke Form, das kleine Maul ist mit winzigen Zähnchen besetzt. Die Färbung kann von Gewässer zu Gewässer stark variieren. Während am Rücken als Grundfarbe Grau dominiert, findet man an den Flanken gelbliche, bläuliche oder rötliche Farbtöne, in manchen Gewässern, z. B. der Mur, zeigen die Äschen

Äsche im 1. Lebensjahr

auch einen grünlichen Schimmer. Besonders auffällig sind die Färbungen in der Rückenflosse, die in allen Farben des Regenbogens schillern können. Die deutlich eingebuchtete Schwanzflosse besitzt oft einen rötlichen oder orangefarbenen Anflug. Die Bauch-, Brust- und Afterflossen können gelblich, grünlich, aber auch grau gefärbt sein. Während der Laichzeit verfärben sich vor allem ältere Milchner oft ganz dunkel. So variabel wie die Färbung ist auch die Zahl der schwarzen Punkte. So können die Äschen in manchen Gewässersystemen übersät damit sein, anderswo können die Äschen gerade einmal zwei oder drei davon besitzen, in Ausnahmefällen können die Punkte sogar fehlen. Jungäschen zeigen zahlreiche dunkle Flecken, die sich mit zunehmendem Alter verlieren. Das Fleisch frischer Äschen riecht nach Thymian, deshalb wird sie auch die „Thymianduftende" genannt.

Wachstum: Die Durchschnittsgröße liegt bei rund 35 cm, ausnahmsweise werden in großen Flüssen 60 cm und darüber erreicht. Äschen ab 50 cm gelten als kapital und sind heute bereits recht selten geworden. Es gibt aber auch lokale Populationen in hochgelegenen Gewässern, deren Individuen kaum größer als 30 cm werden.

Schuppenformel
SL 74–96 Schuppen entlang der Seitenlinie

Flossenformel
RF 4–7 Hartstrahlen, 13–18 gefiederte Weichstrahlen
AF 2–4 Hartstrahlen, 8–11 gefiederte Weichstrahlen

Bezahnung: Obwohl sich die Äsche fast ausschließlich von Insekten ernährt, sind Ober- und Unterkiefer vor allem bei großen Exemplaren mit kleinen Zähnen besetzt.

Verwechslungsarten: Keine, da die Kombination Fettflosse und große Rückenflosse sehr auffällig ist.

Biologie: Geselliger, in kleinen Schwärmen oder Gruppen lebender, strömungsliebender Fisch, namensgebend für die sogenannte Äschenregion. Sie lebt in sauerstoffreichen, kühlen Fließgewässern, manchmal auch in Seen. Die Äsche ist hinsichtlich ihres Standplatzes nicht so sehr an Strukturen wie Totholz oder unterspülte Ufer gebunden. Sie hält sich gerne in zügig überströmten Bereichen frei im Fluss stehend auf. Ihre Standplätze wählt sie gerne hinter einzelnen Steinen, die gerade so groß sein müssen, dass ein Strömungsschatten entsteht, in dem sie in unmittelbarer Grundnähe stehen. Zur Nahrungsaufnahme verlässt die Äsche ihren Standplatz nur kurz, entweder seitlich, um andriftende Larven zu erhaschen, oder nach oben zur Wasseroberfläche. Nachdem das Insekt eingeschlürft wurde, kehrt die Äsche sofort wieder an ihren Standplatz zurück.

Laichzeit: Frühjahrslaicher, zieht je nach Wassertemperatur zwischen März und Mai in Schwärmen zu den Laichplätzen, die

Kopfportrait einer Äsche

manchmal im Hauptfluss selbst, oft aber auch in einmündenden Zubringern liegen können. Die Laichplätze liegen an seichten, stark überströmten Kiesbänken. Von den Rognern werden Laichgruben geschlagen, um dann ihre Eier darin abzulegen. Die Entwicklung der Eier und der Dottersackbrut findet im Schutz des Kieslückensystems statt. Nach dem Aufzehren ihres Dottersackes benötigen die freischwimmenden Äschenlarven strömungsberuhigte Seichtwasserzonen als Lebensraum.

Nahrung: Die Nahrung der Äsche besteht fast ausschließlich aus Wasserinsekten bzw. vor allem deren Larven, daneben spielen aber auch Bachflohkrebse und andere Wirbellose eine Rolle. Große Äschen ernähren sich aber fallweise auch räuberisch und fressen Jungfische, Koppen und bei sich bietender Gelegenheit auch den Laich anderer Fische.

Gefährdungsursachen: Noch vor 30 bis 40 Jahren war die Äsche ein „Massenfisch", der in manchen Flüssen sogar kommerziell mit Netzen gefangen wurde. Leider zählt die Äsche heute in vielen Gewässern zu den stark bedrohten Fischarten. Die Hauptursachen liegen im Verlust der Lebensräume, unzählige Querbauwerke verhindern Nahrungs- und Laichwanderungen und führen zur genetischen Isolation ganzer Populationen. Fehlende oder nicht erreichbare Laichplätze, Schwall- und Sunkbetrieb machen eine erfolgreiche Entwicklung von Ei- und Larvalstadien unmöglich. In weiterer Folge mangelt es in vielen Gewässern an geeigneten seichten und strömungsberuhigten Jungfischlebensräumen. In der Vergangenheit hat da und dort wohl auch zu großer Befischungsdruck eine Rolle gespielt. Eine weitere entscheidende Ursache für den Rückgang der einst so reichen Äschenbestände stellen aber zweifellos fischfressende Vögel dar. Seit den 1980er-Jahren wirkt sich der Fraßdruck durch Kormorane zunehmend negativ auf die Laichfischbestände in den Äschenrevieren aus. Reiher jagen genau in jenen seichten Rieselstrecken, wo sich die

Die „Fahne" der Rogner ist niedriger und kürzer als die der Milchner.

ersten Jahrgänge der Äschen aufhalten. Jungäschen passen auch genau in das Beuteschema von Gänsesägern. Oft kann ein Fluss kaum so viele Jungäschen produzieren wie verschiedene Prädatoren im Laufe eines Jahres entnehmen. Eine Gefährdungsursache liegt aber auch im übertriebenen Besatz mit Regenbogenforellen, die eine Konkurrenz zur Äsche darstellen kann, sowie im Besatz von genetisch unterschiedlichen Äschenpopulationen. So unterscheiden sich die Äschenbestände von Nord- und Südösterreich genetisch sehr stark (Uiblein et al. 2002)

Gefährdungsstatus
Rote Liste Österreich: gefährdet
Rote Liste Deutschland: stark gefährdet
Rote Liste Bayern: stark gefährdet
Rote Liste Baden-Württemberg: stark gefährdet
Im Anhang V der FFH Richtlinie (92/43/EWG) angeführt

Angelfischerei: Die Äsche ist vor allem für die Fliegenfischerei von großem Interesse.

Die Familie der Esocidae

Hecht

Familie: Hechte, *Esocidae*
Hecht: *Esox lucius* (Linnaeus, 1758)
Englisch: Pike

Typischer Hechtkopf

Schon in den ersten Monaten ein Raubfisch

Merkmale: Der Körperbau des Hechtes hat eine klassische Torpedoform, die auf rasche Beschleunigung und blitzschnelles Zustoßen abgestimmt ist. Der Kopf besitzt große Augen und bei geschlossenem Maul eine langgestreckte, entenschnabelartige Form. Der Hecht kann sein tief gespaltenes Maul sehr weit öffnen und vergleichsweise große Beute verschlingen. Die Unterkiefer tragen lange, dolchartige und an den Außenkanten sehr scharfe Fangzähne. Die Zähne am Oberkiefer sind zurückklappbar und machen ein Entkommen der Beute fast unmöglich. Die Rückenflosse ist auf die Höhe der Afterflosse zurückgesetzt. After-, Schwanz- und Rückenflosse bilden gemeinsam eine kräftige Ruderfläche, um den Körper rasant zu beschleunigen.
Die Flossen zeigen meist dunkle Flecken oder Bänder, ihre Grundfarbe variiert zwischen Grau/Grün bis hin zu Gelb oder Rötlich. Die Körperfärbung ist sehr variabel, so können Junghechte, die in seichten Krautzonen stehen, grasgrün gefärbt sein. Ältere Exemplare zeigen am meist dunkleren Rücken eine deutliche Marmorierung. Die helleren Flanken sind mit zahlreichen Flecken übersäht, die zu deutlichen Querbändern zusammengefasst sein können. Am Bauch ist der Hecht weiß gefärbt. Generell kann er sich farblich hervorragend an seine Umgebung anpassen.

Wachstum: Die Durchschnittsgröße liegt zwischen 40 und 80 cm, die Maximalgröße liegt bei rund 150 cm. Das Wachstum des Hechtes hängt stark von der Wassertemperatur und dem Nahrungsangebot ab. So können Hechte unter günstigen Bedingungen schon im ersten Lebensjahr bis zu 45 cm erreichen, unter ungünstigen Bedingungen hingegen am Ende des ersten Jahres nur rund 10 cm groß sein.

Flossenformel
RF 6–10 Hartstrahlen und 13–17 Fiederstrahlen
AF 4–5 Hartstrahlen und 11–16 Fiederstrahlen

Schuppen: entlang der Körpermitte: 105–144

Bezahnung: Der Hecht besitzt lange, spitze Fangzähne auf den Unterkiefern und dicht stehende, nach hinten umlegbare Zähne am Oberkiefer.

Verwechslungsarten: Aufgrund seines typischen Aussehens mit keinem anderen Fisch zu verwechseln.

Biologie: Hechte leben bevorzugt in stehenden oder langsam fließenden Gewässern. Meist lauern sie bewegungslos zwischen Wasserpflanzen oder in der Nähe von Totholz auf ihre Beute. Sie stoßen gerne aus dem Hinterhalt zu und erreichen dabei kurzfristig sehr hohe Geschwindigkeiten. Dieses typische Raubverhalten bedingt allerdings eine entsprechende Sichtweite im Wasser. In manchen Gewässern spezialisieren sich die Hechte auch auf die Jagd im Freiwasser, Renken sind dann meist ihre bevorzugten Beutefische. Andererseits sind Hechte extrem anpassungsfähig und können selbst in kleinen Tümpeln überleben. In vielen Fischereirevieren wird ein erheblicher Teil der Besatzfische von Hechten gefressen, da diese nach dem Besatz oft orientierungslos herumirren. In vielen Gewässern werden Hechtbestände durch Besatz gestützt oder aufrecht erhalten, bei fehlenden Laichmöglichkeiten eine sinnvolle Maßnahme. In Gewässern mit natürlicher Reproduktion macht Hechtbesatz dagegen wenig Sinn, er ist im Gegenteil sogar kontraproduktiv.

Fortpflanzung: Hechte sind Frühjahrslaicher, die schon sehr bald im Jahr, oft bereits im Februar und März, mit dem Laichakt beginnen. Manchmal findet das Laichspiel der Hechte bereits unter dem Eis statt, die Rogner werden dabei meist von mehreren Milchnern begleitet. Es gibt aber auch Gewässer, wo große Hechte noch im Mai oder sogar Juni laichen. Meist erstreckt sich die Laichperiode beim Hecht aber von März bis April. Die Rogner

Die Fangzähne am Unterkiefer des Hechtes haben an den Seiten scharfe Schneidekanten.

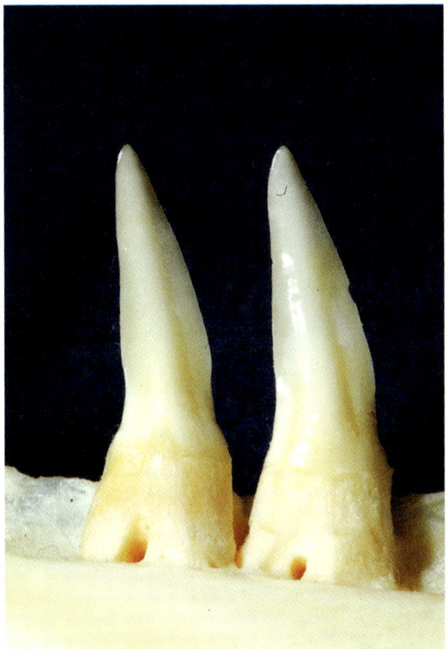

Während der ersten Tage heften sich die Hechtlarven an Wasserpflanzen.

suchen dazu seichte, pflanzenbestandene Uferpartien auf. Gerne werden auch vom Frühjahrshochwasser überschwemmte Wiesen als Laichplatz angenommen. Die klebrigen Eier werden an Wasserpflanzen abgelegt und von mehreren Milchnern befruchtet. Die frisch geschlüpften Larven hängen während der ersten Tage mit einem speziellen Haftorgan an den Wasserpflanzen. Da die Hechteier sehr klebrig sind, können sie leicht von Wasservögeln wie Enten in andere nahegelegene Gewässer verschleppt werden.

Nahrung: Die Nahrung des Hechtes besteht fast ausschließlich aus Fischen. Lediglich Junghechte ernähren sich anfangs von Zooplankton, schon mit wenigen Zentimetern Länge gehen aber auch sie zur Fischnahrung über. Erwachsene Hechte fressen die verschiedensten Fischarten, die in ihrem Umfeld zur Verfügung stehen. Bei entsprechendem Angebot werden Fischarten mit schlankem Körperbau wie z. B. Salmoniden bevorzugt. Grundsätzlich sind Hechte aber nicht sehr wählerisch und fressen Barsche ebenso wie Koppen, Rutten oder Brachsen. Der Kannibalismus spielt beim Hecht ebenfalls eine große und oft bestandsregulierende Rolle. Neben den verschiedensten Fischarten fressen Hechte auch Amphibien und deren Larven. Bei sich bietender Gelegenheit werden auch Mäuse, junge Bisamratten sowie junge Stockenten oder Blässrallen vom Hecht gefressen.

Gefährdungsursachen: Fehlende Laichmöglichkeiten sind die Hauptursache für rückläufige Hechtbestände, so gibt es heute kaum noch natürliche Überschwemmungsflächen, die als Laichplätze genutzt werden können. Besonders negativ wirken sich Spiegelschwankungen während und nach der Laichzeit aus, da dadurch der Laich und die Hechtlarven trocken fallen.

Gefährdungsstatus

Rote Liste Österreich: nahezu gefährdet
Rote Liste Deutschland: ungefährdet
Rote Liste Bayern: nicht angeführt
Rote Liste Baden-Württemberg: nicht gefährdet

Angelfischerei: Der Hecht ist vor allem für die Angelfischerei von großer Bedeutung.

Die Familie der Umbridae

Europäischer Hundsfisch

Familie: Hundsfische, *Umbridae*
Europäischer Hundsfisch: *Umbra krameri* (Walbaum, 1792)
Englisch: European mud-minnow

Merkmale: Seitlich etwas zusammengedrückter mäßig hochrückiger Körperbau. Stumpfer Kopf mit kleinem Maul. Die Rückenflosse auffällig lang, die Schwanzflosse mit nach außen abgerundetem Hinterrand. Der gesamte Körper inklusive Kopf und Kiemendeckel ist beschuppt. Der Hundsfisch besitzt keine Seitenlinie (Pinter 1998), aber einen hellen, glänzenden Längsstreifen, der stark an eine Seitenlinie erinnert. Die Grundfärbung kann als Grünbraun bezeichnet werden, darauf finden sich zahlreiche dunkle Flecken und mehrere helle Längsstreifen. Besonders die Kiemendeckel schimmern oft grünlich. Die Färbung wird im Frühjahr zur Laichzeit intensiver, besonders der Gold- und Grünschimmer fällt zu dieser Zeit auf.

Wachstum: Die Durchschnittsgröße liegt zwischen 5 und 10 cm, die Maximalgröße liegt bei rund 15 cm.

Flossenformel
RF: 3 Hartstrahlen und 12–13 Fiederstrahlen
AF 2 Hartstrahlen und 5–6 Fiederstrahlen

Schuppenformel
Schuppen entlang der Körpermitte 33–36

Verwechslungsarten: Aufgrund seines typischen Aussehens mit keinem anderen Fisch zu verwechseln.

Biologie: Dieser Kleinfisch kommt in Kleingewässern Ostösterreichs wie Autümpeln oder Entwässerungsgräben mit dichter Unterwasservegetation vor. Mit seinen eigentümlich angeordneten Flossen kann er im Wasserpflanzendickicht bewegungslos auf seine Beute lauern oder sich unauffällig sozusagen schrittweise vorwärts bewegen, was ihm auch den Namen „Hundsfisch“ eingetragen haben dürfte. Seine Schwimmblase ist zu einem akzessorischen Atmungsorgan umgebildet (Pinter 1998), dadurch kann er auch Phasen mit Sauerstoffmangel überleben, wie sie in seinem typischen Lebensraum öfter vorkommen. Hundsfische sind kurzlebig und werden kaum älter als vier Jahre.

Fortpflanzung: Hundsfische werden schon im zweiten Lebensjahr geschlechtsreif. Die Eiablage erfolgt paarweise im Frühjahr. Dabei werden die Eier in ein Nest aus Pflanzenteilen abgelegt und anschließend vom Rogner bewacht (Pinter 1998).

Nahrung: Die Nahrung des Hundsfisches setzt sich aus aquatischen Kleinlebewesen wie Wasserasseln, Bachflohkrebsen, Insektenlarven, wie z.B. den Larven der Stechmücke, Würmern, aber auch kleinen Amphibienlarven zusammen.

Gefährdungsursachen: Hauptursache der Bestandsrückgänge beim Hundsfisch sind die Vernichtung geeigneter Lebensräume wie Autümpel mit saisonal wechselndem Wasserstand. Umso dramatischer kann sich unüberlegter Besatz mit Raubfischen in solchen Gewässern für die Restbestände des Hundsfisches auswirken.

Gefährdungsstatus

Rote Liste Österreich: vom Aussterben bedroht
Rote Liste Deutschland: nicht angeführt
Rote Liste Bayern: nicht angeführt
Rote Liste Baden-Württemberg: nicht angeführt
Im Anhang II der FFH Richtlinie (92/43/EWG) angeführt

Kopfportrait eines Hundsfisches

Amerikanischer Hundsfisch

Neben dem beschriebenen Europäischen Hundsfisch gibt es weitere Arten der Familie der Umbridae. Eine davon, der Kleine Hundsfisch (*Umbra pygmaea*), kommt vereinzelt auch in Freigewässern in Europa, wie z. B. in Norddeutschland vor (Kottelat M. and Freyhof J., 2007). Bei diesen Fischen dürfte es sich um aus Teichen entkommene oder absichtlich ausgesetzte Tiere handeln.

Im europäischen Sprachgebrauch werden jedoch sowohl *U. pygmaea* als auch *U. limi* als Amerikanischer Hundsfisch bezeichnet. Beim gezeigten Tier handelt es sich um *U. pygmaea*. Die Unterscheidung zwischen *U. pygmaea* und *U. krameri* ist bei lebenden Tieren nicht einfach, da ihr phänotypisches Erscheinungsbild recht ähnlich ist. Laut Fishbase besitzt *U. pygmaea* einen dunklen Längsstreifen am Kopf, der von der Schnauze beginnend, über das Auge bis zum Ende des Operculums reicht (www.fishbase.se, 2023)

Amerikanischer Hundsfisch

Zur weltweiten Verbreitung der Hundsfische empfiehlt sich folgende Literatur: Kuehne, Lauren M., und Olden, Julien D: „Ecology and Conservation of Mud minnow Species worldwide“. Fisheries 39.8 (2014): S. 341–351.

Die Familie der Cyprinidae

Die Familie der Karpfenartigen ist sehr artenreich, sie umfasst große und bekannte Fischarten wie den Karpfen ebenso wie unscheinbare Kleinfische, etwa das Moderlieschen oder die Elritze. Unter den Cypriniden finden sich zahlreiche Friedfische wie die Brachse oder das Rotauge, aber auch ausgesprochene Raubfische wie der Rapfen. So verschieden wie die einzelnen Arten ist auch ihre Nahrung, so sind einige von ihnen hoch spezialisiert. Die Nase ernährt sich fast ausschließlich von Aufwuchsalgen, die sie mit ihrem speziell geformten Maul vom Untergrund schabt. Die Brachse besitzt hingegen ein rüsselartiges, weit vorstülpbares Maul, mit dem sie im schlammigen Grund Insektenlarven aufspüren kann. Die ursprünglich aus China stammenden Silber- und Marmorkarpfen sind mit einem speziellen Kiemenreusenapparat ausgestattet, der es ihnen ermöglicht, Plankton aus dem Wasser zu filtrieren. Es gibt aber auch typische Allesfresser unter den Cypriniden, wie den Aitel. Auch die Ansprüche an den Lebensraum der einzelnen Cyprinidenarten sind sehr unterschiedlich, so kommen viele Arten wie der Gründling oder die Barbe am Grund der Gewässer vor, während andere wie die Laube oder der Sichling hauptsächlich die Freiwasser- und Oberflächenzonen besiedeln. Arten wie die Schleie oder die Karausche bevorzugen stehende Gewässer als Lebensraum, der Frauennerfling oder der Steingressling benötigen hingegen stark überströmte Gewässerbereiche. Ähnlich unterschiedlich sind auch die Ansprüche an die Laichplätze der einzelnen Arten. Während der Karpfen oder die Schleie für ihre Eiablage pflanzenreiche und stehende Gewässer benötigen, müssen für die Barbe oder die Nase stark überströmte Schotterbänke vorhanden sein, um erfolgreich ablaichen zu können. Während der Laichzeit tragen die Cypriniden einen Laichausschlag, der bei manchen Arten wie dem Hasel oder dem Aitel nur als feiner grauweißer Belag in Erscheinung tritt, andere Arten wie der Frauennerfling oder der Perlfisch zeigen hingegen einen sehr auffälligen und grobkörnigen Laichausschlag.

Eines haben aber alle Cypriniden gemeinsam, ihr fünfter Kiemenbogen ist zu sogenannten Schlundzähnen umgebildet, die je nach Nahrungsspektrum unterschiedlich ausgeformt sind. Diese Schlundzähne dienen nicht nur zur Zerkleinerung der Nahrung, sondern auch zur Unterscheidung der einzelnen Arten.

Karpfen

Familie: Karpfenartige, *Cyprinidae*
Karpfen: *Cyprinus carpio* (Linnaeus, 1758)
Englisch: Carp, Common carp

Merkmale: Körperform bei Zuchtfischen sehr hochrückig und seitlich etwas zusammengedrückt. Die ursprüngliche Form des „Wildkarpfens" ist deutlich schlanker und im Querschnitt fast rund. Der Rücken ist meist dunkel und braun bis grau/grün eingefärbt. Bei großen Exemplaren ist manchmal auch ein blauschwarzer Schimmer am Rücken erkennbar. Die Farben an den Flanken variieren zwischen Dunkelbraun und Goldgelb. Das Schuppenkleid besteht aus großen Schuppen und bedeckt bei der ursprünglichen Form den ganzen Körper mit Ausnahme des Kopfes und der Flossen. Bei Zuchtformen kann die Beschuppung stark variieren. Aus dem Grad der Beschuppung ergeben sich auch die Bezeichnungen Schuppen-, Spiegel-, Zeil- oder Nacktkarpfen. Charakteristisch ist bei allen Karpfen die lange Rücken- und die kurze Afterflosse. Der Oberrand der Rückenflosse ist gerade oder etwas eingebuchtet. Der längste Hartstrahl der Rücken- und Afterflosse ist deutlich gesägt. Der Hinterrand der Schwanzflosse ist stark eingebuchtet. Die Färbung der paarigen Flossen und der Afterflosse variiert von Dunkelblau über Bräunlich bis zu Gelborange. Der Kopf ist relativ groß, die Augen eher klein. Das Maul ist nur leicht unterständig, aber weit vorstülpbar und besitzt weiche wulstige Lippen. An der Oberlippe sitzt an jeder Seite ein kurzer und dahinter im Maulwinkel ein längerer Bartfaden. Während der Laichzeit tragen die Milchner einen unauffälligen Laichausschlag. Eine Jahrtausende alte Tradition bildet die Zucht von sogenannten Buntkarpfen (Koikarpfen), diese farbenfrohen Zuchtformen finden auch in Europa immer mehr Anhänger und werden zu erstaunlich hohen Stückpreisen gehandelt. Diese Kois werden bevorzugt in Gartenteichen als Zierfische gehalten.

Wachstum: Die Durchschnittsgröße liegt je nach Gewässer zwischen 35 und 50 cm, der Karpfen zählt zu den großwüchsigen Vertretern der Cypriniden und kann ein Maximalgewicht bis über 30 kg und eine Länge bis über 100 cm erreichen.

Hochrückige Form des Zuchtkarpfens

Schlanke Körperform des Wildkarpfens

Spiegel- bzw. Zeilkarpfen

Schuppenformel

SL 32–41 Schuppen entlang der Seitenlinie

Flossenformel

RF 2–4 Hartstrahlen, 15–24 Weichstrahlen
AF 2–4 Hartstrahlen, 4–6 Weichstrahlen

Bezahnung

Schlundzähne: dreireihig, 1.1.3–3.1.1
Barteln: 4 Stück

Verwechslungsarten: Giebel und Karausche, diesen fehlen allerdings die Barteln.

Biologie: Der Großteil der heutigen Karpfenbestände wird durch künstlichen Besatz aufrecht erhalten oder wurde zumindest durch künstlichen Besatz begründet. Der ursprüngliche Lebensraum des Karpfens waren flache und sommerwarme Tieflandseen und die unteren, langsam fließenden Abschnitte unserer Flüsse mit angebundenen Alt- und Nebenarmen. Mittlerweile kommen Karpfen durch Besatz nahezu auf allen Kontinenten und natürlich auch in ganz Mitteleuropa vor. Während der Nahrungsaufnahme halten sich Karpfen in unmittelbarer Grundnähe auf, ansonsten findet man sie auch in der Freiwasserzone, oft sonnen sich Karpfen sogar in Oberflächennähe.

Fortpflanzung: Karpfen laichen im Frühjahr, abhängig von der Wassertemperatur meist im Mai und Juni, beginnend bei einer Wassertemperatur von 18–20 °C. Die Fische ziehen dann in Gruppen in seichte, pflanzenbewachsene Uferbereiche, unter natürlichen Bedingungen werden durch Frühjahrshochwässer überschwemmte Bereiche aufgesucht. Dort laichen die Karpfen unter heftigem Geplätscher. Die klebrigen Eier werden an Unterwasserpflanzen oder überschwemmtem Gras abgelegt. Während bei Zuchtkarpfen der Laichtermin durch künstliche Hypophysierung auf einen bestimmten Zeitpunkt eingeschränkt wird, geben Wildkarpfen ihren Laich portionsweise verteilt über mehrere Tage ab.

Nahrung: Karpfen suchen ihre Nahrung in der Schlammschicht des Gewässergrundes. Sie stehen dabei gerne auf dem Kopf und durchwühlen mit ihrem Rüsselmaul den Bodenschlamm. Durch diese Wühltätigkeit trübt sich das Wasser in ihrer Umgebung meist deutlich ein und zurück bleiben die typischen Fraßtrichter, die von ihrem Vorkommen zeugen. Mit ihrem empfindsamen Rüsselmaul finden sie im Schlamm verborgene Zuckmückenlarven, Schlammröhrenwürmer, kleine Schnecken und Muscheln. Die Karpfenbrut ernährt sich anfangs von Zooplankton, nimmt aber bald kleine Benthoslebewesen oder feinkörniges Kunstfutter an. In Teichen werden Karpfen mit pelletiertem Kunstfutter und pflanzlicher Nahrung wie Weizen, Gerste oder Mais gefüttert. Große Karpfen fressen bei sich bietender Gelegenheit manchmal auch tierische Nahrung wie kleine Fische.

1-jähriger Spiegelkarpfen

Koikarpfen aus der Teichwirtschaft Waldschach

Kopf eines Schuppenkarpfens

Gefährdungsursachen: Gewässer mit natürlich reproduzierenden Karpfenbeständen sind heute selten, da ursprüngliche Laichgebiete, also Augewässer mit Überschwemmungsflächen, weitgehend fehlen. Zudem wird das Abflussregime großer Flüsse oft durch Stauhaltung und in weiterer Folge durch Pegelschwankungen beeinflusst, deshalb hat der im seichten Wasser abgelegte Laich kaum Überlebenschancen. Einer der häufigsten Gründe für eine fehlende Reproduktion beim Zuchtkarpfen ist aber eine zu geringe Wassertemperatur während der eigentlichen Laichzeit. „Wildkarpfen" laichen hingegen schon bei etwas niedrigeren Temperaturen.

Gefährdungsstatus
Rote Liste Österreich: stark gefährdet (Wildform)
Rote Liste Deutschland: ungefährdet
Rote Liste Bayern: gefährdet (als Wildkarpfen angeführt)
Rote Liste Baden-Württemberg: stark gefährdet – Wildform; nicht gefährdet - Zuchtform

Fischerei: Der Karpfen ist sowohl für die Angelfischerei als auch für die Aquakultur von großer Bedeutung.

Silberkarpfen

Familie: Karpfenartige, *Cyprinidae*
Silberkarpfen: *Hypophthalmichthys molitrix* (Valenciennes, 1844)
Tolstolob, Silberamur
Englisch: Silver carp

Merkmale: Auffällig ist sein „klobig" wirkender Schädel mit tiefliegenden Augen, sie liegen etwa auf der Höhe des Maulwinkels. Der Silberkarpfen hat sehr kleine Schuppen. Charakteristisch ist auch seine breite Maulspalte, die im Inneren leuchtend weiß gefärbt ist. Bei der Färbung der Flossen dominieren Grautöne. Während die bauchseitigen Flossen eher hellgrau gefärbt sind, findet man bei der Rücken- und Schwanzflosse dunkle Grautöne. Die Spitzen der Brustflossen erreichen zurückgelegt den Ansatz der Bauchflossen nicht. Die Bauchkante ist vom Ansatz der Kiemendeckel bis zum Ansatz der Afterflosse deutlich gekielt. Der Rücken ist dunkelgrau- bis dunkelbraun gefärbt, während die Flanken silbrig schimmern. Auf der Bauchseite ist der Silberkarpfen weiß gefärbt. Nach dem Fang sind oft winzige Blutungen am ganzen Körper erkennbar, besonders auffällig treten diese auf der weißen Bauchseite in Erscheinung.

Wachstum: Der Silberkarpfen gehört zu den großwüchsigen Cypriniden und erreicht eine Maximalgröße von über 120 cm, das Maximalgewicht liegt bei rund 25 kg, die Durchschnittsgröße liegt etwa zwischen 50 und 60 cm.

Schuppenformel

SL 110 bis 124 Schuppen entlang der Seitenlinie

Flossenformel

RF 3 Hartstrahlen, 7–12 gefiederte Weichstrahlen
AF 2–3 Hartstrahlen, 12–14 gefiederte Weichstrahlen

Bezahnung

Schlundzähne: einreihig, 4–4

Verwechslungsarten: Beim Marmorkarpfen sind dunkle Flecken bzw. eine dunkle Marmorierung an den Flanken erkennbar. Seine Bauchkante ist lediglich von den Bauchflossen bis zum Ansatz der Afterflosse gekielt und seine Augen liegen noch tiefer als beim Silberkarpfen. Außerdem besitzt der Marmorkarpfen mehr Flossenstrahlen in Rücken- und Afterflosse.

Biologie: Der Silberkarpfen stammt ursprünglich aus den großen Gewässern Chinas. Nach Österreich kam er im Jahre 1965. Er wird gerne gemeinsam mit dem Amurkarpfen in Teichen gehalten, wobei dem Silberkarpfen dabei die Aufgabe zufällt, die durch die massenhaften Ausscheidungen der Amurkarpfen entstehende Eintrübung der Gewässer durch pflanzliches Plankton (Algenblüte) zu verhindern. In ablassbaren oder abgeschlossenen, gut befischbaren Gewässern, wie Fischteichen, kann der Silberkarpfen gute Dienste bei übermäßiger Schwebalgenentwicklung leisten. Allerdings muss man dabei bedenken, dass Silberkarpfen nicht nur pflanzliches Plankton, also „Schwebalgen", sondern auch bestimmte Formen des tierischen Planktons fressen und so genau der gegenteilige Effekt eintreten kann. Eine seriöse Fachberatung ist vor dem Besatz jedenfalls dringend anzuraten. Es gilt neben dem Besatzverhältnis Amur- zu Silberkarpfen auch zu klären, wie man ein paar Jahre nach dem Besatz die mittlerweile abgewachsenen Fische wieder aus dem Gewässer entnehmen kann.

Fortpflanzung: Die natürliche Reproduktion des Silberkarpfens ist in Österreich bislang nicht nachgewiesen, in Ungarn hingegen, im Flusssystem der Theiß, gilt die natürliche Fortpflanzung des Silberkarpfens seit 1973 als gesichert (Pinter 1998). In Österreich befassen sich nur sehr wenige Teichwirtschaften mit der künstlichen Aufzucht von Silberkarpfen.

Nahrung: Der Silberkarpfen ernährt sich hauptsächlich von pflanzlichem Plankton, dem sogenannten Phytoplankton. Mit Hilfe seines speziellen Kiemenreusenapparates kann er nur wenige tausendstel Millimeter große Planktonalgen aus dem Wasser filtern (Pichler-Semmelrock 1988). Daneben nimmt er aber auch tierisches Plankton (Zooplankton) auf, auch Detritus spielt eine erhebliche Rolle bei der Ernährung des Silberkarpfens.

Die Augen liegen beim Silberkarpfen etwa auf Höhe des Maulwinkels

Fischerei: Der Silberkarpfen ist in der Teichwirtschaft von Bedeutung.

Gefährdungsstatus

Rote Liste Österreich: nicht angeführt
Rote Liste Deutschland: nicht angeführt
Rote Liste Bayern: nicht angeführt
Rote Liste Baden-Württemberg: nicht bewertet

Marmor-karpfen

Familie: Karpfenartige, *Cyprinidae*
Marmorkarpfen: *Hypophthalmichthys nobilis* (Richardson, 1845)
Gefleckter Silberkarpfen
Englisch: Bighead carp

Merkmale: Körperbau ähnlich dem Silberkarpfen, neben dem sehr „klobig" wirkenden Schädel sind vor allem die besonders tiefliegenden Augen auffällig, die in einer gedachten Linie unterhalb des Maulwinkels liegen. Der Marmorkarpfen hat sehr kleine Schuppen. Charakteristisch ist auch seine breite Maulspalte, die im Inneren leuchtend weiß gefärbt ist. Bei der Färbung der Flossen dominieren dunkle Grautöne, die Spitzen der Brustflossen reichen zurückgelegt bis hinter den Ansatz der Bauchflossen. Die Bauchkante ist nur von den Bauchflossen bis zum Ansatz der Afterflosse gekielt. Der Rücken ist dunkelgrau- bis dunkelbraun gefärbt und mit dunklen Flecken überzogen. An den Seiten ist die graubraune Grundfärbung heller und silbrig unterlegt, allerdings findet man auch hier zahlreiche dunkle Flecken, deren Ausprägung stark variiert und bis zur Marmorierung reichen kann. Auf der Bauchseite ist der Marmorkarpfen weiß gefärbt. Nach dem Fang sind oft winzige Blutungen am ganzen Körper erkennbar, besonders auffällig treten diese auf der weißen Bauchseite in Erscheinung.

Wachstum: Der Marmorkarpfen gehört zu den großwüchsigsten Cypriniden in Mitteleuropa und erreicht eine Maximalgröße von über 130 cm, das Maximalgewicht liegt bei über 40 kg, die Durchschnittsgröße liegt etwa zwischen 60 und 70 cm.

Schuppenformel

SL 114–120 Schuppen entlang der Seitenlinie

Flossenformel

RF 3 Hartstrahlen, 10 gefiederte Weichstrahlen
AF 3 Hartstrahlen, 15–17 gefiederte Weichstrahlen

Bezahnung

Schlundzähne: einreihig, 4–4

Verwechslungsarten: Beim Silberkarpfen fehlen die dunklen Flecken bzw. eine dunkle Marmorierung an den Flanken. Seine Bauchkante ist vom Kopf bis zum Ansatz der Afterflosse gekielt und seine Augen liegen nicht so tief wie beim Marmorkarpfen.

Außerdem besitzt der Silberkarpfen weniger Flossenstrahlen in der Rücken- und Afterflosse. Es gibt auch Hybriden aus Silber- und Marmorkarpfen, die sehr schwierig zu bestimmen sind.

Biologie: Der Marmorkarpfen stammt ursprünglich aus den großen Gewässern Mittel- und Südchinas. Nach Österreich kam der Marmorkarpfen im Jahre 1965, seine Biologie ähnelt der des Silberkarpfens. Der Marmorkarpfen wird gerne gemeinsam mit dem Amurkarpfen in Teichen gehalten. Eine seriöse Fachberatung ist vor dem Besatz jedenfalls dringend anzuraten, es gilt neben dem Besatzverhältnis Amur- zu Marmorkarpfen auch zu klären, wie man ein paar Jahre nach dem Besatz die mittlerweile angewachsenen Fische wieder aus dem Gewässer entnehmen kann.

Fortpflanzung: Die natürliche Reproduktion des Marmorkarpfens ist in Österreich bislang nicht nachgewiesen. Bei uns sind nur sehr wenige Teichwirtschaften in der Lage, Marmorkarpfen künstlich zu erbrüten und aufzuziehen.

Nahrung: Die Nahrung des Marmorkarpfens besteht zur Hauptsache aus Zooplankton und Detritus, Algen machen hingegen nur einen geringeren Anteil der Nahrung aus, auch Würmer und Insektenlarven sowie Kunstfutter in Teichwirtschaften werden vom Marmorkarpfen aufgenommen (Pinter 1998).

Beim Marmorkarpfen sitzen die Augen noch tiefer als beim Silberkarpfen.

Fischerei: Der Marmorkarpfen ist vor allem in der Teichwirtschaft von Bedeutung.

Gefährdungsstatus

Rote Liste Österreich: nicht angeführt
Rote Liste Deutschland: nicht angeführt
Rote Liste Bayern: nicht angeführt
Rote Liste Baden-Württemberg: nicht bewertet

Graskarpfen

Familie: Karpfenartige, *Cyprinidae*
Graskarpfen: *Ctenopharyngodon idella* (Valenciennes, 1844), Amur, Amurkarpfen, Weißer Amur
Englisch: Grass carp

Die Oberlippe ist deutlich verdickt.

Merkmale: Schlanker, langgestreckter, im Querschnitt fast drehrunder Körper, relativ hoher Schwanzstiel. Der Rücken ist graugrün bis graubraun gefärbt, die Flanken schimmern silbrig bis bronzefarben. Die Körperunterseite ist vom Unterkiefer bis zur Afterflosse weiß bis gelblich gefärbt. Das Maul ist eher klein, mit spitz zulaufender Schnauze und leicht unterständig. Die Oberlippe ist deutlich verdickt und etwas länger als die Unterlippe. Die Unterlippe ist relativ scharfkantig. Die großen Schuppen sind mit einem dunklen Rand gesäumt, dadurch entsteht ein auffälliges Netzmuster.

Wachstum: Der Amurkarpfen gehört zu den großwüchsigen Cypriniden und erreicht eine Maximalgröße von über 120 cm, das Maximalgewicht liegt bei ca. 25 kg, die Durchschnittsgröße liegt etwa zwischen 50 und 60 cm.

Schuppenformel

SL 38–45 Schuppen entlang der Seitenlinie
Unterhalb der Seitenlinie 5 Schuppen

Flossenformel

RF 3 Hartstrahlen, 6–8 gefiederte Weichstrahlen
AF 3 Hartstrahlen, 7–8 gefiederte Weichstrahlen

Bezahnung

Schlundzähne: zweireihig, 1–2. 4–5 – 4–5.2, die Schlundzähne sind deutlich eingekerbt.

Verwechslungsarten: Der Aitel wird oft mit ihm verwechselt, hat jedoch eine deutlich tiefere und vor allem endständige Maulspalte, die bis zum Auge reicht. Die Schnauze ist beim Aitel von oben betrachtet breit und stumpf, beim Amur eher spitz zulaufend. Bauch- und Afterflosse sind beim Aitel meist orangerot gefärbt, beim Amurkarpfen hingegen grau, lediglich die Bauchflossen können einen gelblichen Schimmer tragen. Dort, wo sie gemeinsam vorkommen, kann auch der Perlfisch mit dem Amurkarpfen verwechselt werden, dieser hat jedoch einen deutlich schlankeren Schwanzstiel und kleinere Schuppen. Der Hasel hat ebenfalls vergleichsweise kleine Schuppen, die zudem nicht das typische Netzmuster des Amurkarpfens tragen.

Biologie: Der Amurkarpfen stammt ursprünglich aus den großen chinesischen Flüssen wie dem Jangtse und dem Unterlauf des Amur. Nach Österreich kam der Graskarpfen im Jahre 1965 mit dem Ziel, Gewässer von allzu üppigem Pflanzenwuchs zu befreien, aber auch zum Zweck der Speisefischproduktion. Leider wurde der Besatz mit Graskarpfen oft im Übermaß und ohne jede fachliche Beratung durchgeführt. Dies führte dazu, dass manche Gewässer regelrecht entkrautet wurden, die dort eigentlich heimischen Fische keine Laichgelegenheiten und deren Jungfische keine Versteckmöglichkeiten mehr vorfanden. In ablassbaren oder abgeschlossenen, gut befischbaren Gewässern wie Fischteichen kann der Amur aber gute Dienste bei übermäßiger Verkrautung leisten. Eine seriöse Fachberatung ist vor dem Besatz aber dringend anzuraten, es gilt neben der Besatzmenge auch zu klären, wie man ein paar Jahre nach dem Besatz die mittlerweile angewachsenen Amurkarpfen wieder aus dem Gewässer entnehmen kann.

Fortpflanzung: Die natürliche Reproduktion des Amurkarpfens ist in Österreich bislang nicht nachgewiesen, daher ist auch nicht damit zu rechnen, dass sich Amurkarpfen selbstständig vermehren. Zudem gibt es nur sehr wenige Teichwirtschaften, die über das nötige Know-How verfügen, um Graskarpfen künstlich zu erbrüten und Besatzfische in entsprechender Qualität zu liefern.

Nahrung: Der Weiße Amur ernährt sich fast ausschließlich von pflanzlicher Nahrung. Er frisst zahlreiche Arten von Wasserpflanzen, z. B. Laichkräuter, Wasserpest, aber auch die frischen Triebe von manchen See- und Teichrosenarten. Allerdings meidet der Amurkarpfen Hahnenfußgewächse. In Teichwirtschaften werden Amurkarpfen auch mit frischem Grasschnitt gefüttert, allerdings nehmen sie auch herkömmliches Karpfenfutter. Bei Wassertemperaturen von 25 bis 30 °C frisst der Graskarpfen täglich eine Menge an Wasserpflanzen, die 100 bis 120 % seines eigenen Körpergewichtes ausmacht (Antalfi & Tölg 1972). Bei Wassertemperaturen unter 13 °C drosselt diese Fischart allerdings die Nahrungsaufnahme deutlich, während der Wintermonate stellen Amurkarpfen die Nahrungsaufnahme völlig ein.

Fischerei: Der Amurkarpfen ist in der Teichwirtschaft als auch für Angler von Bedeutung.

Gefährdungsstatus

Rote Liste Österreich: nicht angeführt
Rote Liste Deutschland: nicht angeführt
Rote Liste Bayern: nicht angeführt
Rote Liste Baden-Württemberg: nicht bewertet

Schwarzer Amur

Familie: Karpfenartige, *Cyprinidae*
Schwarzer Amur: *Mylopharyngodon piceus* (Richardson, 1846)
Englisch: Black carp

Merkmale: Schlanker langgestreckter, im Querschnitt fast drehrunder Körper, relativ hoher Schwanzstiel. Auffällig ist die dunkelgraue bis blauschwarze Färbung dieser Fischart, nur die Bauchseite ist silbrig weiß. Das Maul ist eher klein, mit spitz zulaufender Schnauze und leicht unterständig. Auffällig groß sind auch die Hautlappen bei den Nasenöffnungen.

Wachstum: Der Schwarze Amur gehört zu den großwüchsigen Cypriniden und erreicht eine Maximalgröße von über 120 cm, das Maximalgewicht liegt bei über 100 kg.

Schuppenformel
SL 39 bis 42 Schuppen entlang der Seitenlinie

Flossenformel
RF 9 Weichstrahlen
AF 10 Weichstrahlen

Bezahnung
Schlundzähne: zweireihig, 1.4–4.1, die Schlundzähne sind zu massiven Mahlzähnen ausgebildet.

Verwechslungsarten: Der Schwarze Amur ist aufgrund seiner typischen dunkelgrauen bis schwarzen Färbung kaum mit anderen Fischarten zu verwechseln. Allerdings kommen auch beim Weißen Amur sehr dunkle Exemplare vor.

Biologie: Der Schwarze Amur stammt ursprünglich aus den großen Chinesischen Flüssen wie dem Jangtse und dem Unterlauf des Amur. Nach Europa kam diese Fischart um 1960. Er wurde mit dem Ziel besetzt, übermäßige Wasserschneckenbestände zu dezimieren. Hintergrund für die erwünschte Dezimierung der Wasserschnecken war die sogenannte Badedermatitis.

Nahrung: Der Schwarze Amur ernährt sich fast ausschließlich von Wasserschnecken und Muscheln, ist also auf Mollusken spezialisiert.

Gefährdungsstatus
Rote Liste Österreich: nicht angeführt
Rote Liste Deutschland: nicht angeführt
Rote Liste Bayern: nicht angeführt
Rote Liste Baden-Württemberg: nicht angeführt

Leicht unterständiges Maul und auffällige Hautlappen an den Nasenöffnungen

Karausche

Familie: Karpfenartige, *Cyprinidae*
Karausche: *Carassius carassius* (Linnaeus, 1758)
Bauernkarpfen, Moorkarpfen, Steinkarpfen
Englisch: Crucian carp

Merkmale: Seitlich zusammengedrückter, bei älteren Exemplaren recht hochrückiger Körper. Der Übergang vom Kopf zum Rücken verläuft bei der Karausche fließend und steil nach oben ohne deutlichen Knick. Der Rücken ist grün/grau bis graubraun gefärbt, die Flanken schimmern bräunlich bis bronzefarben. Die Flossen sind grau/braun, die Bauch- und Afterflosse zeigt manchmal einen orangeroten Ansatz. Der Außenrand der Rückenflosse ist mehr oder weniger stark nach außen gewölbt (konvex). Der Hinterrand der Schwanzflosse ist nur schwach eingebuchtet. An der Schwanzwurzel findet man oft einen dunklen Fleck, vor allem bei jüngeren Exemplaren. Das Maul ist endständig bis leicht unterständig, Barteln fehlen. Die Schuppen sind vergleichsweise groß. Das Bauchfell der Karausche ist im Gegensatz zum Giebel nicht dunkel pigmentiert. Der längste Hartstrahl der Rückenflosse ist auf seiner Innenseite mit zahlreichen, aber im Vergleich zum Giebel kleinen Zähnen besetzt, es sind ca. 25 Stück (Pinter 1998).

Wachstum: Die Karausche zählt zu den kleinwüchsigen Cypriniden, erreicht eine Maximalgröße von etwas über 40 cm und ein Gewicht von etwas über 2 kg. Die Durchschnittsgröße liegt – abhängig vom Gewässer – zwischen 15 und 25 cm.

Schuppenformel

SL 31–38 Schuppen entlang der Seitenlinie

Flossenformel

RF 3–4 Hartstrahlen, 14–21 Weichstrahlen
AF 3 Hartstrahlen, 5–8 Weichstrahlen

Bezahnung

Schlundzähne: einreihig, 4–4

Reusendornen: Am ersten Kiemenbogen befinden sich 26 bis 31 Reusendornen (Pinter 1998).

links: Karausche – endständiges Maul und fehlende Barteln

rechts: Der dunkle Fleck an der Schwanzwurzel ist typisch für die Karausche.

Verwechslungsarten: Der obere Rand der Rückenflosse des Giebels ist im Gegensatz zur Karausche gerade oder leicht nach innen gewölbt (konkav). Erwachsene Karauschen sind hochrückiger als Giebel der gleichen Größe. Der Giebel hat keinen dunklen Fleck an der Schwanzwurzel (viele erwachsene Karauschen allerdings auch nicht). Der Giebel besitzt außerdem ein dunkel pigmentiertes Bauchfell. Der junge Schuppenkarpfen hat zwei längere und zwei kurze Barteln.

Biologie: Die Karausche lebt gesellig, meist in kleineren, stehenden und pflanzenreichen Gewässern. Der eigentliche Lebensraum der Karausche sind stark isolierte Augewässer, die nur sehr selten bis nie überschwemmt werden. Die Karausche ist hinsichtlich ihrer Lebensraumansprüche sehr genügsam. So kann sie selbst bei ungünstigsten Sauerstoffverhältnissen überleben, sowohl bei sehr hohen als auch bei sehr niedrigen Wassertemperaturen schränkt sie die Nahrungsaufnahme deutlich ein. Selbst das völlige Durchfrieren ihrer Wohngewässer kann die Karausche überleben. In neueren Untersuchungen wurde festgestellt, dass dies durch Alkohol im Blut möglich ist.
Durch ihre Anpassung an extreme Lebensbedingungen ist sie oft die einzige Fischart, die kleine sauerstoffarme Gewässer besiedelt. Bei geringem Nahrungsangebot und fehlendem Fraßdruck durch Raubfische kann es zur Massenentwicklung und Kleinwuchs (Verbuttung) ganzer Karauschenpopulationen kommen. In der Vergangenheit wurden künstliche Kreuzungen zwischen Karauschen und Karpfen, sogenannte Karpfkarauschen, gezüchtet. Eine Vermischung von Giebel und Karauschen ist kaum möglich, da sich diese gynogenetisch vermehren.

Fortpflanzung: Die Laichzeit erstreckt sich abhängig von der Wassertemperatur von März bis Juni, die klebrigen Eier haften an Wasserpflanzen. Karauschen sind Portionslaicher und geben ihre Eier in Raten, verteilt über einige Wochen, ab.

Nahrung: Karauschen sind hinsichtlich ihrer Ernährung sehr flexibel und ernähren sich sowohl von Insektenlarven, Schnecken und Würmern als auch von pflanzlicher Nahrung.

Gefährdungsursachen: In Österreich sind die Karauschenbestände durch die Vernichtung von Kleingewässern, wie sie speziell in Flussauen typisch waren, gefährdet. Aber auch der Besatz mit Raubfischen in Kleingewässern kann lokale Karauschenbestände gefährden. Durch die rasante Ausbreitung des Giebels bleibt der Rückgang der Karauschenbestände vielerorts unbemerkt.

Gefährdungsstatus

Rote Liste Österreich: stark gefährdet
Rote Liste Deutschland: stark gefährdet
Rote Liste Bayern: Art der Vorwarnliste
Rote Liste Baden-Württemberg: vom Aussterben bedroht

Giebel

Familie: Karpfenartige, *Cyprinidae*
Giebel: *Carassius gibelio* (Bloch, 1782)
Silberkarausche, Chinesische Karausche
Englisch: Prussian carp, Goldfish
Goldfisch, *Carassius auratus* (Linne 1758)
Englisch: Goldfish

Merkmale: Seitlich zusammengedrückter Körper, mäßig hochrückig. Der Übergang vom Kopf zum Rücken verläuft beim Giebel mit einem deutlichen Knick. Der Rücken ist grün/grau bis graubraun gefärbt, die Flanken schimmern meist auffällig silbrig bis bräunlich. Die Flossen sind hell- bis dunkelgrau gefärbt. Der Außenrand der Rückenflosse verläuft gerade oder ist leicht nach innen gewölbt (konkav). Die Schwanzflosse ist deutlich gegabelt. Das Maul ist endständig bis leicht unterständig, Barteln fehlen. Die Schuppen sind vergleichsweise groß. Das Bauchfell des Giebels ist dunkel pigmentiert. Der längste Hartstrahl der Rückenflosse ist auf seiner Innenseite gesägt, diese „Zähne" sind im Vergleich zur Karausche größer, dafür ist der gezähnte Bereich kürzer. Beim bekannten Goldfisch handelt es sich um eine Zuchtform des ostasiatischen Giebels.

Wachstum: Der Giebel zählt zu den kleinwüchsigen Cypriniden, erreicht eine Maximalgröße von etwas über 45 cm und ein Gewicht von rund 2,5 kg. Die Durchschnittsgröße liegt abhängig vom Gewässer zwischen 15 und 30 cm.

Schuppenformel
SL 26–35 Schuppen entlang der Seitenlinie

Flossenformel
RF 3–4 Hartstrahlen, 15–19 Weichstrahlen
AF 2–3 Hartstrahlen, 5–8 Weichstrahlen

Bezahnung
Schlundzähne: einreihig, 4–4

Das Maul des Giebels ist end- bis leicht unterständig.

Giebel-Jungfische

Reusendornen: Am ersten Kiemenbogen befinden sich 39 bis 50 Reusendornen (Pinter 1998).

Verwechslungsarten: Die Karausche hat (manchmal) einen dunklen Fleck an der Schwanzwurzel, der Rand ihrer Rückenflosse ist leicht nach außen gewölbt (konvex). Der Giebel hat ein dunkles Bauchfell, die Karausche nicht. Ein junger Schuppenkarpfen hat zwei längere und zwei kurze Barteln.

Biologie: Im Gegensatz zur heimischen Karausche stammt der Giebel vermutlich ursprünglich aus Ostasien. Der Giebel stellt an seinen Lebensraum keine hohen Ansprüche, er lebt gesellig in sommerwarmen, stehenden und langsam fließenden Gewässern. So kommt er beispielsweise in kleinen Teichen ebenso vor wie in den Stauräumen und Fließstrecken der Donau. Der Giebel ist ein beliebter Köderfisch für Raubfische, durch den Transport lebender Giebel als Köderfisch wurde er in zahlreiche Gewässer eingeschleppt und entwickelt sich dort massenhaft. Der Giebel breitet sich seit einigen Jahren in Österreich rasant aus.

Fortpflanzung: In der Fortpflanzungsbiologie dieser Fischart gibt es eine Besonderheit: Giebelbestände bestehen oft nur aus Weibchen, diese laichen gemeinsam mit anderen Karpfenartigen ab bzw. lassen ihren Laich von den Milchnern der anderen Fische befruchten. Nach Pinter 1998 dringt das fremde Sperma zwar in die Eizelle ein, regt diese jedoch nur zur Entwicklung an, ohne dass es zur Verschmelzung der Erbsubstanz käme. Dieser Vorgang wird als spontane Gynogenese bezeichnet. Die schlüpfenden Nachkommen sind keine Hybriden, sondern reine Giebel. Die Laichablage findet in zwei bis drei Raten zwischen Mai und Juli statt, dabei orientieren sich die Giebel nach den anderen, gerade im gleichen Gewässer laichenden karpfenartigen Fischen. In Österreich kommen mittlerweile aber auch Populationen von gemischtgeschlechtlichen Giebeln vor.

Goldfisch – eine Zuchtform des asiatischen Giebels

Nahrung: Giebel sind hinsichtlich ihrer Ernährung sehr flexibel und ernähren sich sowohl von Insektenlarven, Schnecken und Würmern als auch von pflanzlicher Nahrung. Da der Giebel ein ähnliches Nahrungsspektrum wie der Karpfen hat, ist er in Teichwirtschaften ein ernstzunehmender Nahrungskonkurrent des Karpfens.

Gefährdung: Der Giebel zählt zu den wenigen Fischarten, die sich in Mitteleuropa zunehmend ausbreiten.

Gefährdungsstatus

Rote Liste Österreich: ungefährdet
Rote Liste Deutschland: ungefährdet
Rote Liste Bayern: nicht angeführt
Rote Liste Baden-Württemberg: nicht gefährdet bzw. für Goldfisch *C. auratus* nicht bewertet

Schleie

Familie: Karpfenartige, *Cyprinidae*
Schleie: *Tinca tinca* (Linnaeus, 1758)
Englisch: Tench

Merkmale: Mäßig hochrückiger Körper mit deutlich abgerundeten Flossen, die Schwanzwurzel ist auffällig hoch. Die Flossen sind oft schwarz gefärbt, jedenfalls aber dunkler als der restliche Fisch. Die Geschlechter lassen sich bei der Schleie relativ leicht an den Bauchflossen unterscheiden, die bei geschlechtsreifen Milchnern auffällig groß sind und bis zum After bzw. zum Ansatz der Afterflosse zurückreichen. Der erste Flossenstrahl ist zudem stark verdickt. Bei den Rognern fehlt diese Verdickung, die Bauchflossen sind vergleichsweise klein und reichen nicht bis zum Ansatz der Afterflosse zurück. Der Hinterrand der Schwanzflosse ist nur ganz schwach eingebuchtet. Die Färbung der Schleie variiert zwischen Dunkelblau oder Dunkelgrün am Rücken und Gelbgrün an den Flanken, zusätzlich findet man oft einen goldfarbenen Schimmer. Der Bauchbereich ist meist gelb, manchmal sogar orange gefärbt. Am Kopf der Schleie sind die Ausläufer der Seitenlinie gut erkennbar. Das Maul ist vorstülpbar und in den Maulwinkeln sitzt jeweils ein relativ kurzer Bartfaden. Die Iris ihrer Augen ist meist intensiv rot oder dunkelorange gefärbt. Typisch für die Schleie ist auch ihr gemächliches Verhalten während der Nahrungsaufnahme, aber auch sonst fallen die Bewegungen der Schleie meist recht langsam aus.

Wachstum: Die Schleie erreicht unter günstigen Bedingungen ein Gewicht bis über 4 kg und eine Länge über 60 cm, die Durchschnittsgröße liegt zwischen 25 und 30 cm.

Schuppenformel
SL 87–120 Schuppen entlang der Seitenlinie

Flossenformel
RF 4 Hartstrahlen, 6–9 Weichstrahlen
AF 3–4 Hartstrahlen, 6–7 Weichstrahlen

Bezahnung
Schlundzähne: einreihig, 4–5 – 5

Die Iris der Augen ist rot oder dunkelorange gefärbt.

1-jährige Schleie

Beim Milchner ist der 1. Bauchflossenstrahl deutlich verdickt

Verwechslungsarten: Die Schleie kann aufgrund ihres typischen Aussehens kaum mit anderen Fischen verwechselt werden.

Biologie: Die Schleie lebt gesellig, bildet aber keine großen Schwärme wie andere Cypriniden. Sie bevorzugt sommerwarme stehende oder sehr langsam fließende Gewässer mit reicher Unterwasservegetation. Die Hauptaktivität der Schleie liegt in der Dämmerung und in den Nachtstunden. Während des Winters reduziert sie ihren Stoffwechsel auf ein Mindestmaß.

Fortpflanzung: Da die Schleien ihren Laich portionsweise abgeben, erstreckt sich ihre Laichzeit meist über mehrere Wochen, bei ungünstigen Wetterverhältnissen können sich ihre Laichaktivitäten von Juni bis in den August hineinziehen. Zum Laichen suchen Schleien seichte, vegetationsreiche Gewässerbereiche auf, ihre Eier haften dort an den Unterwasserpflanzen und die Larven entwickeln sich im warmen Wasser rasch.

Nahrung: Schleien sind bei ihrer Nahrungssuche auf Benthoslebewesen spezialisiert. Sie stehen während der Nahrungsaufnahme regelrecht am Kopf und durchwühlen mit ihrem vorstülpbaren Maul die Schlammschicht des Gewässergrundes. Insektenlarven, Schlammröhrenwürmer, Schnecken, kleine Muschelarten und pflanzliche Kost stellen den Großteil ihrer Nahrung dar. Allerdings kommt es manchmal auch vor, dass sich Schleien an tierischer Nahrung, wie toten Köderfischen, vergreifen.

Gefährdungsursachen: Schleien sind hinsichtlich ihres Lebensraumes und der Wasserqualität nicht sehr anspruchsvoll, benötigen allerdings naturbelassene Uferbereiche mit reichen Unterwasserpflanzenbeständen, um erfolgreich ablaichen zu können. Manchmal führt auch übertriebener Besatz mit Welsen zum Rückgang der Schleienbestände.

Gefährdungsstatus
Rote Liste Österreich: gefährdet
Rote Liste Deutschland: ungefährdet
Rote Liste Bayern: nicht angeführt
Rote Liste Baden-Württemberg: Vorwarnliste

Fischerei
Die Schleie ist für Angler von großem Interesse.

Brachse

Familie: Karpfenartige, *Cyprinidae*
Brachse: *Abramis brama* (Linnaeus, 1758)
Blei, Brachsmen, Brassen
English: Bream

Merkmale: Seitlich stark zusammengedrückter und sehr hochrückiger Körper. Der Rücken ist meist dunkel und grau/braun bis grau/grün eingefärbt. Die Farben an den breiten Flanken variieren zwischen Dunkelbraun und Olivgrün, in manchen Gewässern schimmern die Flanken auch goldbraun. Der Bauch ist schmutzigweiß eingefärbt. Die Flossen sind bei jüngeren Exemplaren grau bis dunkelgrau und färben sich bei älteren Brachsen rußschwarz ein. Der untere Teil der Schwanzflosse ist meist länger als der obere. Die Spitzen der Brustflossen reichen meist bis zum Ansatz der Bauchflossen. Der Ansatz der Afterflosse liegt bei der Brachse meistens gegenüber dem Anfang bzw. der vorderen Hälfte der Rückenflosse. Der Kopf ist ebenso wie die Augen verhältnismäßig klein. Das Maul ist nur leicht unterständig, aber weit vorstülpbar. Während der Laichzeit tragen die Milchner einen auffälligen Laichausschlag, der am Kopf deutlich ausgeprägt ist und über den ganzen Körper, die Schuppenränder und Flossenstrahlen verteilt sein kann. Die dicke Schleimhaut der Brachse ist sehr empfindlich und zeigt schon bei kleinsten Verletzungen deutliche Blutungen.

Wachstum: Die Durchschnittsgröße liegt je nach Gewässer zwischen 35 und 50 cm, die Brachse zählt zu den großwüchsigen Vertretern der Cypriniden und kann ein Maximalgewicht bis über 6 kg und eine Länge von bis zu 75 cm erreichen. Großwüchsige Brachsen sind aber nicht überall anzutreffen, häufiger kommt es innerhalb eines Gewässers zu einer sogenannten Verbuttung der Brachsenbestände. Aufgrund von Nahrungsmangel und zu hoher Individuendichte sinkt das Durchschnitts- und auch Endgewicht drastisch ab.

Schuppenformel

SL 50–60 Schuppen entlang der Seitenlinie

Flossenformel

RF 3 Hartstrahlen, 8–9 Weichstrahlen
AF 3 Hartstrahlen, 23–28 Weichstrahlen

Der Körper der Brachse ist seitlich stark zusammengedrückt.

Die Afterflosse der Brachse

Das Maul ist leicht unterständig und weit vorstülpbar.

Bezahnung

Schlundzähne: einreihig, 5–5

Verwechslungsarten: Der Güster hat deutlich größere Augen und gelb/orange Ansätze bei den Brust- und Bauchflossen. Zope und Zobel haben eine erheblich längere Afterflosse. Die Zope hat ein oberständiges Maul, der Zobel viel größere Augen. In der Natur kommt es allerdings immer wieder zu Kreuzungen zwischen Brachsen und Güstern, diese Fische zeigen dann die Merkmale beider Fischarten und sind entsprechend schwer zu bestimmen.

Biologie: Brachsen kommen in den untersten, langsam fließenden Abschnitten unserer Flüsse, der sogenannten Brachsenregion, aber auch in Altwässern und Stauräumen vor. Ebenso findet man sie in den verschiedensten Stillwassertypen. So lebt sie in den kühlen und tiefen Voralpenseen ebenso wie in seichten kleinen Moorseen und Teichen. Die Brachse lebt typischerweise in Schwärmen, wobei die Größe dieser Schwärme mit zunehmender Individuendichte abnimmt. Während der Nahrungsaufnahme hält sie sich in unmittelbarer Grundnähe auf, ansonsten findet man sie aber auch in der Freiwasserzone, ja manchmal sogar in Oberflächennähe.

Fortpflanzung: Die Brachsen laichen im späten Frühjahr, abhängig von der Wassertemperatur, meist im Mai und Juni. Die Schwärme ziehen dann in seichte Uferbereiche, wo sie unter heftigem Geplätscher meist in den Nachtstunden ihre klebrigen Eier an Unterwasserpflanzen ablegen.

Nahrung: Brachsen suchen ihre Nahrung in der Schlammschicht des Gewässergrundes. Sie stehen dabei gerne auf dem Kopf und durchwühlen mit ihrem Rüsselmaul den Bodenschlamm. Durch diese Wühltätigkeit trübt sich das Wasser in ihrer Umgebung meist deutlich ein und zurück bleiben die typischen Fraßtrichter, die von ihrem Vorkommen zeugen. Mit ihrem empfindsamen Rüsselmaul finden sie im Schlamm verborgene Zuckmückenlarven, Schlammröhrenwürmer, kleine Schnecken und Muscheln sowie Eintagsfliegenlarven. In manchen Gewässern ernähren sich die Brachsen aber zeitweise auch von Zooplankton.

Gefährdungsursachen: Die meisten Brachsenbestände sind nicht gefährdet, ja teilweise nimmt diese Fischart sogar deutlich zu und besiedelt rasch neu entstandene Lebensräume wie Stauräume von Kraftwerken oder Baggerseen.

Gefährdungsstatus

Rote Liste Österreich: ungefährdet
Rote Liste Deutschland: ungefährdet
Rote Liste Bayern: nicht angeführt
Rote Liste Baden-Württemberg: nicht gefährdet

Angelfischerei: Die Brachse ist für die Angelfischerei von Interesse.

Zope

Familie: Karpfenartige, *Cyprinidae*
Zope: *Ballerus ballerus* (Linnaeus, 1758)
Spitzpleinzen
Englisch: Blue bream

Merkmale: Seitlich stark zusammengedrückter, aber nicht so hochrückiger Körper wie bei Brachse oder Güster. Der Rücken ist meist dunkelbraun, kann aber auch dunkelblau oder dunkelgrün mit grauem Anflug gefärbt sein. Die Flanken sind silbrig, oft mit bräunlichem Schimmer, der Bauch weiß gefärbt. Die paarigen Flossen sind blassgelb bis bräunlich mit dunklem Außenrand, Rücken-, Schwanz- und Afterflosse besitzen eine hellgraue Grundfarbe und sind ebenfalls dunkel umrandet. Der untere Teil der Schwanzflosse ist deutlich länger als der obere. Die Spitzen der Brustflossen reichen meist bis zum Ansatz der Bauchflossen. Als besonderes Merkmal der Zope gilt ihre sehr lange Afterflosse, die von bis zu 45 Flossenstrahlen gestützt wird. Der Kopf ist verhältnismäßig klein, gestreckt und eher spitz zulaufend, die Maulspalte weist leicht nach oben. Die Augen sitzen weit vorne am Kopf und sind relativ groß. Die Schuppen erscheinen vergleichsweise klein. Während der Laichzeit tragen die Milchner einen feinkörnigen Laichausschlag.

Wachstum: Die Durchschnittsgröße liegt je nach Gewässer zwischen 20 und 30 cm, die Maximalgröße liegt bei rund 50 cm.

Schuppenformel
SL 62–77 Schuppen entlang der Seitenlinie

Flossenformel
RF 3 Hartstrahlen, 8–9 Weichstrahlen
AF 3 Hartstrahlen, 35–45 Weichstrahlen

Bezahnung
Schlundzähne: einreihig, 5–5

Verwechslungsarten: Die Güster hat gelb/orange Ansätze bei den Brust- und Bauchflossen und eine deutlich kürzere Afterflosse. Der Zobel besitzt ein unterständiges Maul und deutlich weniger, also größere Schuppen. Die Brachse ist wie die Güster hochrückiger und besitzt eine kürzere Afterflosse, beide besitzen ein unterständiges Maul.

Biologie: Die Zope kommt in den unteren Abschnitten unserer Flüsse, der Barben- und Brachsenregion, vor. Sie lebt in Kleingruppen und hält sich hauptsächlich in den Freiwasserzonen auf.

Fortpflanzung: Über die Fortpflanzungsbiologie der Zope ist noch wenig bekannt, man nimmt an, dass diese Fischart im späten Frühjahr, abhängig von der Wassertemperatur meist im Mai und Juni in Gruppen laicht. Die Fische unternehmen Wanderungen zu ihren Laichplätzen, die in Überschwemmungszonen von Augebieten liegen, um dort ihre Eier abzugeben.

Nahrung: Die Zope ernährt sich im Gegensatz zu ihren nahen Verwandten wie Brachse, Güster und Zobel hauptsächlich von Zooplankton und Algen. Sie sucht ihre Nahrung meist im Freiwasserbereich der Gewässer, oft auch an der Wasseroberfläche, wo sie Anflugnahrung aufnimmt.

Die lange Afterflosse der Zope

Die Maulspalte weist leicht nach oben.

Gefährdungsursachen: Die Hauptursachen für die Gefährdung der Zopenbestände dürften in der Zerstörung intakter Fließgewässerabschnitte durch Stauhaltung und der angebundenen Augewässer liegen.

Gefährdungsstatus
Rote Liste Österreich: stark gefährdet
Rote Liste Deutschland: Vorwarnliste
Rote Liste Bayern: gefährdet
Rote Liste Baden-Württemberg: nicht angeführt

Zobel

Familie: Karpfenartige, *Cyprinidae*
Zobel: *Ballerus sapa* (Pallas, 1814), Scheibpleinzen
Englisch: White-eyed bream

Das Maul ist unterständig und vorstülpbar.

Die besonders lange Afterflosse des Zobels

Merkmale: Seitlich stark zusammengedrückter, beinahe so hochrückiger Körper wie Brachse oder Güster. Der Rücken ist meist dunkel und grau/schwarz bis grau/grün gefärbt. Die Flanken sind silbrig, der Bauch weiß gefärbt. Die paarigen Flossen sind hellgrau bis gelbweiß gefärbt, After-, Rücken- und Schwanzflosse zeigen oft einen dunklen Saum. Die kurze Bauchkante zwischen Bauch- und Afterflosse ist deutlich gekielt. Der untere Teil der Schwanzflosse ist etwas länger als der obere. Die Spitzen der Brustflossen reichen meist bis zum Ansatz der Bauchflossen. Als besonderes Merkmal des Zobels gilt seine sehr lange Afterflosse, die von bis zu 48 Flossenstrahlen gestützt wird. Der Kopf ist verhältnismäßig klein, die Augen sitzen weit vorne am Kopf und sind relativ groß. Die Schuppen erscheinen vergleichsweise groß. Das Maul ist unterständig und vorstülpbar.
Auffällig ist die über den Augen stark gewölbte Schnauze. Während der Laichzeit tragen die Milchner einen feinkörnigen Laichausschlag.

Wachstum: Die Durchschnittsgröße liegt je nach Gewässer zwischen 25 und 35 cm, die Maximalgröße liegt bei rund 50 cm.

Schuppenformel
SL 47–52 Schuppen entlang der Seitenlinie

Flossenformel
RF 3 Hartstrahlen, 8 Weichstrahlen
AF 3 Hartstrahlen, 41–48 Weichstrahlen

Bezahnung
Schlundzähne: einreihig, 5–5

Verwechslungsarten: Die Güster hat gelb/orange Ansätze bei den Brust- und Bauchflossen und eine deutlich kürzere Afterflosse. Die Zope besitzt ein leicht oberständiges Maul und deutlich mehr, also kleinere Schuppen. Die Brachse ist wie die Güster hochrückiger und besitzt eine deutlich kürzere Afterflosse.

Biologie: Zobel kommen in den unteren, fließenden Abschnitten unserer Flüsse, der Barben- und Brachsenregion, vor, z. B. in der Donau im Bereich der Wachau oder im Rhein. Der Zobel lebt in kleinen Schwärmen und hält sich hauptsächlich in der Nähe des Gewässergrundes auf.

Fortpflanzung: Über die Fortpflanzungsbiologie des Zobels ist noch wenig bekannt, es wird angenommen, dass er in Schwärmen im späten Frühjahr, abhängig von der Wassertemperatur meist im Mai oder Juni, laicht. Die Fische suchen dazu tiefe Fließstrecken mit kiesigem Grund auf, um dort ihre Eier abzugeben. Zobel werden erst im vierten Lebensjahr geschlechtsreif (Pinter 1998).

Nahrung: Zobel suchen ihre Nahrung am Gewässergrund, dabei halten sie sich sowohl im Hauptfluss als auch in den Mündungsbereichen größerer Zubringer auf. Mit ihrem empfindsamen Rüsselmaul nehmen sie Zuckmückenlarven, Schlammröhrenwürmer, kleine Schnecken und Muscheln auf.

Gefährdungsursachen: Die Hauptursachen für den Rückgang der Zobelbestände dürften in der Zerstörung intakter Fließgewässerabschnitte der Barben- und Brachsenregion mit angebundenen Altwässern liegen.

Gefährdungsstatus:
Rote Liste Österreich: stark gefährdet
Rote Liste Deutschland: ungefährdet
Rote Liste Bayern: gefährdet
Rote Liste Baden-Württemberg: nicht bewertet

Güster

Familie: Karpfenartige, *Cyprinidae*
Güster: *Blicca bjoerkna* (Linnaeus, 1758)
Blicke, Halbbrachsen
Englisch: White bream

Merkmale: Seitlich stark zusammengedrückter und sehr hochrückiger Körper. Der Rücken ist meist grau/braun bis grau/grün eingefärbt, an den Flanken glänzt die Güster silbrig, der Bauch ist weißlich gefärbt. Die Schuppen sind im Vergleich zur Brachse relativ groß. Die Flossen schimmern bei jüngeren Exemplaren transparent, bei älteren Fischen grau bis dunkelgrau. Die Ansätze der paarigen Flossen sind meist orangefarben bis rötlich gefärbt.
Die Spitzen der Brustflossen reichen nicht bis zum Ansatz der Bauchflossen. Der Ansatz der Afterflosse liegt etwa gegenüber dem Ende der Rückenflosse. Der Außenrand der Afterflosse ist weniger eingebuchtet als bei der Brachse. Das Maul der Güster ist leicht unterständig, aber nicht so weit vorstülpbar wie das der Brachse. Während der Laichzeit tragen die Milchner einen feinkörnigen Laichausschlag. Die Schleimhaut der Güster ist sehr empfindlich und zeigt schon bei kleinsten Verletzungen deutliche Blutungen.

Wachstum: Die Durchschnittsgröße liegt je nach Gewässer zwischen 10 und 20 cm, die Güster zählt zu den kleinwüchsigen Vertretern der Cypriniden und wächst sehr langsam. Sie erreicht je nach Gewässer eine Maximalgröße von rund 30 cm.

Schuppenformel
SL 40–51 Schuppen entlang der Seitenlinie

Flossenformel
RF 3 Hartstrahlen, 8–9 Weichstrahlen
AF 3 Hartstrahlen, 19–23 Weichstrahlen

Bezahnung
Schlundzähne: zweireihig, 2–3.5 – 5.2–3

Verwechslungsarten: Die Brachse hat deutlich kleinere Augen (gilt für erwachsene Exemplare) und keine gelb/orangen Ansätze bei den Brust- und Bauchflossen. Ihre Flossen sind dunkel bis schwarz gefärbt. In der Natur kommt es allerdings immer wieder zu Kreuzungen zwischen Brachsen und Güstern, diese Fische zeigen dann die Merkmale beider Fischarten und sind entsprechend schwer zu bestimmen.
Zope und Zobel haben eine erheblich längere Afterflosse. Die Zope besitzt ein oberständiges Maul, der Zobel größere Augen und eine auffallend stumpfe Schnauze.

Biologie: Güster kommen in den untersten, langsam fließenden Abschnitten unserer Flüsse, der Brachsenregion, in deren Altwässern und Stauräumen vor. Ebenso findet man sie in den verschiedensten Stillwassertypen. Die Güster lebt typischerweise in stark verkrauteten Bereichen und hält sich dort in kleinen Schwärmen auf, wobei sie sich oft mit der Brachse vergesellschaftet. Güster stellen in vielen Gewässern eine wichtige Nahrungsgrundlage für Wels und Hecht dar.

Fortpflanzung: Güster laichen im späten Frühjahr, abhängig von der Wassertemperatur meist im Mai und Juni. Die Schwärme ziehen dann in seichte Uferbereiche, wo sie unter heftigem Geplätscher meist in den Nachtstunden ihre klebrigen Eier an Unterwasserpflanzen ablegen.

Nahrung: Güster suchen ihre Nahrung zwar auch in der Schlammschicht des Gewässergrundes, sind darauf aber nicht so spezialisiert wie etwa die Brachse. Beim Güster spielt selbst bei erwachsenen Exemplaren Zooplankton und Detritus noch eine bedeutende Rolle bei der Ernährung.

Gefährdungsursachen: Die meisten Bestände der Güster sind nicht gefährdet, ja teilweise nimmt diese Fischart sogar deutlich zu und besiedelt rasch neu entstandene Lebensräume wie Stauräme von Kraftwerken oder Baggerseen. Im Neusiedler See kommt die Güster sehr häufig vor. Im March-Donau-System hingegen nehmen die Bestände der Güster dramatisch ab (Spindler pers. Mittlg.)

Gefährdungsstatus
Rote Liste Österreich: ungefährdet
Rote Liste Deutschland: ungefährdet
Rote Liste Bayern: nicht angeführt
Rote Liste Baden-Württemberg: nicht gefährdet

Das Maul ist leicht unterständig.

Afterflosse der Güster: der Außenrand ist weniger eingebuchtet als bei der Brachse.

Rußnase

Familie: Karpfenartige, *Cyprinidae*
Rußnase: *Vimba vimba* (Linnaeus, 1758)
Blaunase, Zährte
Seerüßling: *Vimba elongata* (Valenciennes 1844), (an manchen Salzkammergutseen wird diese Form umgangssprachlich auch als Schied bezeichnet)
Englisch: Vimba bream

Merkmale: Leicht hochrückiger Grundfisch mit auffallend vorspringender Schnauze, deren Spitze schwarz bis dunkelblau gefärbt ist. Das Maul ist stark unterständig, vorstülpbar und hat weiche Lippenränder, die Maulspalte besitzt, von unten betrachtet, eine halbrunde Form. Die Afterflosse der Rußnase ist vergleichsweise lang, die der Nase hingegen kurz. Während des Jahres ist die Rußnase an Flanken und Bauch silbrig gefärbt, am Rücken variiert die Färbung zwischen Grau/Schwarz und Grau/Dunkelblau. Die Ansätze der Brustflossen und die Bauchflossen sind nicht nur während der Laichzeit gelb/orange gefärbt. Zur Laichzeit tragen beide Geschlechter ein Hochzeitskleid und einen feinkörnigen Laichausschlag, der den ganzen Körper bedecken kann. Die Färbung und der Laichausschlag sind bei den Milchnern allerdings deutlicher ausgeprägt. Ein breites dunkelgraues bis tiefschwarzes Längsband zieht sich vom Kopf über die Kiemendeckel entlang der Flanken bis zur Schwanzflosse. Die Brust-, Bauch- und Afterflosse sowie die gesamte Bauchseite sind während der Laichzeit leuchtend orangerot gefärbt und stehen in deutlichem Kontrast zum dunklen Längsband auf den Flanken. Die Intensität der Laichfärbung und des Laichausschlages variiert bei den einzelnen Fischen oft stark.

Wachstum: Die Durchschnittsgröße liegt zwischen 25 und 35 cm, die Rußnase erreicht eine Maximalgröße von bis zu 50 cm. Die lokalen Populationen des Seerüßlings bleiben meist deutlich kleiner.

Schuppenformel

SL 51–64 Schuppen entlang der Seitenlinie

Flossenformel

RF 3 Hartstrahlen, 8–9 Weichstrahlen
AF 3 Hartstrahlen, 17–23 Weichstrahlen

Bezahnung

Schlundzähne: einreihig, 5–5

Verwechslungsarten: Die Nase besitzt eine kurze Afterflosse und eine querstehende, gerade Maulspalte mit harten Rändern.

Biologie: Die Rußnase lebt als grundorientierter Schwarmfisch vor allem in der Brachsen- und Barbenregion, also im Unterlauf unserer Niederungsflüsse. Oft findet man sie vergesellschaftet mit der Brachse und der Nase.
Eine Besonderheit stellen die sogenannten Seerüßlinge dar, die im Atter-, Mond- und Wolfgangsee vorkommen. Diese steigen zum Laichen in die Zuflüsse auf, leben aber während des Jahres in den Uferzonen der Seen.

Fortpflanzung: Rußnasen unternehmen während der Laichzeit Wanderungen, die sie oft vom Hauptfluss in kleinere Zubringer führen. Dort laichen sie über steinig-kiesigem Grund, ihre klebrigen Eier haften im Strömungsschatten von Steinen, aber auch an Unterwasserpflanzen.

Nahrung: Rußnasen finden ihre Nahrung hauptsächlich am Gewässergrund. Mit ihrem vorstülpbaren Maul suchen sie nach Würmern, Kleinkrebsen, Schnecken und Insektenlarven.

Gefährdungsursachen: Die Rußnase ist besonders durch Gewässerverbauungen und unpassierbare Querbauwerke in ihren Beständen gefährdet. Oft sind diese Fische dadurch von ihren Laichplätzen abgeschnitten.

Gefährdungsstatus:
Rote Liste Österreich: *V. vimba*: gefährdet
(*V. elongata*: stark gefährdet)
Rote Liste Deutschland: gefährdet
Rote Liste Bayern: Art der Vorwarnliste
(gemeinsam mit Seerüßling *V. v. elongata*)
Rote Liste Baden-Württemberg: verschollen

Fischerei: Die Rußnase spielt mancherorts, z. B. in der Donau, sowohl in der Berufs- als auch bei der Angelfischerei eine Rolle. Das Fleisch der Rußnase ist schmackhaft, aber grätenreich.

Rußnase aus der Donau bei Melk

Seerüßling-Milchner mit Laichausschlag

Seerüßling aus dem Mondsee

Afterflosse einer Rußnase

Nase

Familie: Karpfenartige, *Cyprinidae*
Nase: *Chondrostoma nasus* (Linnaeus, 1758)
Näsling
Englisch: Nase

Merkmale: Gesellig lebende heimische Fischart, charakteristisch ist das stark unterständige Maul mit scharfkantigen und verhornten Kanten. Jungnasen besitzen während der ersten Monate das charakteristische Nasenmaul mit seinen harten verhornten Rändern übrigens noch nicht. Dieses entwickelt sich erst im Laufe der Zeit, wenn die Jungnasen ihre anfängliche Ernährung von Zooplankton auf pflanzliche Kost umstellen. Deshalb sind Jungnasen leicht mit kleinen Haseln zu verwechseln.
Die Schnauze ist rund und über die Maulspalte hinausragend, aber nicht so vorspringend wie bei der Rußnase. Die Nase hat einen „kompakt" erscheinenden Körperbau mit relativ kleinem Kopf. Die Brust-, Bauch- und After-, manchmal auch die untere Hälfte der Schwanzflosse der erwachsenen Nasen sind mehr oder weniger stark orange gefärbt. Bei Jungnasen, etwa ab dem zweiten Jahr, ist besonders die untere Hälfte der Schwanzflosse auffällig rötlich gefärbt. Während der Laichzeit wird die Färbung der Nasen intensiver und zwischen Rücken und Bauch ist ein breites dunkelgrau bis schwarz gefärbtes Längsband erkennbar, das in deutlichem Kontrast zu den leuchtend orangefarbenen Flossen steht. Die Milchner tragen hauptsächlich im Kopfbereich einen deutlich sichtbaren Laichausschlag. Auch an den Außenrändern der Schuppen und an den Flossenstrahlen bildet sich ein sehr feinkörniger Laichausschlag, der mit dem freien Auge kaum erkennbar ist. Nimmt man diesen Fisch in die Hand, ist die raue Oberfläche allerdings gut fühlbar.
Beim Ausnehmen einer Nase fällt das schwarz pigmentierte Bauchfell auf.

Wachstum: Die Durchschnittsgröße liegt zwischen 30 und 35 cm, die Nase zählt zu den großwüchsigen Vertretern der Cypriniden und kann ein Maximalgewicht bis knapp über 2 kg und eine Länge bis über 50 cm erreichen.

Schuppenformel
SL 55–66 Schuppen entlang der Seitenlinie

Flossenformel
RF 3–4 Hartstrahlen, 8–11 Weichstrahlen
AF 3 Hartstrahlen, 9–12 Weichstrahlen

Bezahnung
Schlundzähne: einreihig, 6–7 – 6–7

Verwechslungsarten: Das Maul der Rußnase hat keine harten Hornränder, zudem ist ihre Afterflosse deutlich länger.

Typisch ist der gerade Maulspalt

Laichzug der Nasen

Nasen-Milchner im Laichkleid

Biologie: Geselliger, oft in großen Schwärmen lebender, strömungsliebender Fisch. Die Nase findet ihren Lebensraum sowohl in der unteren Äschen- als auch in der gesamten Barbenregion und bildet dort oft die Leitfischart. Die Nase hält sich die meiste Zeit in Grundnähe auf und unternimmt dort, wo es heute noch möglich ist, teilweise sehr weite Wanderungen. In Gewässern mit gutem Nasenbestand verraten diese Fische ihre Anwesenheit durch das Aufblitzen ihrer silbrigen Flanken bei der Nahrungsaufnahme.

Fortpflanzung: Nasen sind Frühjahrslaicher und ziehen je nach Wassertemperatur zwischen März und Juni in Schwärmen zu ihren Laichplätzen, die in kleineren Fließgewässern meist im Hauptfluss selbst liegen. In großen Flüssen ziehen die Nasen gerne in kleinere einmündende Zubringer, um dort zu laichen. Die Laichplätze liegen an seichten, stark überströmten Kiesbänken, meist in Flussmitte. Der Laichakt selbst läuft spektakulär ab, einzelne Rogner werden dabei im seichten Wasser heftig von mehreren Milchnern bedrängt. Der Laich eines Rogners wird dabei auch meist von mehreren Milchnern befruchtet. Die klebrigen Eier bleiben im Strömungsschatten zwischen Steinen am Grund haften und entwickeln sich dort innerhalb von wenigen Tagen.

Nahrung: Nasen ernähren sich hauptsächlich von pflanzlicher Kost. Mit ihren scharfkantigen Hornkiefern schaben und zupfen sie Aufwuchsalgen vom Gewässergrund. Gemeinsam mit diesen Algen werden aber auch Insektenlarven und Kleinkrebse aufgenommen. Wie alle Pflanzenfresser haben Nasen einen sehr langen Darm. Als aufmerksamer Beobachter kann man in Gewässern mit gutem Nasenbestand oft die charakteristischen Fraßspuren an algenbewachsenen Steinen beobachten.

Gefährdungsursachen: Der Rückgang der Nasenbestände ist hauptsächlich auf die „Zerstückelung" ihres Lebensraumes durch unzählige Querbauwerke zurückzuführen. Nasen sind Langstreckenwanderer, in großen Flüssen legen sie, wenn es möglich ist, Wanderungen über Entfernungen von mehreren 100 km zurück. Fehlende oder nicht erreichbare Laichplätze, Schwall- und Sunkbetrieb machen oft schon eine erfolgreiche Entwicklung von Ei- und Larvalstadien unmöglich. In weiterer Folge mangelt es in vielen Gewässern an geeigneten seichten Jungfischlebensräumen.

Gefährdungsstatus
Rote Liste Österreich: nahezu gefährdet
Einschätzung des Autors 2020: gefährdet
Rote Liste Deutschland: Vorwarnliste
Rote Liste Bayern: stark gefährdet
Rote Liste Baden-Württemberg: stark gefährdet

Fischerei: Die Nase ist sowohl für die Angel- als auch für die Berufsfischerei von Interesse.

Nasenlarve – wenige Tage alt

1-jährige Nase

Rapfen

Familie: Karpfenartige, *Cyprinidae*
Rapfen: *Aspius aspius* (Linnaeus, 1758), Schied
Englisch: Asp

Merkmale: Schlanker, langgestreckter, seitlich etwas zusammengedrückter Körper, der Rücken ist grau bis graubraun gefärbt, die Flanken schimmern silbrig und gehen zum weißen Bauch über. Das Maul ist oberständig und für einen Cypriniden auffallend groß, die Maulspalte reicht bei erwachsenen Tieren bis unter die Augen. Der kräftige Unterkiefer ist verdickt und deutlich länger als der Oberkiefer. Er besitzt in der Mitte einen „Höcker", der vom Aussehen her etwas an einen Laichhaken erinnert, und passt in eine Ausnehmung im Oberkiefer. Vermutlich dient diese Besonderheit zum Festhalten der Beutefische. Die Augen und Schuppen sind vergleichsweise klein. Die Brust-, Rücken- und Schwanzflossen sind grau eingefärbt, die Bauch- und Afterflossen können einen rötlichen oder orangefarbenen Anflug zeigen. Bei jüngeren Exemplaren können diese Flossen auch kräftig orange gefärbt sein. Die Schwanzflosse ist tief gegabelt, der Außenrand der After- und Rückenflosse ist sichelförmig geschwungen und deren Enden laufen spitz aus. Die Milchner tragen während der Laichzeit einen feinkörnigen Laichausschlag, der sich vom Kopf über die Flanken bis hin zur Schwanzflosse ziehen kann.

Wachstum: Der Rapfen gehört zu den großwüchsigen Cypriniden und erreicht eine Maximalgröße von über 100 cm und ausnahmsweise auch ein Gewicht von über 10 kg. Die Durchschnittsgröße liegt zwischen 45 und 60 cm.

Schuppenformel

SL 64–76 Schuppen entlang der Seitenlinie
Schuppen oberhalb der SL: 10–12
Schuppen unterhalb der SL: 4–6

Flossenformel

RF 3 Hartstrahlen, 8 Weichstrahlen
AF 3 Hartstrahlen, 14 Weichstrahlen

Bezahnung

Schlundzähne: zweireihig, 2–3.5 – 5.2–3

2-jähriger Rapfen

Kopf eines alten Milchners

Verwechslungsarten: Aitel, dieser besitzt deutlich größere Schuppen und ein kleineres Maul, der Außenrand der Rücken- und Afterflosse ist beim Aitel leicht nach außen gewölbt, also konvex, beim Rapfen immer nach innen gewölbt, also konkav. Jungrapfen ähneln im Aussehen sehr der Laube, diese hat aber eine deutlich kleinere Maulspalte, die nicht bis zum Auge zurückreicht.

Biologie: Der Rapfen ist eigentlich kein Schwarmfisch, dennoch jagen selbst große Rapfen oft gemeinsam in kleinen Gruppen von zwei bis fünf Fischen. Rapfen leben bei uns sowohl in den Fließstrecken als auch in den Altarmen und Hafenbecken der Donau. Aber auch in anderen großen Tieflandflüssen wie der March und der Thaya kommt der Rapfen vor. In Kärnten war der Rapfen ursprünglich nicht heimisch, heute kommt diese Fischart im Ausfluss des Ossiacher Sees und im Völkermarkter Draustau vor (Honsig-Erlenburg & Petutschnig 2002).

Fortpflanzung: Zur Laichzeit, die je nach Wassertemperatur in die Monate März bis Mai fällt, ziehen die Rapfen in Gruppen zu den Laichplätzen, um dort über Schotter- oder Sandgrund ihre klebrigen Eier abzulegen (Pinter 1998).

Nahrung: Junge Rapfen ernähren sich anfangs von Zooplankton, stellen ihre Nahrung aber schon bald vollständig auf Fische um.
Der Rapfen ist somit der einzige Cypriniden, der sich fast ausschließlich von Fischen ernährt. Er ist ein sehr schneller Jäger, der bevorzugt schlanke Kleinfische in Oberflächennähe, wie z. B. Lauben, jagt. Es ist ein spektakuläres Schauspiel, wenn mehrere Rapfen gemeinsam in Oberflächennähe jagen. Der Rapfen frisst aber auch andere Fischarten wie die in der Donau (mittlerweile) massenhaft vorkommenden Grundeln, wie aktuelle Fänge von Angelfischern belegen.

Gefährdungsursachen: Nicht völlig geklärt, vermutlich fehlen in manchen Gewässern intakte Laichplätze.

Gefährdungsstatus

Rote Liste Österreich: stark gefährdet
Rote Liste Deutschland: ungefährdet
Rote Liste Bayern: gefährdet
Rote Liste Baden-Württemberg: nicht gefährdet außerhalb des Donausystems, vom Aussterben bedroht nur im Donausystem
Im Anhang II und V der FFH Richtlinie (92/43/EWG) angeführt

Fischerei

Der Rapfen ist in der Angelfischerei von Bedeutung.

Die Afterflosse ist am Außenrand sichelförmig eingebuchtet

Laube

Familie: Karpfenartige, *Cyprinidae*
Laube: *Alburnus alburnus* (Linnaeus, 1758)
Donaulaube, Ukelei, Steinfischerl
Englisch: Bleak

Merkmale: Schlanker, seitlich zusammengedrückter Körper mit sehr locker sitzenden Schuppen. Maul oberständig, Unterkiefer nicht verdickt. Der Rücken der Laube ist je nach Gewässer grüngrau bis türkisgrün, manchmal auch bräunlich gefärbt. Entlang der Seiten, deutlich oberhalb der Seitenlinie, verläuft bei entsprechendem Lichteinfall ein goldbraun schimmernder Längsstreifen. Die Schuppen an den Seiten glänzen hell silbrig, der Bauch ist silbrig/weiß gefärbt. Die Bauchkante zwischen Bauchflossen und Afterflosse ist nicht beschuppt. Die Rücken- und Schwanzflosse sind grau angehaucht, die restlichen Flossen transparent. Bei manchen Exemplaren findet man einen gelblichen Ansatz der Brust- und Bauchflossen. Der Ansatz der Afterflosse befindet sich vor dem Ende der Rückenflosse, d. h. sie überdecken sich deutlich. Während der Laichzeit tragen die Milchner einen sehr feinkörnigen Laichausschlag. Aus dem in den Schuppen der Lauben eingelagerten Guaninkristallen gewann man früher das sogenannte Fischsilber.

Wachstum: Die Durchschnittsgröße liegt zwischen 10 und 15 cm, die Laube zählt zu den kleinwüchsigen Vertretern der Cypriniden und erreicht eine Maximallänge von ca. 20 cm.

Schuppenformel

SL 42–55 Schuppen entlang der Seitenlinie

Flossenformel

RF 3–4 Hartstrahlen, 8–9 Weichstrahlen
AF 3 Hartstrahlen, 17–21 Weichstrahlen

Bezahnung

Schlundzähne: zweireihig, 2.5–(4) 5.2

Verwechslungsarten: Bei der Seelaube deckt sich der Hinterrand der Rückenflosse mit dem Ansatz der Afterflosse etwa in

Die Laube lebt in Schwärmen.

Das Maul ist oberständig, der Unterkiefer nicht verdickt.

einer senkrechten Linie, bei der „normalen" Laube überlappen das Ende der Rückenflosse und der Ansatz der Afterflosse deutlich. Die beiden Arten sind zudem anhand der Seitenlinienschuppen (die Seelaube besitzt mindestens 58 Stück) und der unterschiedlichen Afterflossenstrahlen zu unterscheiden. Die Schuppen sitzen bei der Seelaube recht fest. Renken besitzen eine Fettflosse.

Biologie: Meist in Ufernähe lebender kleiner Schwarmfisch, der sich während der wärmeren Jahreszeit gerne in Oberflächennähe aufhält. Die Verbreitung der Laube erstreckt sich in Österreich von den Fließstrecken und Stauräumen der Barben- und Brachsenregion unserer großen Flüsse bis hin zu kleinen Niederungsflüssen und Bächen. In den großen Seen Kärntens ist sie ebenso zuhause wie im Neusiedler See. Man findet die Laube aber auch in kleinen sommerwarmen Schotterseen und sogar in vielen Teichen. Dort, wo sie noch häufig vorkommt, stellt die Laube einen der wichtigsten Futterfische für Zander, Hecht und vor allem Rapfen dar.

Fortpflanzung: Die Laube laicht je nach Wassertemperatur zwischen Mai und Juni in Schwärmen in Ufernähe. Als Laichplatz bevorzugen die Lauben steinig/schottrige Uferbereiche, fehlen solche, begnügt sie sich auch mit sandigem Boden oder Ästen bzw. Wurzelwerk im Wasser. Der Laichakt verläuft recht auffällig, da diese Fische im nur wenige Zentimeter tiefen Wasser ein heftiges Laichspiel betreiben.

Nahrung: Lauben ernähren sich in der Hauptsache von Zooplankton, daneben fressen sie aber auch gerne Insektenlarven bzw. „fertige Insekten", die auf der Wasseroberfläche treiben, wie aufsteigende Zuckmückenpuppen bzw. die geschlüpften Zuckmücken selbst.

Gefährdungsursachen: Die Bestände der Laube könnten in erster Linie durch den Verlust intakter Laichplätze gefährdet sein. Auch die Einschleppung fisch- und laichfressender Neozooen, wie z. B. der Sonnenbarsch, kann einen Rückgang von Laubenpopulationen verursachen.

Gefährdungsstatus

Rote Liste Österreich: ungefährdet
Rote Liste Deutschland: ungefährdet
Rote Liste Bayern: Art der Vorwarnliste
Rote Liste Baden-Württemberg: nicht gefährdet

Seelaube

Familie: Karpfenartige, *Cyprinidae*
Seelaube: *Alburnus mento* (Heckel, 1836)
Mairenke, Maifisch, Grünling, Schiedling, Hasellaube (fälschlicherweise auch Hasel)
Englisch: Danubian bleak

Merkmale: Sehr schlanker, seitlich zusammengedrückter Körper mit festsitzenden Schuppen. Der Bauchkiel zwischen Bauch- und Afterflosse ist nur im vorderen Bereich beschuppt. Das Maul ist stark oberständig, mit einem verdickten Unterkiefer, das bei den Milchnern besonders ausgeprägt ist. Das Auge weist oft eine tropfenförmige Pupille auf, deren Spitze nach unten weist. Der Rücken der Seelaube ist je nach Gewässer auffällig türkisgrün bis bräunlich gefärbt, wobei nach dem Abschuppen auch bei bräunlich gefärbten Exemplaren die charakteristische türkisgrüne Farbe durchkommt. Die Seiten und der Bauch der Seelaube sind silbrig glänzend. Die Ansätze der Brustflossen weisen eine gelbe/orange Färbung auf. Während der Laichzeit tragen die Milchner einen feinkörnigen Laichausschlag am Kopf, der sich auch auf die Schuppenränder entlang des Körpers erstrecken kann. Dieser feinkörnige Laichausschlag findet sich auch auf den Strahlen der Brustflossen. Die Intensität und Ausbreitung des Laichausschlages kann von Milchner zu Milchner stark variieren. Ein entscheidendes Unterscheidungsmerkmal der Seelaube ist die Stellung der Rücken- und Afterflosse zueinander. So deckt sich der Hinterrand der Rückenflosse mit dem Ansatz der Afterflosse etwa in einer senkrechten Linie.

Wachstum: Die Durchschnittsgröße liegt zwischen 15 und 25 cm. Die Seelaube zählt zu den kleinwüchsigen Vertretern der Cypriniden und kann eine Maximallänge von rund 35 cm erreichen.

Schuppenformel
SL 58–70 Schuppen entlang der Seitenlinie

Seelaubenmilchner im Laichkleid,
der Unterkiefer ist verdickt.

1-jährige Seelaube

Flossenformel
RF 2–3 Hartstrahlen, 7–8 Weichstrahlen
AF 3 Hartstrahlen, 14–17 Weichstrahlen

Bezahnung
Schlundzähne: zweireihig 2.5–5.2

Verwechslungsarten: Bei der „normalen" Laube überlappen das Ende der Rückenflosse und der Ansatz der Afterflosse deutlich. Die Schuppen sitzen bei der „normalen" Laube recht locker und lösen sich sehr leicht. Die Renken besitzen eine Fettflosse.

Biologie: In Schwärmen lebender Freiwasserfisch. Seine Verbreitung erstreckt sich in Österreich hauptsächlich auf die großen Voralpenseen wie Wolfgang-, Atter- und Traunsee sowie den Wörthersee im Süden. Abgesehen von der Laichzeit hält sich die Seelaube in der Freiwasserzone der Seen auf, wobei sie sich in der warmen Jahreszeit gerne im Bereich oberhalb der Sprungschicht, oft auch in unmittelbarer Oberflächennähe aufhält. Während der kalten Jahreszeit hingegen zieht sie sich in tiefere Regionen des Freiwassers zurück. Ihr Verhalten hinsichtlich der Aufenthaltstiefe ist ähnlich dem der Schwebrenken. Die Seelaube stellt eine wichtige Nahrungsgrundlage für Seeforellen und andere Raubfische dar.

Fortpflanzung: Die Seelaube ist ein Frühjahrslaicher, der je nach Wassertemperatur zwischen April und Mai in Schwärmen zu den Laichplätzen zieht. Diese können an seichten schottrigen Uferzonen der Seen liegen. In einigen Seen steigen die Seelauben zum Laichen aber auch in Zuflüsse auf, wie z. B. in den Reifnitzbach am Wörthersee (Honsig-Erlenburg & Petutschnig 2002) oder die Zeller Ache am Mondsee. Der Laichakt selbst ist recht auffällig, da diese Fische im nur wenige Zentimeter tiefen Wasser ein heftiges Laichspiel betreiben, bei dem sie die Wasseroberfläche aufspritzen lassen. Oft liegt der Höhepunkt der Laichaktivität in den Nachtstunden. Die Milchner sind in der Überzahl und bedrängen die vergleichsweise wenigen Rogner heftig.

Nahrung: Seelauben ernähren sich in der Hauptsache von Zooplankton, das sie, ähnlich wie die Schwebrenken, im Freiwasser aufnehmen. Daneben fressen Seelauben aber auch gerne Insektenlarven bzw. Insekten, die auf der Wasseroberfläche treiben.

Gefährdungsursachen: Eine Gefährdung der Seelaube kann in erster Linie durch den Verlust intakter Laichplätze entstehen. So werden durch die zahlreichen Ufereinbauten (Mauern) die seicht auslaufenden schottrigen Uferbereiche immer seltener. Aber auch die Laichplätze in den Seezuflüssen sind durch Verbauungen oft gefährdet oder nicht erreichbar. Nicht vernachlässigt sollte die ständig zunehmende Zahl an Wasservögeln (Höckerschwäne, Stockenten) werden, die den Laich der Seelauben in Mengen fressen.

Gefährdungsstatus
Rote Liste Österreich: ungefährdet
Rote Liste Deutschland: ungefährdet
Rote Liste Bayern: gefährdet
Rote Liste Baden-Württemberg: nicht angeführt
Im Anhang II der FFH Richtlinie (92/43/EWG) angeführt

Moderlieschen

Familie: Karpfenartige, *Cyprinidae*
Moderlieschen: *Leucaspius delineatus* (Heckel, 1843)
Sonnenfischchen, Zwerglaube
Englisch: Sunbleak

Merkmale: Gesellig lebende, heimische Kleinfischart, die vom Aussehen her der Laube ähnelt. Der Körper des Moderlieschens ist langgestreckt und seitlich zusammengedrückt. Seine Augen sind relativ groß, das Maul ist stark oberständig. Bei der Färbung am Rücken dominieren dunkle Grün- oder Brauntöne, an den Seiten und am Bauch schimmern die locker sitzenden Schuppen des Moderlieschens silbrig. Die Milchner tragen während der Laichzeit einen deutlichen Laichausschlag, der sich vom Kopf bis hin zur Schwanzwurzel erstreckt. Die Bauchschuppen zwischen Bauch- und Afterflosse sind gekielt. Oberhalb der unvollständigen Seitenlinie, die meist nur ca. 12 Schuppen lang ist, findet man beim Moderlieschen ein helles Längsband, das einen grünblauen Schimmer trägt. Die Afterflosse ist vergleichsweise lang, sämtliche Flossen erscheinen transparent.

Wachstum: Die Durchschnittsgröße liegt zwischen 5 und 8 cm, das Moderlieschen zählt somit zu den kleinsten Vertretern der Cypriniden und erreicht selten mehr als 10 cm Länge.

Schuppenformel

40–50 Schuppen entlang der Seite, die Seitenlinie reicht allerdings meist nur entlang von 7–13 Schuppen.

Flossenformel

RF 2–3 Hartstrahlen, 7–9 Weichstrahlen
AF 3–4 Hartstrahlen, 10–13 Weichstrahlen

Bezahnung

Schlundzähne: Diese können ein- oder zweireihig ausgebildet sein.

Verwechslungsarten: Jungfische der Laube haben eine vollständige Seitenlinie und eine längere Afterflosse mit mindestens 14 gefiederten Weichstrahlen.

Biologie: Gesellig lebender Kleinfisch, der stehende oder langsam strömende Gewässer mit pflanzenbestandenen Uferbereichen bewohnt. Ursprünglich bewohnte diese Fischart Altarme und Augewässer größerer Flüsse, mit dem Verschwinden dieser eigentlichen Lebensräume wurde auch das Moderlieschen selten. Mittlerweile findet man diese Fischart in manchen künstlich angelegten Biotopen und als Beifisch in einigen Teichwirtschaften.

Fortpflanzung: Das Moderlieschen wird bereits nach einem Lebensjahr laichreif und laicht in mehreren Schüben von April bis Juli (Pinter 1998). Die Fischart laicht in Einzelpaaren, dabei kleben die Rogner ihren Laich in Bändern an die Unterseite von Wasserpflanzenblättern oder deren Stängel, gerne aber auch an Schilfhalme. Manchmal kleben die Rogner ihren Laich auch in ringförmigen Bändern, die an Perlenschnüre erinnern, um Schilfstängel. Die Milchner betreiben Laichpflege und fächeln mit den Flossen Frischwasser zu. Außerdem streichen sie mit ihrem Körper immer wieder über das Gelege. Der dadurch übertragene Hautschleim wirkt vorbeugend gegen Verpilzung und Bakterienbefall (Gestmaier & Romig 1998). Die stark klebrigen Eier werden leicht von Wasservögeln in andere Gewässer verschleppt.

Die Maulstellung ist deutlich oberständig.

Nahrung: Moderlieschen ernähren sich hauptsächlich von aquatischen Kleinlebewesen wie Insektenlarven und Zooplankton, wobei viele dieser Tiere gemeinsam mit pflanzlicher Nahrung aufgenommen werden. Auch Anflugnahrung wird, wenn sie klein genug ist, gerne aufgenommen.

Gefährdungsursachen: Das Moderlieschen war ursprünglich in sehr vielen Gewässern verbreitet, mittlerweile sind seine Bestände bedrohlich geschrumpft. Nicht nur aus seinen ursprünglichen Gewässern ist diese Kleinfischart vielfach verschwunden, sondern auch aus vielen Karpfenteichen, in denen das Moderlieschen früher häufig als Beifisch vorkam. Die Ursachen dafür liegen aber nicht nur in der Zerstörung naturbelassener Gewässer, sondern mancherorts auch in unüberlegtem Besatz mit Raubfischen in Kleingewässern.

Gefährdungsstatus

Rote Liste Österreich: stark gefährdet
Rote Liste Deutschland: Vorwarnliste
Rote Liste Bayern: gefährdet
Rote Liste Baden-Württemberg: gefährdet

Milchner mit Laichausschlag bei der Brutpflege

Eigelege an einem Schilfhalm

Schneider

Familie: Karpfenartige, *Cyprinidae*
Schneider: *Alburnoides bipunctatus* (Bloch, 1782)
Sonnenlaube, Schneiderfisch, Schusslaube
Englisch: Sperlin, Sunbleak

Merkmale: Der Schneider gehört zu den gesellig lebenden Kleinfischarten unter den Karpfenartigen. Am auffälligsten ist seine dunkel eingesäumte Seitenlinie, die eine mehr oder weniger ausgeprägte Kurve in Richtung Bauchkante beschreibt. Oberhalb der Seitenlinie verläuft besonders bei den Milchnern in der Laichzeit ein breites dunkelgraues bis schwarzes Längsband von den Kiemendeckeln bis zur Schwanzwurzel. Über diesem schimmert bei entsprechendem Lichteinfall noch ein grün/golden leuchtender Längsstreifen, dessen Ursprung in den Muskelscheidehäuten liegt. Der Rücken des Schneiders ist grün/braun gefärbt, sein Maul endständig. Er besitzt vergleichsweise große Schuppen. Die Ansätze der Brustflossen sind deutlich, die der Bauch- und Afterflossen leicht orange eingefärbt. Während der Laichzeit intensiviert sich bei den Milchnern die dunkle Pigmentierung und die orange Einfärbung der Flossenansätze.

Wachstum: Die Durchschnittsgröße liegt zwischen 8 und 10 cm, die Maximalgröße bei rund 15 cm.

Schuppenformel

SL 44–54 Schuppen entlang der Seitenlinie

Flossenformel

RF 3 Hartstrahlen, 7–9 Weichstrahlen
AF 3 Hartstrahlen, 12–17 Weichstrahlen

Bezahnung

Schlundzähne: zweireihig, 2.4–5 – 4–5.2

Verwechslungsarten: Die Seitenlinie der Laube ist nicht dunkel eingefasst, und ihr Maul ist deutlich oberständig. Die Seitenlinie des Strömers ist gelb und seine Afterflosse deutlich kürzer.

Biologie: In kleinen Schwärmen lebender, recht lebhafter Kleinfisch, seine Verbreitung erstreckt sich hauptsächlich auf die Äschen- und Barbenregion unserer Fließgewässer. Der Schneider ist gerne mit dem Donau-Gründling und der Elritze vergesellschaftet. Isolierte Populationen kommen aber auch in stehenden Gewässern wie z. B. im Wolfgangsee vor. In den Fließgewässern stellt der Schneider eine wichtige Nahrungsgrundlage für Raubfische dar.

Fortpflanzung: Die Laichzeit des Schneiders fällt in die Monate Mai und Juni, er laicht über kiesigen oder grobsandigen Bereichen, die überströmt sein müssen. In Seen lebende Populationen suchen einmündende Bäche zum Laichen auf. Die Geschlechtsreife erreicht der Schneider übrigens schon im zweiten Lebensjahr.

Nahrung: Die Nahrung des Schneiders besteht aus benthischen Kleinlebewesen, wie Insektenlarven, Kleinkrebsen, Schnecken und Würmern. In der warmen Jahreszeit nimmt der Schneider aber auch gerne Anflugnahrung von der Wasseroberfläche.

Gefährdungsursachen: Das Fehlen naturbelassener Fließgewässerabschnitte der Äschen- und Barbenregion ist die Hauptursache für den Rückgang mancher Schneiderbestände. Allerdings lassen die zahlreichen Revitalisierungen in Fließgewässern wieder hoffen, da der Schneider neu geschaffene Lebensräume rasch wieder besiedelt. In kleineren Fließgewässern kann auch übertriebener Besatz mit fangfähigen Forellen zum Rückgang der Schneiderbestände führen.

Gefährdungsstatus

Rote Liste Österreich: ungefährdet
Rote Liste Deutschland: Vorwarnliste
Rote Liste Bayern: stark gefährdet
Rote Liste Baden-Württemberg: gefährdet

Schneider in der Normalfärbung

Kopfportait eines Schneider-Milchners im Laichkleid

Schneider sind ausgesprochene Schwarmfische.

Barbe

Familie: Karpfenartige, *Cyprinidae*
Barbe: *Barbus barbus* (Linnaeus, 1758)
Flussbarbe, Goldbarbe
Englisch: Barbel

Merkmale: Heimische Fischart mit kleinen, länglichen, recht fest sitzenden Schuppen und rüsselartig vorstülpbarem Maul. Charakteristisch ist die stark unterständige Maulstellung und die langgezogene Schnauze mit vier deutlich sichtbaren Bartfäden. Der Körper der Barbe ist langgestreckt und fast drehrund, lediglich die Bauchseite ist abgeflacht. Die Färbung variiert von dunkel- bis hellbraun am Rücken und den Flanken, in manchen Gewässern zeigen Barben sogar einen deutlichen Goldschimmer. Jungtiere sind meist dunkel gefleckt, diese Flecken verschwinden jedoch bei erwachsenen Tieren fast völlig. Der Bauch ist weißlich gefärbt, die Brust-, Bauch-, After- und Schwanzflosse können mehr oder weniger orange oder rötlich eingefärbt sein. Der 3. und längste Hartstrahl der Rücken- und Afterflosse ist am Hinterrand stark gesägt. Die Rückenflosse läuft spitz aus und ist an ihrem Hinterrand deutlich eingebuchtet. Der obere Teil der Schwanzflosse ist bei erwachsenen Tieren spitz auslaufend und länger als der untere.

Wachstum: Die Durchschnittsgröße liegt zwischen 35 und 45 cm, die Barbe zählt zu den großwüchsigen Vertretern der Cypriniden und kann ein Maximalgewicht bis 8 kg und eine Länge bis zu 90 cm erreichen.

Schuppenformel

SL 54–62 Schuppen entlang der Seitenlinie

Flossenformel

RF 3 Hartstrahlen, 7–9 Weichstrahlen
AF 3 Hartstrahlen, 5 Weichstrahlen

Bezahnung

Schlundzähne: dreireihig, 2.3.5 – 5.3.2.
Barteln: 4 Stück.

Verwechslungsarten: Die Hundsbarbe hat auch im Alter dunkle Flecken und keinen gesägten Flossenstrahl in der Rücken- und Afterflosse. Außerdem erreicht die Afterflosse der Hundsbarbe zurückgelegt den Ansatz der Schwanzflosse, bei der Barbe ist dies nicht der Fall. Gründlinge besitzen immer nur zwei Bartfäden – die Jungbarbe hat aber vier.

Biologie: Gesellig lebender, strömungsliebender Fisch, namensgebend für die sogenannte Barbenregion, sie lebt in sauerstoffreichen, sommerwarmen Fließgewässern. Die Abgrenzung der sogenannten Barbenregion ist nicht einfach, da dieser Fisch oft im Oberlauf von Flüssen gemeinsam mit Forellen und Äschen vorkommt, aber auch in den Unterläufen von großen Niederungsflüssen und Strömen, die eigentlich der Brachsenregion zuzuordnen sind. Barben suchen ihre Nahrung am Gewässergrund, ihre vier Barteln dienen dabei als Tastorgane, sie sind sowohl tagsüber als auch nachts aktiv. Während der kalten Jahreszeit sind Barben kaum aktiv und sammeln sich an den tiefsten Stellen der Fließgewässer, um dort zu überwintern. Wenn möglich, suchen sie dabei Bereiche mit guter Deckung wie Totholzansammlungen, unterspülte Uferbereiche oder tiefe Kolke mit geringer Strömung auf.

Fortpflanzung: Frühjahrslaicher, zieht je nach Wassertemperatur zwischen April und Juni in Schwärmen zu den Laichplätzen, die entweder im Hauptfluss selbst, oft aber auch in einmündenden Zubringern liegen können. Die Laichplätze liegen an seichten, stark überströmten Kiesbänken. Die Eier haben einen Durchmesser von ca. 1,5 mm und werden von den Rognern portionsweise (sogenannte Portionslaicher) abgegeben, dabei werden sie meist von mehreren Milchnern befruchtet. Die Eier sind klebrig und bleiben im Strömungsschatten zwischen Steinen am Grund haften, die Larven schlüpfen bei Wassertemperaturen von 15–18 °C innerhalb von 6 bis 8 Tagen. Der Rogen der Barbe ist übrigens für den menschlichen Genuss nicht geeignet, er löst Übelkeit und Brechdurchfall aus. Nachdem der Dottersack aufgebraucht ist, verlassen die Jungbarben das Kieslückensystem und führen im Schutze reich strukturierter Uferbereiche ein recht verborgenes Leben. Erst ab dem zweiten Lebensjahr leben die Barben dann im Flussbett selbst, in tiefen Rinnen mit mäßiger bis starker Strömung.

Nahrung: Barben sind Allesfresser, ihre Nahrung besteht aus pflanzlicher Kost wie Aufwuchsalgen ebenso wie aus wirbellosen Benthosorganismen. Insektenlarven, Kleinkrebse, Muscheln, Schnecken und Würmer stellen den Großteil der Barbennahrung dar. Gerne wird aber auch der Laich anderer Fischarten gefressen, größere Barben erbeuten sogar kleinere am Grund lebende Fische wie Koppen.

Gefährdungsursachen: Der Rückgang der Barbenbestände ist hauptsächlich auf die „Zerstückelung" ihres Lebensraumes durch unzählige Querbauwerke zurückzuführen. Barben sind Langstreckenwanderer, in großen Flüssen legen sie, wenn es möglich ist, Nahrungs- und Laichwanderungen über Entfernungen bis zu 100 km zurück. Fehlende oder nicht erreichbare Laichplätze, Schwall- und Sunkbetrieb machen eine erfolgreiche Entwicklung von Ei- und Larvalstadien unmöglich. In weiterer Folge mangelt es in vielen Gewässern an geeigneten seichten und deckungsreichen Jungfischlebensräumen.

Gefährdungsstatus
Rote Liste Österreich: nahezu gefährdet
Rote Liste Deutschland: ungefährdet
Rote Liste Bayern: gefährdet
Rote Liste Baden-Württemberg: gefährdet
Im Anhang V der FFH Richtlinie (92/43/EWG) angeführt

Fischerei: Die Barbe ist für Angler von Bedeutung, in manchen Bereichen der Donau wird sie auch von der Berufsfischerei gefangen.

Das Jugendkleid der Barbe

Die charakteristische langgezogene Schnauze der Barbe mit vier Bartfäden

Semling

Familie: Karpfenartige, *Cyprinidae*
Semling: *Barbus balcanicus* (petenyi-Gruppe)
Hundsbarbe, Nudelbarbe
Englisch: Balkanian barbel

Merkmale: Vom Erscheinungsbild ist der Semling jungen Barben sehr ähnlich. Die Färbung variiert von Hellgrau bis Hellbraun mit relativ großen dunklen Flecken.
Charakteristisch ist die auffällig lange Afterflosse, deren Ende bis zum Ansatz der Schwanzflosse reicht. Die Rückenflosse des Semlings besitzt keinen gesägten Flossenstrahl, sie endet nicht spitz und ist am Hinterrand nicht eingebuchtet, so wie bei der Barbe.

Wachstum: Die Durchschnittsgröße liegt zwischen 20 und 25 cm, die Maximalgröße liegt um die 40 cm.

Schuppenformel
SL 51–59 Schuppen entlang der Seitenlinie

Flossenformel
RF 3–4 Hartstrahlen, 8–9 Weichstrahlen
AF 3 Hartstrahlen, 5 Weichstrahlen

Bezahnung
Schlundzähne: dreireihig, 2.3.5 – 5.3.2
Barteln: 4 Stück

Verwechslungsarten: Bei der Jungbarbe erreicht die Afterflosse zurückgelegt den Ansatz der Schwanzflosse nicht. Gründlinge besitzen immer nur zwei Bartfäden.

Biologie: Gesellig lebender, mäßig strömungsliebender Fisch. Lebt oft vergesellschaftet mit der Barbe in sauerstoffreichen, sommerwarmen Fließgewässern der Barbenregion. In Österreich kommt der Semling vereinzelt noch in der Donau bei Engelhartszell vor (Zauner 1998), ebenso in der unteren Lavant (Honsig-Erlenburg 2001a) oder in der Grenzmur sowie einigen rechtsufrigen Zubringern zur unteren Mur, wie Pößnitz und Saggau (Zauner & Ratschan 2004 b). Aus slowenischen Gewässern sind hingegen größere Bestände dieser Fischart bekannt (Pov & Sket 1990).

Fortpflanzung: Frühjahrslaicher, zieht je nach Wassertemperatur zwischen April und Mai in Schwärmen zu den Laichplätzen, die entweder im Hauptfluss selbst, oft aber auch in einmündenden Zubringern liegen können.

Nahrung: Semlinge ernähren sich ähnlich wie die Barben, ihre Nahrung besteht aus pflanzlicher Kost, wie Aufwuchsalgen, aber

Die verlängerte Afterflosse des Semlings

Die Rückenflosse endet nicht spitz wie bei der Barbe.

auch aus wirbellosen Benthosorganismen, Insektenlarven, Kleinkrebsen, Muscheln, Schnecken und Würmern.

Gefährdungsursachen: Der Rückgang der Semlingbestände ist wohl hauptsächlich auf die „Zerstückelung" ihres Lebensraumes durch unzählige Querbauwerke und Regulierungen zurückzuführen.

Gefährdungsstatus
Rote Liste Österreich: vom Aussterben bedroht
Rote Liste Deutschland: nicht angeführt
Rote Liste Bayern: nicht angeführt
Rote Liste Baden-Württemberg: nicht angeführt
Im Anhang II und Vder FFH Richtlinie (92/43/EWG) angeführt als *Barbus meridionalis* oder *Barbus peloponnensius* - Semling

Donau-Gründling (Gründling)

Familie: Karpfenartige, *Cyprinidae*
Donau-Gründling: *Gobio obtusirostris* (Valenciennes, 1842)
Gründling: *Gobio gobio* (Linnaeus, 1758)
Grundl, Bartgrundl, Weber, Kressling
Anmerkung: Beide Arten kommen im Donaueinzugsgebiet vor und sind anhand morphologischer Merkmale nur sehr schwierig zu unterscheiden.
Englisch: Gudgeon

Donau-Gründling-Milchner mit Laichausschlag

Kopfportrait eines Donau-Gründlings

Merkmale: Langgestreckter, im Querschnitt fast drehrunder Körper, abgeflachter Bauch. Spitz zulaufende Schnauze, ähnlich der Barbe. Der Rücken ist grüngrau bis graubraun gefärbt mit einigen dunklen Flecken. An den Seiten findet man einige (meist 7 bis 10) große rundliche dunkle Flecken, die manchmal zusammenhängend sein können und oft grünlich schimmern. Das Maul ist deutlich unterständig und vorstülpbar. Am Ende der Oberlippe sitzt je 1 kurzer Bartfaden, der zurückgelegt maximal bis zum Augenvorderrand reicht. Die Schuppen sind vergleichsweise groß.
Die Flossen sind transparent oder leicht braungrau eingefärbt, die Rücken- und Schwanzflosse weisen zahlreiche unregelmäßige kleine dunkle Flecken auf, bei manchen Exemplaren finden sich auch auf den Brustflossen dunkle Flecken. Die Milchner tragen während der Laichzeit einen feinkörnigen Laichausschlag, der sich vom Kopf über die Flanken bis hin zur Schwanzflosse ziehen kann. Die Afteröffnung befindet sich näher bei der Afterflosse als bei den Bauchflossen.

Wachstum: Der Donau-Gründling gehört zu den kleinwüchsigen Cypriniden und erreicht eine Maximalgröße von bis zu 20 cm, die Durchschnittsgröße liegt zwischen 8 und 15 cm.

Schuppenformel
SL 38–45 Schuppen entlang der Seitenlinie

Flossenformel
RF 2–3 Hartstrahlen, 7–8 Weichstrahlen
AF 2–3 Hartstrahlen, 6–7 Weichstrahlen

Bezahnung
Schlundzähne: zweireihig, (1) 2–3.5 – 5.(1) 2–3
Barteln: 2 Stück

Verwechslungsarten: Die Jungbarbe besitzt vier Barteln und hat deutlich kleinere Schuppen sowie zahlreiche kleine dunkle Flecken, die unregelmäßig über Rücken und Flanken verteilt sind. Andere Gründlingsarten besitzen meist einen schlankeren Körperbau und deren Bartfäden sind länger, andere Merkmale siehe Donau-Weißflossen-, Donau-Sandgründling sowie Steingressling.

Biologie: Donau-Gründlinge sind Schwarmfische und leben gesellig in größeren Gruppen. Oft setzen sich die Gründlingsschwärme aus einem Jahrgang zusammen, die Individuen sind also etwa gleich groß. Der Donau-Gründling ist relativ tolerant hinsichtlich der Wassergüte und seines Lebensraumes und somit einer unserer häufigsten Kleinfische. Der bevorzugte Lebensraum dieser Fischart sind die Äschen- und Barbenregionen unserer Flüsse, in den Niederungen ist er aber selbst in kleinen und kleinsten Bächen der Forellenregion anzutreffen. Massenhaft findet man den Donau-Gründling auch in den Stauräumen mancher Flüsse, selbst stehende Gewässer besiedelt der Donau-Gründling. Wegen seines oft massenhaften Vorkommens ist er ein wichtiger Futterfisch für verschiedenste Raubfische wie Forellen, Huchen, Hecht oder Zander.

Fortpflanzung: Zur Laichzeit, die je nach Wassertemperatur in die Monate April bis Mai fällt, laichen die Gründlinge in seichten Bereichen, die klebrigen Eier werden über Sand oder Schottergrund, aber auch an Wasserpflanzen und Quellmoos abgegeben. Der Laich wird über einige Wochen hinweg in mehreren Raten abgelegt (Pinter 1998).

Nahrung: Donau-Gründlinge ernähren sich von Würmern, Insektenlarven, Schnecken, Kleinkrebsen und anderen wirbellosen Benthosorganismen, die sie hauptsächlich vom Gewässergrund aufnehmen.

Gefährdungsstatus
Rote Liste Österreich: ungefährdet
Rote Liste Deutschland: ungefährdet bei *G. gobio*/
Daten unzureichend bei *G. obtusirostris*
Rote Liste Bayern: Art der Vorwarnliste
Rote Liste Baden-Württemberg: nicht gefährdet

Donau-Weißflossen-gründling (Weißflossengründling)

Familie: Karpfenartige, *Cyprinidae*
Weißflossengründling: *Romanogobio vladykovi* (Fang, 1943)
Flachlandgründling, Weißflossiger Gründling, Kressling
Englisch: Whitefin gudgeon

Merkmale: Schlanker, langgestreckter, im Querschnitt eher spindelförmiger Körper, abgeflachter Bauch. Spitz zulaufender Kopf mit stumpfer Schnauze, vergleichsweise große Augen. Der Rücken ist meist hell gelbbraun bis graubraun gefärbt mit deutlichen (meist 7 bis 8) dunklen Flecken. An den Seiten findet man ebenfalls (meist 7 bis 8) große rundliche dunkle Flecken, die allerdings sehr blass sein können, die Seitenlinie ist beidseitig dunkel eingefasst. Das Maul ist deutlich unterständig und vorstülpbar. In den Maulwinkeln sitzt am Ende der Oberlippe je ein längerer Bartfaden, der zurückgelegt meist bis zur Augenmitte oder bis zum Augenhinterrand reicht. Die Schuppen sind vergleichsweise groß. Die Flossen sind transparent oder leicht braungrau eingefärbt, die Rücken- und Schwanzflosse weisen zahlreiche kleine dunkle Flecken auf, die oft in Reihen angeordnet sind und somit als Bänder erscheinen. Die Milchner tragen während der Laichzeit einen feinkörnigen Laichausschlag, der sich vom Kopf über die Flanken bis hin zur Schwanzflosse ziehen kann. Auf den einzelnen Schuppen (besonders im Rückenbereich) sind bei genauer Betrachtung mehrere Längskiele erkennbar. Die Afteröffnung befindet sich näher bei den Bauchflossen als bei der Afterflosse.

Wachstum: Der Donau-Weißflossengründling wird nicht so groß wie der „normale" Gründling und erreicht eine Maximalgröße von knapp über 12 cm, die Durchschnittsgröße liegt zwischen 6 und 10 cm.

Schuppenformel

SL 38–43 Schuppen entlang der Seitenlinie
16 Schuppen rund um den Schwanzstiel

Flossenformel

RF 2–3 Hartstrahlen, 6–8 Weichstrahlen
AF 2–3 Hartstrahlen, 5–6 Weichstrahlen

Bezahnung

Schlundzähne: zweireihig (1–)3.5 – 5.(1–)3
Barteln: 2 Stück

Portrait mit langen Bartfäden

Epitheliale Kiele (Längskiele)

Verwechslungsarten: Die Jungbarbe besitzt 4 Barteln und hat deutlich kleinere Schuppen sowie zahlreiche kleine dunkle Flecken, die unregelmäßig über Rücken und Flanken verteilt sind. Andere Gründlingsarten, siehe Donau-Gründling (kurze Bartfäden) oder Donau-Sandgründling bzw. Steingressling.

Biologie: Donau-Weißflossengründlinge sind Schwarmfische und leben gesellig in größeren Gruppen in Grundnähe. In der niederösterreichischen Donau, in der Wachau, ist der Donau-Weißflossengründling die häufigste Gründlingsart (Wanzenböck et al. 1989) und spielt dort wohl auch eine wichtige Rolle als Futterfisch für Zander und Huchen. Der bevorzugte Lebensraum dieser Fischart sind die Barbenregionen unserer Flüsse. Der Donau-Weißflossengründling kommt aber auch in Staubereichen vor, so konnte er 1996 im Draustau Lavamünd im Rahmen einer Diplomarbeit (Maier 1997) erstmals für Kärnten nachgewiesen werden (Honsig-Erlenburg et al. 1997). Im Oktober 2006 wurde der Donau-Weißflossengründling in der Drau im Bereich der Stauwurzel Lavamünd nachgewiesen (Eigenerhebung).

Gefährdungsstatus

Rote Liste Österreich: ungefährdet
Rote Liste Deutschland: ungefährdet
Rote Liste Bayern: stark gefährdet (als *Rheogobio vladykovi*)
Rote Liste Baden-Württemberg: nicht bewertet
Im Anhang II der FFH Richtlinie (92/43/EWG) angeführt

Donau-Sand-gründling (Kessler Gründling)

Familie: Karpfenartige, *Cyprinidae*
Donau-Sandgründling: *Romanogobio carpathorossicus* (Vladykov, 1925)
Englisch: Kessler's gudgeon

Merkmale: Auffällig schlanker, langgestreckter, im Querschnitt spindelförmiger Körper mit dünnem Schwanzstiel und abgeflachtem Bauch. Die Körperform ähnelt am ehesten der des Steingresslings. Die Augen des Donau-Sandgründlings sind aber kleiner und nicht so weit nach oben versetzt wie beim Steingressling. Die Kehle ist nicht beschuppt, und das Waidloch sitzt bei dieser Fischart näher dem Bauchflossenansatz als dem Ansatz der Afterflosse. Der Rücken ist grüngrau bis dunkelgrau gefärbt mit meist fünf unregelmäßigen dunklen Flecken, die sich vom Rücken bis hinunter auf die helleren Flanken ziehen. Der Bauch ist weiß gefärbt. Die Färbung dieser Art kann stark variieren und hängt auch vom jeweiligen Lebensraum ab. Das Maul ist deutlich unterständig und vorstülpbar. In den Maulwinkeln, am Ende der Oberlippe, sitzt je ein langer Bartfaden, der zurückgelegt bis zum hinteren Drittel der Augen reicht. Die paarigen Flossen sind transparent oder leicht braungrau eingefärbt. Die Rücken- und Schwanzflosse weisen kleine dunkle Flecken auf, die meist in zwei Reihen angeordnet sind und somit als Bänder erscheinen, diese „Zeichnung" kann bei manchen Exemplaren aber auch völlig fehlen. Die Milchner sind während der Laichzeit am Rücken dunkel gefärbt und tragen einen feinkörnigen Laichausschlag, der sich vom Kopf über die Flanken bis hin zur Schwanzflosse ziehen kann. Auf den einzelnen Schuppen (besonders im Rückenbereich) sind bei genauer Betrachtung mehrere Längskiele erkennbar.

Wachstum: Der Donau-Sandgründling wird nicht so groß wie der „normale" Gründling, sondern erreicht eine Maximalgröße von ca. 15 cm.

Schuppenformel
SL 41–43 Schuppen entlang der Seitenlinie

Flossenformel
RF 2–3 Hartstrahlen, 7–9 Weichstrahlen
AF 2–3 Hartstrahlen, 5–7 Weichstrahlen

Bezahnung
Schlundzähne: zweireihig, 2–3.5 – 5.2–3
Barteln: 2 Stück

Die Schwanzflosse weist kleine dunkle Flecken auf.

Kopfportrait des Donau-Sandgründlings

Verwechslungsarten: Die Jungbarbe besitzt vier Barteln und hat deutlich kleinere Schuppen sowie zahlreiche kleine dunkle Flecken, die unregelmäßig über Rücken und Flanken verteilt sind. Andere Gründlingsarten: siehe Fotos und Beschreibung der anderen drei Gründlingsarten.

Biologie: Der Donau-Sandgründling ist ein gesellig lebender Kleinfisch, der sich in kleinen Schwärmen bevorzugt an ruhig fließenden Abschnitten mit Sandgrund aufhält. Nach Rolik (1959) erreicht er seine Laichreife erst im dritten Jahr, seine Laichzeit fällt in den Juni. Er wurde in Österreich erst vor ca. 25 Jahren nachgewiesen (Wanzenböck et al. 1998). Belegte Fundorte in Österreich sind die March bei Marchegg (T. Spindler pers. Mitt.) und die Donau östlich von Wien (Wanzenböck et al. 1989, Waidbacher 1989). Für Kärnten konnte der Donau-Sandgründling 1997 erstmals in der Rosegger Drauschleife nachgewiesen werden (Kerschbaumer & Prochinig 1999). Mittlerweile wurde diese Fischart auch im untersten Bereich der Gurk nachgewiesen. In der südlichen Steiermark kommt diese Fischart u. a. in der Sulm vor. Da der Donau-Sandgründling leicht mit den anderen Gründlingsarten verwechselt werden kann, ist es möglich, dass diese Fischart auch noch in anderen österreichischen Fließgewässern vorkommt, bisher aber nicht erkannt wurde.

Nahrung: Das Nahrungsspektrum des Donau-Sandgründlings ähnelt wohl dem der anderen Gründlingsarten.

Gefährdungsursachen: Die Gefährdungsursachen sind vielfältig und liegen bei dieser Fischart vor allem in der zunehmenden Rhithralisierung vieler Gewässer, als Folge von Regulierungen und Abtrennungen von Augewässern und potamalen Zubringern. Stauhaltungen und der damit verbundene Verlust von natürlichen Fließstrecken dürften in großen Flüssen die Hauptursache für den Rückgang des Donau-Sandgründlings sein. Ebenso wird mit großflächigen Schotterentnahmen zweifellos der Lebensraum dieser Fischart geschädigt. Aber auch das in den letzen Jahren massenhafte Auftreten von konkurrierenden Arten wie Kessler- und Schwarzmundgrundeln könnte sich negativ auf die Bestände des Donau-Sandgründlings auswirken. In kleineren Fließgewässern kann sich aber auch der künstliche Besatz mit „fangfähigen" Raubfischen oder Forellen negativ auf diese ohnehin seltene Fischart auswirken.

Gefährdungsstatus

Rote Liste Österreich: stark gefährdet
Rote Liste Deutschland: nicht angeführt
Rote Liste Bayern: Daten defizitär
(angeführt als *Rheogobio kesslerii*)
Rote Liste Baden-Württemberg: nicht angeführt
Im Anhang II der FFH Richtlinie (92/43/EWG) angeführt

Stein- gressling

Familie: Karpfenartige, *Cyprinidae*
Steingressling: *Romanogobio uranoscopus* (Agassiz, 1828)
Englisch: Danubian gudgeon

Merkmale: Schlanker, langgestreckter, im Querschnitt spindelförmiger Körper mit dünnem Schwanzstiel. Abgeflachter Bauch, spitz zulaufender Kopf, die relativ kleinen Augen sitzen sehr hoch. Der Rücken ist meist grüngrau bis graubraun gefärbt, mit meist fünf unregelmäßigen dunklen Flecken, die sich vom Rücken bis hinunter auf die helleren Flanken ziehen. Der Bauch ist weiß gefärbt. Die Färbung dieser Art kann stark variieren und hängt auch vom jeweiligen Lebensraum ab. Das Maul ist deutlich unterständig und vorstülpbar. In den Maulwinkeln, am Ende der Oberlippe, sitzt je ein langer Bartfaden, der zurückgelegt bis über den Augenhinterrand hinausreicht. Die Schuppen sind vergleichsweise groß, und im Gegensatz zu den anderen bei uns vorkommenden Donau-Gründlingsarten ist bei dieser Art auch der Kehlbereich beschuppt. In der unteren Lavant wurden allerdings Exemplare ohne Beschuppung des Kehlbereiches gefangen. Die paarigen Flossen, insbesondere die Brustflossen, sind auffällig groß, transparent oder leicht braungrau eingefärbt. Die Rücken- und Schwanzflosse weisen kleine dunkle Flecken auf, die oft in zwei Reihen angeordnet sind und somit als feine Bänder erscheinen, diese „Zeichnung“ kann bei manchen Exemplaren aber auch völlig fehlen. Das Weidloch befindet sich näher bei der Afterflosse als bei den Bauchflossen. Die Milchner sind während der Laichzeit am Rücken dunkel gefärbt und tragen einen feinkörnigen Laichausschlag, der sich vom Kopf über die Flanken bis hin zur Schwanzflosse ziehen kann.

Wachstum: Der Steingressling wird nicht so groß wie der „normale“ Donau-Gründling, sondern erreicht eine Maximalgröße von nur 15 cm, die Durchschnittsgröße liegt zwischen 6 und 10 cm.

Schuppenformel
SL 39–43 Schuppen entlang der Seitenlinie

Flossenformel
RF 2–3 Hartstrahlen, 7–8 Weichstrahlen
AF 2–3 Hartstrahlen, 5–7 Weichstrahlen

Bezahnung
Schlundzähne: zweireihig, 2–3.4 – 5–5.2–3
Barteln: 2 Stück

Der Bartfaden reicht bis über den Augenhinterrand.

Schwanzflosse des Steingresslings

Verwechslungsarten: Die Jungbarbe besitzt vier Barteln und hat deutlich kleinere Schuppen sowie zahlreiche kleine dunkle Flecken, die unregelmäßig über Rücken und Flanken verteilt sind. Andere Donau-Gründlingsarten, siehe Donau-Gründling (kurze Bartfäden) oder Donau-Sandgründling bzw. Donau-Weißflossengründling.

Biologie: Der Steingressling ist ein typischer Fisch des Donaueinzugsgebietes und kommt dort in kleinen Schwärmen oder als Einzeltier von den Fließstrecken der österreichischen Donau selbst bis hinauf in die Barben- und Äschenregion mancher Zuflüsse vor. Er bevorzugt Bereiche mit sohlnahen Fließgeschwindigkeiten von 0,5 bis 1,5 m/sec (Gerstmaier & Romig 1998). Belegte Funde dieser seltenen Art in Österreich stammen aus der Donau in NÖ (Gießgang Greifenstein: Kummer et al. 1999; Höhe Klosterneuburg bis Nussdorf sowie östlich von Wien: Wanzenböck et al. 1989, Waidbacher et al. 1996) sowie aus der March (T. Spindler). Für Kärnten konnte der Steingressling erstmals im Jahre 1994 in der Lavant bei Lavamünd nachgewiesen werden (Honsig-Erlenburg & Friedl 1995). Ein weiteres Vorkommen des Steingresslings ist auch aus der Grenzmur belegt (Wiesner pers. Mitteilung).
Die Laichzeit des Steingresslings fällt in die Monate Mai und Juni, die Eier werden in seichtem Wasser über Kies abgegeben.

Nahrung: Das Nahrungsspektrum des Steingresslings ähnelt dem der anderen Gründlingsarten, allerdings dürfte sich diese Fischart vor allem von Benthosorganismen ernähren, die in stark strömenden Bereichen vorkommen.

Gefährdungsursachen: Angaben über die genaue Bestandssituation des Steingresslings sind schwierig, da diese Fischart z. B. in der Donau vor allem die tiefen, stark überströmten Bereiche in der Strommitte besiedelt, die mit herkömmlichen Methoden wie der Elektrofischerei kaum ausreichend beprobt werden können. Die Gefährdungsursachen sind vielfältig und liegen vor allem in der Zerstörung des natürlichen Lebensraumes. Stauhaltungen und der damit verbundene Verlust von natürlichen Fließstrecken dürften in großen Flüssen die Hauptursache für den Rückgang bzw. das Verschwinden des Steingresslings sein. Ebenso wird mit großflächigen Schotterentnahmen zweifellos der Lebensraum dieser Fischart geschädigt. In der Donau ist zusätzlich zu befürchten, dass die in den letzten Jahren massenhaft auftretenden Grundelarten (Kessler-, Nackthals- und Schwarzmundgrundeln) negative Auswirkungen auf die Steingresslingbestände haben.
In kleineren Fließgewässern kann sich aber auch der künstliche Besatz mit „fangfähigen" Raubfischen oder Forellen negativ auf diese ohnehin seltene Fischart auswirken.

Gefährdungsstatus

Rote Liste Österreich: vom Aussterben bedroht
Rote Liste Deutschland: ausgestorben oder verschollen
Rote Liste Bayern: vom Aussterben bedroht
(angeführt als *Rheogobio uranoscopus*)
Rote Liste Baden-Württemberg: nicht angeführt
Im Anhang II der FFH Richtlinie (92/43/EWG) angeführt

Smaragd-gressling

Familie: Karpfenartige, *Cyprinidae*, *Gobionidae*
Smaragdgressling: *Romanogobio skywalkeri* (Friedrich et al. 2018)
Gattung: Romanogobio

Diese Art wurde bereits 2007 in der Oberen Mur in Österreich entdeckt. Die Annahme zu diesem Zeitpunkt war, dass es sich um Hybriden von Donau-Gründling (*G. obtusirostris*) und Steingressling (*R. uranoscopus*) handelt. Nachfolgende genetische Untersuchungen zeigten, dass eine neue Art in unseren Gewässern vorkommt.

Merkmale: Der Smaragdgressling ist sehr schlank und hat einen langgestreckten, stromlinienförmigen Körper. Der Kopf ist trapezförmig und an der Unterseite abgeflacht. Körper und Schwanzstiel sind leicht zusammengedrückt. Der Schwanzstiel ist schlank und mäßig komprimiert. Die Bauchflossen beginnen hinter dem ersten oder zweiten gefiederten Rückenflossenstrahl. Die Afterflosse beginnt deutlich hinter dem Ende der Rückenflosse. Die Brustflossen reichen fast bis zum Beginn der Bauchflossen. Die Afteröffnung befindet sich näher der Afterflossenbasis als bei den Bauchflossen. Das Maul ist unterständig, in den Maulwinkeln am Ende der Oberlippe sitzt je ein langer Bartfaden, der bis zum Augenhinterrand oder etwas darüber hinausreicht.

Frischgefangene Smaragdgresslinge weisen einen grünlichen Schimmer auf. Kopfoberseite und Rücken sind blassbraun mit undeutlich braunen runden oder unregelmäßigen Flecken. 1–2 Flecken befinden sich am Rücken vor der Rückenflosse, 1 Fleck am Beginn der Rückenflosse und 2–3 hinter der Rückenflosse. Die Flanken sind silbern oder grau mit 6–9 dunkelgrauen rundlichen Flecken, die bei Tieren größer als 7,5 cm Seitenlinie verblasst sein können. Ein weißlicher Fleck auf dem oberen und unteren Schwanzflossenbeginn wird von dem letzten braunen Fleck auf der Seitenlinie unterbrochen. Die Rücken- und Brustflossenstrahlen zeigen 2–3 und die Schwanzflosse 2–4 Bänder von verlängerten Flecken. Bauch- und Afterflossen haben keine oder nur wenige kleine schwarze Flecken. Flossen von juvenilen Tieren sind transparent, bei erwachsenen Tieren sind sie gelblich.

Wachstum: Es wurde eine Maximalgröße von 13,8 cm Totallänge verzeichnet.

Schuppenformel

SL 40–43 Schuppen entlang der Seitenlinie
Die Brust ist unbeschuppt, epitheliale Kiele (Längsrillen an den Schuppen) fehlen.
6 Schuppenreihen oberhalb der Seitenlinie und der Basis der Rückenflosse
3–4 Schuppenreihen zwischen Seitenlinie und Bauchflossenbasis

Flossenformel

RF 8,5 Weichstrahlen
AF 6,5 Weichstrahlen
Schwanzflosse: 9 + 8 Weichstrahlen
Brustflosse: 12, 13 oder 14 Weichstrahlen
Bauchflosse: 7 Weichstrahlen

Verwechslungarten: Von der nahe verwandten Art *R. banarescui* in Griechenland und den in der Donau vorkommenden *R. carpathorossicus* und *R. vladykovi* kann der Smaragdgressling durch das Fehlen der epithelialen Kiele auf dem Rücken vor Beginn der Rückenflosse unterschieden werden.
Von *R. uranoscopus* kann der Smaragdgressling anhand kürzerer Barteln unterschieden werden. Bei *R. uranoscopus* reichen die Barteln immer über den Augenhinterrand, oft bis zum Kiemendeckel. Im Gegensatz zu den meistens 7,5 Weichstrahlen in der Rückenflosse bei R. uranoscopus und *R. vladykovi* weist *R. skywalkeri* zumeist 8,5 Weichstrahlen auf.

Biologie: Im Streckenabschnitt der Oberen Mur zwischen Fisching und Laufnitzdorf kommt der Smaragdgressling zusammen mit dem Donau-Gründling vor. Der Smaragdgressling ist strömungsliebend und wurde vorwiegend auf Schotterbänken mit hohen Strömungsgeschwindigkeiten und Wassertiefen zwischen 0,1 und 0,4 m angetroffen. Alle Altersklassen wurden in diesem Habitat gefunden. Junge Smaragdgresslinge kommen dort auch in kleinen Zubringern mit hohen Strömungsgeschwindigkeiten zusammen mit jungen Äschen vor.

Kopfportrait des Smaragdgresslings

Gefährdung: Etwa 50 % des Verbreitungsgebietes des Smaragdgresslings in Österreich liegen in einem Natura 2000 Gebiet. Weitere Wasserkraftwerke oder Bauwerke würden das Habitat und die Laichwanderung des Smaragdgresslings direkt beeinflussen.

Gefährdungsstatus

Gefährdungsstatus Österreich: ist einzustufen wie der Steingressling, pers. Mitteilung Thomas Friedrich

Aitel

Familie: Karpfenartige, *Cyprinidae*
Aitel: *Squalius cephalus* (Linnaeus, 1758)
Döbel, Dickkopf, Alet
Englisch: Chub

Merkmale: Der Körper des Aitels ist im Querschnitt fast drehrund, der Rücken ist dunkelgrau bis graubraun gefärbt. Die Flanken schimmern silbrig, durch die dunkle Einrandung der verhältnismäßig großen Schuppen entsteht jedoch ein charakteristisches „Netzmuster". Der Kopf ist groß und die Stirn breit, die Maulstellung endständig. Die Maulspalte ist tief eingeschnitten und reicht bis zum Vorderrand der Augen zurück. Die Brust-, Rücken- und Schwanzflosse sind graubraun eingefärbt, die Bauch- und Afterflosse sind hingegen meist orangerot gefärbt. Die Rücken- und Afterflosse weisen einen nach außen gewölbten (konvexen) Hinterrand auf. Die Schwanzflosse ist nicht tief gegabelt und der Schwanzstiel relativ dick. Die Milchner tragen während der Laichzeit einen unauffälligen, feinkörnigen Laichausschlag, der sich vom Kopf über die Flanken bis hin zur Schwanzflosse ziehen kann. Er wird optisch eher als feiner grauer Belag, denn als Laichausschlag wahrgenommen.

Wachstum: Der Aitel gehört zu den großwüchsigen Cypriniden und erreicht eine Maximalgröße von über 60 cm und ein Gewicht von über 6 kg. Seine Durchschnittsgröße liegt zwischen 25 und 35 cm.

Schuppenformel

SL 43–47 Schuppen entlang der Seitenlinie

Flossenformel

RF 3 Hartstrahlen, 8–9 Weichstrahlen
AF 3 Hartstrahlen, 7–9 Weichstrahlen

Bezahnung

Schlundzähne: zweireihig, 2.5–5.2

Verwechslungsarten: Der Hasel wird oft mit ihm verwechselt, hat jedoch ein deutlich kleineres und vor allem leicht unterständiges Maul sowie eine Afterflosse, deren Außenrand nach innen gewölbt ist. Die Bauch- und Afterflosse sind beim Aitel meist orangerot gefärbt, beim Perlfisch grau bis maximal leicht gelblich. Der Nerfling besitzt deutlich kleinere Schuppen und ein kleineres Maul als der Aitel, hat einen seitlich zusammengedrückten Körperbau und meist tief- oder dunkelrote Brust-, Bauch- und Afterflossen.

Biologie: Der Aitel gehört, was seinen Lebensraum betrifft, wohl zu den anpassungsfähigsten Fischen überhaupt. Er kommt von den kühlen kleinen Bächen der Forellenregion bis hinunter zu den Niederungsflüssen der Brachsenregion ebenso vor wie in nahezu jeder Form stehender Gewässer. Abgesehen von reißenden Gebirgsbächen und eiskalten Gebirgsseen findet man den Aitel nahezu in jedem Gewässertyp. Sein bevorzugter Lebensraum sind jedoch eher sommerwarme, langsam fließende oder stehende Gewässer mit reichlich Deckung. Der Aitel hält sich gerne in Ufernähe unter überhängenden Ästen und in der Nähe von Totholzbereichen auf. Er ist ein geselliger Fisch, dessen Schwärme in der Jugend recht individuenreich sind, mit zunehmender Größe der Fische aber kleiner werden. Selbst große Aitel trifft man selten alleine, sondern in Trupps von 5 bis 10 Fischen an. Auch wenn der Aitel fallweise den Laich anderer Fischarten frisst und früher von manchen Bewirtschaftern als „Fischunkraut" betrachtet wurde, sollte man bedenken, dass er durch sein häufiges Vorkommen eine wichtige Nahrungsgrundlage für Raubfische, aber auch für Forellen darstellt.

Der Aitelkopf ist groß und hat eine breite Stirn.

Die Afterflosse weist einen konvexen Flossenrand auf.

Fortpflanzung: Zur Laichzeit, die je nach Wassertemperatur in die Monate April bis Anfang Juni fällt, zieht der Aitel gerne in einmündende Zuflüsse auf, die recht klein sein können, um dort über Kiesgrund zu laichen. Die Laichzeit zieht sich oft über mehrere Wochen, wobei die Höhepunkte des Laichgeschehens meist in den Nachtstunden liegen.

Nahrung: Aitel sind echte Allesfresser. Während bei den Jugendstadien Algen und pflanzliche Kost noch einen erheblichen Teil der Nahrung darstellen, ernähren sich erwachsene Aitel meist von Insektenlarven, Schnecken, kleinen Muscheln, Kleinkrebsen, Fischlaich, Jungfischen, Anflugnahrung, Amphibienlarven, Würmern, aber auch pflanzlicher Kost. Der Anteil der jeweiligen Nahrung variiert dabei von Gewässer zu Gewässer und hängt auch stark vom jahreszeitlichen Angebot ab.

Gefährdungsursachen: Der Aitel gehört zu den wenigen Fischarten, die auf Grund ihrer großen Anpassungsfähigkeit hinsichtlich des Lebensraumes und auch der Nahrung bei uns nicht gefährdet sind.

Gefährdungsstatus

Rote Liste Österreich: ungefährdet
Rote Liste Deutschland: ungefährdet (als *Squalius cephalus*)
Rote Liste Bayern: nicht angeführt
Rote Liste Baden-Württemberg: nicht gefährdet

Fischerei

Der Aitel wird von Angelfischern häufig gefangen.

Nerfling

Familie: Karpfenartige, *Cyprinidae*
Nerfling: *Leuciscus idus* (Linnaeus, 1758)
Aland, Seider, Orfe, Goldorfe
Englisch: Ide

Merkmale: Der Körper des Nerflings ist bei erwachsenen Exemplaren hochrückiger und seitlich mehr zusammengedrückt als der des Aitels. Sein Kopf ist relativ klein, das Maul endständig bis leicht oberständig, und sein Maulspalt reicht nicht bis zum Augenrand zurück. Der Rücken ist graugrün bis graubraun gefärbt, die Flanken schimmern silbrig, seine Schuppen sind vergleichsweise klein – was ihn vom Frauennerfling oder Aitel unterscheidet. Die Iris seiner Augen ist meist goldgelb gefärbt. Die Rückenflosse ist dunkelgrau, der untere Teil der Schwanzflosse ist oft rötlich angehaucht. Die Brust-, Bauch- und Afterflossen sind bei vielen Exemplaren dunkelrot gefärbt. Allerdings kommen auch Nerflinge vor, in deren Flossen diese Rotfärbung verblasst ist oder fehlt. Der Hinterrand seiner Afterflosse zeigt leicht nach innen (konkav). Die Milchner tragen während der Laichzeit einen unauffälligen, feinkörnigen Laichausschlag, der sich vom Kopf über die Flanken bis hin zur Schwanzflosse ziehen kann. Die ansonsten silbrigen Flanken zeigen in der Laichzeit einen messingfarbenen Glanz. Als Zuchtform wird die gelb oder goldgelb gefärbte Goldorfe gerne in Teichen gehalten. Goldorfen können auf ihrer charakteristischen Grundfärbung auch dunkle Flecken tragen.

Wachstum: Der Nerfling erreicht eine maximale Größe von über 60 cm, die Durchschnittsgröße liegt zwischen 30 und 40 cm.

Schuppenformel

SL 53–63 Schuppen entlang der Seitenlinie
9–10 Schuppen oberhalb der SL
4–6 Schuppen unterhalb der SL

Flossenformel

RF 3 Hartstrahlen, 7–9 Weichstrahlen
AF 3 Hartstrahlen, 9–11 Weichstrahlen

Bezahnung

Schlundzähne: zweireihig, 3.5 – 5.3

Der Nerfling besitzt ein kleines Maul.

Die Goldorfe ist ein beliebter Zierfisch.

Verwechslungsarten: Der Aitel wird oft mit ihm verwechselt, hat jedoch eine deutlich schlankere Körperform und eine tiefere Maulspalte, die bis zum Auge reicht. Rotauge und Rotfeder besitzen deutlich größere Schuppen. Der Frauennerfling hat ein unterständiges Maul und viel größere Schuppen.

Biologie: Der Nerfling bewohnt die Barben- und Brachsenregion, also die Unterläufe unserer Flüsse, wobei er Bereiche mit einer intakten Fluss-Au-Vernetzung bevorzugt. Nerflinge kommen auch in manchen Stillgewässern der Niederungen vor. Er lebt während des Jahres in kleinen Schwärmen und hält sich sowohl an der Wasseroberfläche als auch in Grundnähe auf. Nerflinge vereinigen sich ab dem dritten bzw. vierten Lebensjahr zur Laichzeit zu größeren Gesellschaften, die stromauf gerichtete Wanderungen unternehmen. Bei den „Nerflingen", die früher in den Voralpenseen Oberösterreichs und Salzburgs vorgekommen sein sollen, handelt es sich vermutlich um Perlfische (ohne Laichausschlag). Beim früher für den Ossiacher See angegebenen „Nerfling" handelte es sich laut Findenegg (1948) um den Aitel.

Fortpflanzung: Zur Laichzeit, die je nach Wassertemperatur in die Monate März bis Mai fällt, suchen die Nerflinge fließende Gewässerabschnitte mit sandig-kiesigem Grund auf, um dort unter heftigem Geplätscher zu laichen.

Nahrung: Erwachsene Nerflinge fressen neben pflanzlicher Kost auch Kleinkrebse, Insektenlarven, Würmer und Schnecken. Große Exemplare jagen aber auch ganz gezielt Kleinfische.

Gefährdungsursachen: Die Bestände des Nerflings sind hauptsächlich durch Gewässerverbauung gefährdet, nicht intakte oder nicht erreichbare Laichplätze verhindern vielerorts eine natürliche Reproduktion.

Gefährdungsstatus

Rote Liste Österreich: stark gefährdet
Rote Liste Deutschland: ungefährdet
Rote Liste Bayern: gefährdet
Rote Liste Baden-Württemberg: stark gefährdet

Hasel

Familie: Karpfenartige, *Cyprinidae*
Hasel: *Leuciscus leuciscus* (Linnaeus, 1758), Häsling
Englisch: Dace

Merkmale: Schlanker, mittelgroßer Schwarmfisch. Das Maul ist eher klein und leicht unterständig, der Maulspalt reicht nicht bis zum Vorderrand der Augen zurück. Die Schuppen sind vergleichsweise groß. Der Rücken ist meist graublau oder graubraun gefärbt, die Seiten schimmern silbrig, der Bauch ist weiß eingefärbt. Die Flossen sind meist leicht orange eingefärbt, können aber auch völlig farblos sein. Ein Unterscheidungsmerkmal gegenüber dem Aitel ist der nach innen gewölbte (konkave) Rand der Afterflosse. Die Milchner tragen während der Laichzeit einen feinkörnigen Laichausschlag, der sich vom Kopf über die Schuppenränder entlang des ganzen Körpers erstreckt. Dieser ist optisch zwar oft kaum erkennbar, mit den Fingern aber gut als „raue Oberfläche" fühlbar.

Wachstum: Die Durchschnittsgröße liegt zwischen 15 und 25 cm, der Hasel zählt zu den eher kleinwüchsigen Vertretern der Cypriniden und erreicht eine Maximalgröße von etwas über 30 cm.

Schuppenformel

SL 45–55 Schuppen entlang der Seitenlinie

Flossenformel

RF 3 Hartstrahlen, 7–8 Weichstrahlen
AF 3 Hartstrahlen, 7–9 Weichstrahlen

Bezahnung

Schlundzähne: zweireihig, 2.5 – 5.2–3

Verwechslungsarten: Der Aitel wird oft mit ihm verwechselt, hat jedoch eine deutlich tiefere und breitere Maulspalte, die bis zum Auge reicht. Der Rand der Afterflosse ist beim Aitel nach außen gewölbt (konvex), außerdem besitzt der Aitel eine typische „Netzzeichnung" des Schuppenkleides. Sehr leicht ist der Hasel auch mit jungen Perlfischen zu verwechseln, diese haben aber deutlich kleinere Schuppen, einen „bulligeren" Kopf und eine tiefer gegabelte Schwanzflosse. Solange die Nase ihr typisches Hornmaul noch nicht ausgebildet hat, können Hasel der gleichen Größe leicht mit ihr verwechselt werden.

Biologie: Geselliger, in kleinen Schwärmen lebender Fisch, sein Lebensraum erstreckt sich etwa von der Äschen- bis hinunter zur Barbenregion unserer Fließgewässer. Kleinere Populationen kommen aber auch in stehenden Gewässern vor, so z. B. im Mondsee, früher auch im Traunsee.

Fortpflanzung: Die Laichzeit beginnt beim Hasel abhängig von der Wassertemperatur oft schon im März, er ist somit meist der erste der Karpfenartigen auf den Laichplätzen. Aus den Stillgewässern zieht der Hasel zum Laichen in die Zuflüsse hinauf. In den Fließgewässern selbst unternehmen Haseln stromaufwärts gerichtete Laichwanderungen, um über Kiesgrund zu laichen. Die Laichplätze liegen dort an relativ seichten, überströmten Schotter- oder Kiesbänken.

Nahrung: Hasel ernähren sich hauptsächlich von Insektenlarven und anderen wirbellosen Benthosorganismen wie Kleinkrebsen und Wasserschnecken. Während der wärmeren Jahreszeit nehmen Haseln sehr gerne Anflugnahrung von der Wasseroberfläche auf. Daneben wird aber auch pflanzliche Nahrung gefressen.

Gefährdungsursachen: Die Bestände des Hasels sind vor allem durch Gewässerverbauung, unüberwindliche Querbauwerke und naturferne Regulierungen bedroht. Renaturierte Gewässerabschnitte werden von dieser Fischart allerdings auch schnell wieder besiedelt.

Gefährdungsstatus
Rote Liste Österreich: nahezu gefährdet
Einschätzung des Autors 2020: gefährdet
Rote Liste Deutschland: ungefährdet
Rote Liste Bayern: Art der Vorwarnliste
Rote Liste Baden-Württemberg: nicht gefährdet

Das Maul ist eher klein und leicht unterständig.

Die Afterflosse hat einen konkaven Hinterrand.

Strömer

Familie: Karpfenartige, *Cyprinidae*
Strömer: *Telestes souffia* (Risso, 1827)
Englisch: Soufie, blageon

Merkmale: Schlanke, spindelförmige Kleinfischart mit leicht unterständigem Maul. Die Grundfärbung variiert zwischen Grau/Grün und Grau/Braun. Entlang des Körpers, oberhalb der Seitenlinie verläuft ein dunkel gefärbtes Band, das bei Milchnern während der Laichzeit besonders auffällig ist. Während der Laichzeit tragen die Milchner im Kopfbereich einen feinkörnigen Laichausschlag. Ein sehr gutes Bestimmungsmerkmal ist die gelb geränderte Seitenlinie. Die Ansätze der Brust- und Bauchflossen sind deutlich gelb/orange gefärbt, während der Laichzeit sogar die Basis der After- und Rückenflosse. Auffällig gelb ist auch der Innenrand der Iris beim Auge des Strömers.

Wachstum: Die Durchschnittsgröße liegt zwischen 12 und 15 cm, die Maximalgröße beträgt rund 25 cm.

Schuppenformel
SL 48–57 Schuppen entlang der Seitenlinie

Flossenformel
RF 2–3 Hartstrahlen, 8–9 Weichstrahlen
AF 3 Hartstrahlen, 8–10 Weichstrahlen

Bezahnung
Schlundzähne: zweireihig, 2.5–4 – 5.2

Verwechslungsarten: Aufgrund der gelb geränderten Seitenlinie mit keinem anderen Fisch zu verwechseln.

Biologie: Gesellig lebende, strömungsliebende Kleinfischart, die schon mit ca. 10 cm geschlechtsreif wird. Als Lebensraum benötigt der Strömer naturbelassene und gut strukturierte Fließgewässerabschnitte. Ideal sind tiefe Gumpen mit Totholzansammlungen, die von seichten, rasch überströmten Bereichen abgelöst werden. Der Übergang von der Äschen- zur Barbenregion charakterisiert am ehesten den bevorzugten Lebensraum des Strömers. Sauerstoffreiches, rasch fließendes und im Sommer nicht zu warmes Wasser sind ideale Voraussetzungen für diese Fischart. In Gewässern mit Huchenbestand ist der Strömer ein idealer Futterfisch für die Junghuchen. In Österreich kommt er in vielen größeren Zubringern der Donau wie der Enns unterhalb des Gesäuses, Mur, Traun, Ybbs, Pielach, Obere Drau, Gail, untere Gurk usw. vor.

Fortpflanzung: Frühjahrslaicher, zieht je nach Wassertemperatur zwischen März und Mai in kleineren Schwärmen zu den Laichplätzen, die entweder im Hauptfluss selbst, oft aber auch in einmündenden Zubringern liegen können. Die Laichplätze liegen an seichten, stark überströmten Kiesbänken. In manchen Gewässern laicht der Strömer zur selben Zeit wie die Nase und steigt mit ihr gemeinsam in Zubringer zum Laichen auf.

Nahrung: Strömer ernähren sich hauptsächlich von Insektenlarven, Würmern und Kleinkrebsen. Während der Vegetationsperiode nehmen sie auch gerne Anflugnahrung von der Wasseroberfläche auf. In jenen Flussabschnitten, wo Zooplankton entstehen kann, wird auch dieses gerne vom Strömer gefressen.

Gefährdungsursachen: Der Strömer gehört heute leider zu den stark gefährdeten Arten, die Ursachen dafür liegen hauptsächlich in der Verbauung seiner Lebensräume. In strukturarmen, begradigten und durch Querbauwerke zerstückelten Flüssen können Strömer nicht überleben. So sind die letzten intakten Populationen dieser Fischart auf die wenigen noch naturbelassenen Abschnitte der Äschen- und Barbenregion mancher Flüsse beschränkt.

Gefährdungsstatus

Rote Liste Österreich: stark gefährdet
Rote Liste Deutschland: gefährdet
Rote Liste Bayern: vom Aussterben bedroht
Rote Liste Baden-Württemberg: stark gefährdet
Im Anhang II der FFH Richtlinie (92/43/EWG) angeführt

Strömer aus dem Einzugsgebiet der Enns

Das Maul des Strömers ist leicht unterständig.

Etwa 6 Monate alter Strömer

Perlfisch

Familie: Karpfenartige, *Cyprinidae*
Perlfisch: *Rutilus meidingeri* (Heckel, 1851)
Stachler, Maifisch, Graunerfling, an manchen Seen auch fälschlicherweise Nerfling
Englisch: Pearl roach

Merkmale: Schlanker, langgestreckter und im Querschnitt fast drehrunder Körper, der Rücken ist grau bis graubraun gefärbt, die Flanken schimmern silbrig. Das Maul ist eher klein und leicht unterständig, der Maulspalt reicht nicht bis zum Auge zurück. Die Schuppen sind vergleichsweise klein. Die Flossen sind grau eingefärbt, weisen aber manchmal einen milchig-gelben Schimmer auf. Die Schwanzflosse ist auffällig tief gegabelt und der Schwanzstiel relativ schlank. Die Milchner tragen während der Laichzeit einen auffälligen und grobkörnigen Laichausschlag, der sich vom Kopf über die Flanken bis hin zur Schwanzflosse ziehen kann. Die größte Dichte der Laichwarzen befindet sich im Kopfbereich, und hier wieder auf der Schnauze, ihre Zahl verringert sich in Richtung Schwanzflosse deutlich.

Wachstum: Der Perlfisch gehört zu den großwüchsigen Cypriniden und erreicht eine Maximalgröße von über 75 cm, die Durchschnittsgröße liegt zwischen 45 und 55 cm.

Schuppenformel

SL 62–67 Schuppen entlang der Seitenlinie

Flossenformel

RF 3 Hartstrahlen, 8–9 Weichstrahlen
AF 3 Hartstrahlen, 9–11 Weichstrahlen

Bezahnung

Schlundzähne: einreihig, 5–6 – 5

Verwechslungsarten: Der Aitel wird oft mit ihm verwechselt, hat jedoch eine deutlich tiefere und vor allem endständige Maulspalte, die bis zum Auge reicht. Die Bauch- und Afterflosse sind beim Aitel meist orangerot gefärbt, beim Perlfisch grau bis max. leicht gelblich. Dort, wo sie gemeinsam vorkommen, sind junge Perlfische leicht mit dem Hasel zu verwechseln, dieser hat aber deutlich größere Schuppen und einen schlankeren Kopf.

Biologie: Der Perlfisch lebt in kleinen Schwärmen im Atter-, Mond-, Wolfgang- und vereinzelt wieder im Traunsee. Lokale Vorkommen wurden auch in der Donau nachgewiesen. In den Seen hält sich der Perlfisch während der wärmeren Jahreszeit gerne in Ufernähe oder im Bereich von Untiefen auf, dort mischen sich die Perlfische oft unter die Schwärme von Aitel und Brachsen. Während der Wintermonate ziehen sich die Perlfische in tiefere Gewässerregionen zurück, so tauchen sie unter anderem auch auf den Laichplätzen der Seesaiblinge in rund 30 Metern Tiefe auf, um deren Laich zu fressen.

Fortpflanzung: Zur Laichzeit, die je nach Wassertemperatur in die Monate April bis Mai fällt, aber nur wenige Tage dauert, ziehen die Perlfische meist während der Nacht in Schwärmen in die Zuflüsse der Seen auf. Manchmal wandern sie auch in die Ausflüsse der Seen zurück, um dort zu laichen. Der Laichakt der großen Fische ist im seichten Wasser gut zu beobachten und verläuft recht spektakulär. Dabei werden einzelne Rogner von mehreren Milchnern gleichzeitig verfolgt und regelrecht bedrängt. Während die Rogner ihre Eier portionsweise abgeben, werden diese von verschiedenen Milchnern befruchtet. Nach dem Laichakt ziehen sich die Perlfische wieder in die Weiten der Voralpenseen zurück.

Nahrung: Perlfische ernähren sich von Insektenlarven, Schnecken, Kleinkrebsen und anderen wirbellosen Benthosorganismen, die sie hauptsächlich vom Gewässergrund aufnehmen. Mit ihren sehr kräftigen Schlundzähnen sind sie aber auch in der Lage, die harten Schalen von Muscheln zu knacken und diese Nahrungsquelle für sich zu erschließen. Im Frühsommer nehmen sie gerne die aufsteigenden Larven der Maifliegen, manchmal sogar die Imagines von der Wasseroberfläche selbst.

Gefährdungsursachen: Die Bestände der Perlfische im Mond-, Atter- und Wolfgangsee dürften in den letzten Jahren recht stabil sein, da die Laichplätze in den Zubringern intakt und erreichbar sind. Aus dem Traunsee ist der Perlfisch mittlerweile fast verschwunden, ein Wiederansiedlungsprojekt des Sportfischereivereines Traunsee ist allerdings vielversprechend. Über die Entwicklung der Perlfischbestände in der Donau ist noch wenig bekannt. Im Chiemsee war der Perlfisch bereits ausgestorben, durch ein Projekt zwischen Bayern und Oberösterreich ist es gelungen, ihn im Chiemsee wieder anzusiedeln.

Gefährdungsstatus
Rote Liste Österreich: stark gefährdet
Einschätzung des Autors 2020: nicht gefährdet
Rote Liste Deutschland: vom Aussterben bedroht
Rote Liste Bayern: vom Aussterben bedroht
Rote Liste Baden-Württemberg: nicht angeführt
Im Anhang II und V der FFH Richtlinie (92/43/EWG) angeführt

Perlfischmilchner in der Laichzeit

Perlfischmilchner mit Laichausschlag

Etwa 6 Monate alter Perlfisch

Ca. 18 Monate alter Perlfisch

Frauen-nerfling

Familie: Karpfenartige, *Cyprinidae*
Frauennerfling: *Rutilus pigus* (La Cepede, 1803)
Donaunerfling, Frauenfisch
Englisch: Danubian roach

Merkmale: Der Frauennerfling ist von der Körperform her mit dem Rotauge oder dem Nerfling vergleichbar. Mit zunehmendem Alter wird diese Fischart hochrückiger. Das kleine Maul ist deutlich unterständig, der Kopf erscheint schlank, die Iris der Augen ist weiß bis leicht gelblich gefärbt. Die Grundfärbung wird von grünlichen und bräunlichen Farbtönen dominiert, die am Rücken etwas dunkler als an den Flanken erscheinen. Die Bauchseite ist weißlich. Die Bauch-, After- und Schwanzflossen sind bei erwachsenen Exemplaren nicht nur während der Laichzeit kräftig orange gefärbt. Auffällig sind die relativ großen Schuppen, durch deren dunkle Ränderung ein deutliches Netzmuster entsteht. Die Milchner tragen während der Laichzeit einen kräftigen Laichausschlag, der bei den einzelnen Individuen recht unterschiedlich ausgeprägt sein kann. So kann er sich bei älteren Exemplaren vom Kopf über den ganzen Körper bis hin zur Schwanzflosse ziehen. Bei jüngeren Milchnern hingegen kann dieser Laichausschlag auf die Kopfregion beschränkt sein. Während der Laichzeit wird auch die Färbung des Schuppenkleides intensiver und schimmert bei entsprechendem Lichteinfall grünlich.

Wachstum: Die Durchschnittsgröße liegt bei rund 35 bis 40 cm, in Ausnahmefällen erreichen Frauennerflinge eine Länge von über 50 cm und ein Gewicht bis 2 kg.

Schuppenformel

SL 44–49 Schuppen entlang der Seitenlinie

Flossenformel

RF 3 Hartstrahlen, 9–12 Weichstrahlen
AF 3 Hartstrahlen, 9–12 Weichstrahlen

Bezahnung

Schlundzähne: einreihig, 5–6 – 5

Verwechslungsarten: Besonders die Jungfische von Frauennerfling und Rotauge sind leicht zu verwechseln. Allerdings haben Rotaugen meist eine rote Iris, der Frauennerfling nicht. Der Nerfling hat außerdem deutlich kleinere Schuppen und ein endständiges Maul. Der Aitel besitzt ein größeres, endständiges Maul und einen schlankeren, im Querschnitt fast drehrunden Körperbau.

Biologie: Der Frauennerfling gehört mittlerweile zu den seltensten Flussfischen in seinem Verbreitungsgebiet und ist vielerorts vom Aussterben bedroht. Er kommt in kleinen Gruppen in der Barben- und Brachsenregion großer Flüsse vor. Dort hält er sich bevorzugt in tiefen, stark strömenden Bereichen, z. B. direkt bei Buhnenköpfen oder in der Strommitte auf. Er kommt im Ober- und Mittellauf der Donau und einigen großen Zubringern wie z.B. der Mur, der Drau und der Salzach vor. In der Drau bei Lavamünd und der dort einmündenden Lavant existiert noch eine relativ individuenreiche Population dieser Fischart.

Laichzeit: Er ist ein Frühjahrslaicher und zieht je nach Wassertemperatur zwischen März und Mai in Schwärmen zu den Laichplätzen, die manchmal im Hauptfluss selbst, oft aber auch in einmündenden Zubringern liegen können. Die Laichplätze liegen an überströmten Sand- oder Kiesbänken.

Nahrung: Seine Nahrung besteht hauptsächlich aus wirbellosen Kleinlebewesen, wie Würmern, Insektenlarven, Kleinkrebsen, Kleinmuscheln und Schnecken.

Gefährdungsursachen: Die Hauptursachen für den Rückgang der Bestände des Frauennerflings liegen einmal mehr in der Zerstörung seines ursprünglichen Lebensraumes, nämlich naturbelassene Fließstrecken mit reich strukturierten Abschnitten und entsprechenden Begleitgewässern wie Altarmen und Zubringern, die als Laich- und Jungfischhabitate geeignet sind. Durch die intensive Nutzung der Wasserkraft sind die überlebensnotwendigen Fließstrecken auf wenige Restbereiche geschrumpft.

Gefährdungsstatus

Rote Liste Österreich: stark gefährdet
Rote Liste Deutschland: gefährdet (als Rutilus virgo)
Rote Liste Bayern: gefährdet
Rote Liste Baden-Württemberg: verschollen
Im Anhang II und V der FFH Richtlinie (92/43/EWG) angeführt

Das kleine Maul ist deutlich unterständig.

Etwa 1-jähriger Frauennerfling

Kopf eines Milchners mit Laichausschlag

Milchner im Laichkleid

Rotauge

Familie: Karpfenartige, *Cyprinidae*
Rotauge: *Rutilus rutilus* (Linnaeus, 1758)
Plötze, Rotäugerl
Englisch: Roach

Merkmale: Die Körperform ist von den Lebensbedingungen im jeweiligen Gewässer abhängig und mehr oder weniger hochrückig. Der Körper ist seitlich zusammengedrückt und der Rücken graubraun bis grün gefärbt, die Flanken schimmern silbrig. Das Maul ist eher klein und end- bis unterständig, der Maulspalt reicht nicht bis zum Auge zurück. Die Schuppen sind vergleichsweise groß. Die Färbung der Flossen ist sehr variabel, meist jedoch orange, kann aber auch bis tiefrot oder hin zur völligen Transparenz reichen. Der Ansatz der Rücken- und der Bauchflossen liegt in einer gedachten senkrechten Linie. Die Iris des Rotauges besitzt meist eine rötliche Färbung (Namensgebung), allerdings treten abhängig vom Lebensraum und der Nahrung auch hier Unterschiede hinsichtlich der Farbintensität auf. Während der Laichzeit tragen die Milchner einen feinkörnigen Laichausschlag.

Wachstum: Das Rotauge gehört zu den kleinwüchsigen Cypriniden und erreicht eine Maximalgröße von etwas über 40 cm und ein Gewicht bis ca. 2 kg. Die Durchschnittsgröße liegt zwischen 15 und 20 cm.

Schuppenformel
SL 39–48 Schuppen entlang der Seitenlinie
5–7 Schuppen oberhalb der SL
4–5 Schuppen unterhalb der SL

Flossenformel
RF 3 Hartstrahlen, 9–11 Weichstrahlen
AF 3 Hartstrahlen, 9–12 Weichstrahlen

Bezahnung
Schlundzähne: einreihig, 5–6 – 5–6

Verwechslungsarten: Der Frauennerfling besitzt eine etwas vorspringende Schnauzenspitze und ein deutlich unterständiges Maul. Die Spitze der Rückenflosse reicht zurückgelegt nicht über den Ansatz der Afterflosse. Bei der Rotfeder bilden die Schuppen zwischen Bauch- und Afterflosse einen dachziegelartigen Kiel, außerdem hat sie ein oberständiges Maul. Beim Rotauge liegen der Ansatz der Bauch- und Rückenflosse in einer gedachten senkrechten Linie, bei der Rotfeder ist der Ansatz der Rückenflosse nach hinten versetzt. Der Nerfling besitzt ein endständiges Maul und deutlich kleinere, also mehr Schuppen an der Seitenlinie.

Biologie: Das Rotauge lebt in Schwärmen sowohl in den strömungsberuhigten Zonen der Fließgewässer als auch in beinahe jeder Form von Stillgewässern, wie Teichen, Altwässern, Biotopen usw. Es gehört zu den Pionierarten unter den Fischen und besiedelt sogar abgeschlossene und neu entstandene Gewässer wie z. B. Baggerseen rasch. Obwohl das Rotauge nahezu überall vorkommt, sind großwüchsige Exemplare dennoch eher selten, da viele Bestände verbuttet sind. Nach dem Bau der Ringkanalisation sind die Rotaugenbestände z. B. am Hallstätter- und Traunsee drastisch zurückgegangen. Rotaugen bilden eine wichtige Nahrungsgrundlage für verschiedene Raubfische wie Hecht, Zander, Wels usw.

Fortpflanzung: Zur Laichzeit, die je nach Wassertemperatur in die Monate April bis Mai fällt, versammeln sich die Rotaugen in großen Schwärmen, um in Ufernähe zu laichen. Die klebrigen Eier werden dabei über Wasserpflanzenbeständen, versunkenen Ästen oder Steinen abgelegt. Klares Wasser vorausgesetzt, kann man das lebhafte Laichspiel der Rotaugen in Ufernähe gut beobachten.

Nahrung: Erwachsene Rotaugen ernähren sich von tierischer Nahrung wie Insektenlarven, Muscheln, Schnecken und Kleinkrebsen. In manchen Seen spielt das Zooplankton bei der Ernährung der Rotaugen eine wichtige Rolle. Je nach Verfügbarkeit wird aber auch gerne pflanzliche Kost wie Samen, Blätter und frische Triebe von Unterwasserpflanzen gefressen.

Gefährdungsursachen: Übermäßiger Raubfischbesatz oder starker Fraßdruck durch fischfressende Vögel kann Rotaugenbestände lokal gefährden, meist ist jedoch das Gegenteil der Fall und es kommt durch zu hohe Individuendichten zum Zwergwuchs dieser Fische, man spricht in diesem Zusammenhang von Verbuttung.

Gefährdungsstatus

Rote Liste Österreich: ungefährdet
Rote Liste Deutschland: ungefährdet
Rote Liste Bayern: nicht angeführt
Rote Liste Baden-Württemberg: nicht gefährdet

Angelfischerei

Das Rotauge spielt in der Angelfischerei eine wichtige Rolle.

Es gibt auch Rotaugen mit roten Flossen – Exemplar aus dem Feldsee.

Milchner mit Laichausschlag

Manche Rotaugen haben völlig transparente Flossen.

Rotfeder

Familie: Karpfenartige, *Cyprinidae*
Rotfeder: *Scardinius erythrophthalmus* (Linnaeus, 1758)
Rotschwanzl (Kärnten)
Englisch: Rudd

Merkmale: Die Rotfeder besitzt einen hochrückigen, kompakt erscheinenden Körperbau. Die Iris ihrer Augen ist mehr oder weniger gelblich eingefärbt. Ihr Maul ist deutlich oberständig und besitzt eine schräg nach oben stehende Maulspalte. Der Rücken ist meist grünlich, die Flanken silbrig und teilweise mit einem gold- oder messingfarbenen Schimmer, der Bauch weißlich. Die Schuppen sind groß und bilden zwischen den Bauchflossen und der Afterflosse einen dachziegelartigen Kiel. Auffällig sind die Flossen der Rotfeder gefärbt. Während die Brustflossen ebenso wie die Basis der anderen bauchseitigen Flossen meistens unauffällig transparent oder nur leicht rötlich gefärbt sind, ist der Großteil der Bauch- und Afterflosse jedoch intensiv rot gefärbt (Namensgebung). Es gibt hinsichtlich der Rotfärbung dieser Flossen allerdings auch lokale Abweichungen, die bis zum völligen Fehlen dieser Rottöne gehen können. Auch die Schwanz- und manchmal sogar die Rückenflosse sind mehr oder weniger rötlich angehaucht. Die Stellung der Rücken- und Bauchflossen zueinander dient als Unterscheidungsmerkmal gegenüber dem Rotauge. So steht der Ansatz der Rückenflosse bei der Rotfeder etwa in einer gedachten senkrechten Linie über dem Hinterrand ihrer Bauchflossen. Während der Laichzeit nimmt die Färbung der Rotfedern an Intensität zu und die Milchner tragen während dieser Zeit einen feinkörnigen Laichausschlag, der sich vom Kopf über den Rücken erstreckt, auch die Strahlen der Brustflossen sind manchmal damit bedeckt.

Wachstum: Rotfedern können unter günstigen Bedingungen wie in den sommerwarmen Seen Kärntens eine Länge bis über 40 cm und ein Gewicht bis zu 2 kg erreichen. Die Durchschnittsgröße liegt zwischen 20 und 30 cm.

Schuppenformel

SL 40–45 Schuppen entlang der Seitenlinie
7–8 Schuppen oberhalb der SL
3–4 Schuppen unterhalb der SL

Flossenformel

RF 2–3 Hartstrahlen, 8–9 Weichstrahlen
AF 3 Hartstrahlen, 9–12 Weichstrahlen

Bezahnung
Schlundzähne: zweireihig, 3.5–5.3

Verwechslungsarten: Das Rotauge hat ein leicht unterständiges Maul, selten so rote Flossen und der Ansatz der Rücken- und Bauchflossen steht in einer gedachten senkrechten Linie übereinander. Der Nerfling wird leicht mit der Rotfeder verwechselt, hat jedoch eine schlankere Körperform und wesentlich kleinere Schuppen.

Biologie: Die Rotfeder bewohnt die strömungsberuhigten Unterläufe unserer Flüsse mit ihren Altwässern und Stauräumen. Rotfedern findet man aber auch in beinahe jeder Form von Stillgewässern, vom kleinen Biotop bis zum Voralpensee, die sich im Sommer entsprechend erwärmen. Die Rotfeder lebt gesellig in kleinen Schwärmen und hält sich während der wärmeren Jahreszeit gerne in Oberflächennähe auf. Sie bevorzugt pflanzenreiche Gewässer, in Seen hält sie sich gerne in Ufernähe, z. B. im Nahbereich von Schilfgürteln, auf.

Fortpflanzung: Zur Laichzeit, die je nach Wassertemperatur in die Monate April bis Mai fällt, suchen die Rotfedern in Schwärmen dicht mit Wasserpflanzen bestandene Bereiche auf, dort findet, wie bei den meisten Karpfenartigen üblich, ein auffälliges Laichspiel statt. Die Fische legen dort ihre rötlichen und sehr klebrigen Eier an Unterwasserpflanzen ab. Rotfedern vergesellschaften sich während der Laichzeit oft mit anderen Karpfenartigen, dadurch kommt es fallweise zur Bastardierung verschiedener Arten, z. B. Rotfeder/Rotauge usw. Dies kann zu zusätzlichen Problemen bei der Artbestimmung führen.

Nahrung: Pflanzliche Kost spielt bei der Rotfeder eine wichtige Rolle, so werden beispielsweise Fadenalgen, aber auch Wasserpflanzen wie das Tausendblatt, verschiedene Laichkrautarten oder die Wasserpest gefressen. Dennoch nehmen Rotfedern auch Insektenlarven, Würmer, Schnecken und Kleinkrebse als Nahrung auf. Während der Sommermonate spielt die von der Wasseroberfläche aufgenommene Anflugnahrung in Form von Insekten eine wesentliche Rolle.

Gefährdungsursachen: Rotfedern sind mancherorts durch die Zerstörung der Wasserpflanzenbestände gefährdet, dies geschieht meist mit sogenannten Mähbooten. Dabei werden während und nach der Laichzeit Wasserpflanzen aus optischen Gründen mechanisch entfernt, mit ihnen leider auch der Laich und die Jugendstadien der krautlaichenden Fische.

Gefährdungsstatus
Rote Liste Österreich: ungefährdet
Rote Liste Deutschland: ungefährdet
Rote Liste Bayern: nicht angeführt
Rote Liste Baden-Württemberg: Vorwarnliste

Etwa 2-jährige Rotfeder

Im 1. Jahr fehlt oft noch die Rotfärbung der Flossen.

Afterflosse der Rotfeder

Bitterling

Familie: Karpfenartige, *Cyprinidae*
Bitterling: *Rhodeus amarus* (Bloch, 1782)
Bitterfisch
Englisch: Bitterling

Merkmale: Bitterlinge sind kleinwüchsige und hochrückige Karpfenfische, die in Schwärmen leben. Der Bitterling ist trotz seiner geringen Größe leicht an seinem blaugrünen Längsband erkennbar, das sich von der Schwanzwurzel bis etwa zur Körpermitte erstreckt. Dieses Merkmal findet man bei beiden Geschlechtern und auch bereits bei Jungfischen. Besonders die dominanten Milchner sind während der Laichzeit sehr bunt gefärbt und tragen einen deutlichen Laichausschlag auf der Schnauzenspitze. Oft findet man bei den Milchnern auch einen dunklen Fleck hinter dem Kiemendeckel auf Höhe der Brustflossen. Charakteristisch für den Bitterling sind sowohl die lange Rücken- als auch Afterflosse. Bei den Milchnern ist die obere Hälfte der Iris rot gefärbt. Ein weiteres Erkennungsmerkmal des Bitterlings ist seine kurze Seitenlinie, die meist schon bei der fünften Schuppe endet.

Wachstum: Der Bitterling gehört zu den kleinwüchsigen Cypriniden und erreicht meist nur 5 bis 7 cm Länge, selten auch bis zu 10 cm.

Flossenformel
RF 2–4 Hartstrahlen, 7 bis 13 Weichstrahlen
AF 2–4 Hartstrahlen, 9–16 Weichstrahlen
Bezahnung
Schlundzähne: einreihig, 5–5

Verwechslungsarten: Kleine Schuppenkarpfen haben Barteln, Karausche und Giebel haben eine kurze Afterflosse. Beim Rotauge fehlt der blaugrüne Streifen im hinteren Körperdrittel. Beim Rotauge ist die ganze Iris, beim Bitterling nur die obere Hälfte orange bis rot gefärbt.

Biologie: Hinsichtlich seines Lebensraumes ist der Bitterling nicht sehr anspruchsvoll, er bewohnt verkrautete und seichte Uferzonen von Seen ebenso wie Teiche und Weiher bis hin zu Kleinstgewässern wie Tümpel und Gartenbiotope. Aber auch in Altwässern großer Flüsse kommt er vor. Typisch ist sein Vorkommen auch für kleine, langsam fließende Gewässer der Barbenregion. Entscheidend ist das Vorkommen von Teich- oder Malermuscheln, da seine Fortpflanzung direkt an das Vorkommen dieser Muscheln gebunden ist. Während der Laichzeit, die sich abhängig von der Wassertemperatur von April bis Juni erstreckt, besetzen die Milchner ein Revier, in dem sich eine oder mehrere geeignete Muscheln befinden. Dieses Territorium wird gegen Artgenossen, aber auch gegen andere Eindringlinge vehement verteidigt. Durch ihr auffälliges und farbenprächtiges Balzritual versuchen die Milchner die Rogner zur Ablage der Eier in ihr Revier zu locken. Der Milchner bereitet die Muschel sozusagen für die Eiablage des Rogners vor, indem er sie immer und immer wieder mit seiner Schnauze anstößt. Dadurch wird der natürliche Reflex der Muschel, sich bei jeder Störung sofort zu schließen, im Laufe der Zeit lahmgelegt. Erst dann kann der Rogner die Eier mit seiner langen Legeröhre in den Kiemenraum der Muschel ablegen, meist sind es nur zwei bis drei Stück pro Rogner. Diese bis zu 6 cm lange Legeröhre entwickelt sich übrigens im Laufe von nur wenigen Tagen aus der sonst unauffälligen Analpapille. Der Milchner gibt dann vor der Einströmöffnung der Muschel sein Sperma ab und befruchtet so die Eier im Inneren der Muschel. Oft werden in eine Muschel die Eier von mehreren Bitterlingsrognern abgelegt. Gut geschützt durch die Schalen der Muschel und ständig mit frischem Wasser versorgt, entwickeln sich die Larven des Bitterlings im Kiemenraum der Muschel, bis sie schwimmfähig sind. Während die meisten Cypriniden sehr hohe Eizahlen aufweisen, legen Bitterlingsrogner vergleichsweise wenige Eier ab, die Zahl schwankt zwischen 50 und 300 Stück während einer Laichperiode, abhängig von der Größe des Rogners.

Ernährung: Bitterlinge sind Allesfresser und ernähren sich von Algen und Pflanzenteilen ebenso wie von Insektenlarven, Kleinkrebsen, tierischem Plankton, Schnecken und anderen Wirbellosen.

Gefährdungsursachen: Beim Bitterling liegen die Ursachen der Gefährdung nicht nur in der Zerstörung seines Lebensraumes, sondern vor allem im Verschwinden der geeigneten Muscheln. Findet der an sich recht anpassungsfähige Bitterling in seinem Lebensraum keine Muscheln vor, ist seine natürliche Reproduktion nicht mehr möglich. Der Rückgang des Bitterlings geht daher Hand in Hand mit dem Verschwinden unserer heimischen Muscheln aus vielen Gewässern. Insbesondere durch das massenhafte Auftreten der eingeschleppten Wandermuschel, etwa in Kärntner Seen, sind die Bestände der heimischen Muscheln stark zurückgegangen. Andererseits entstehen oft neue Populationen dieser Fischart durch das Einbringen von bereits Bitterlingseier oder Larven tragenden Muscheln in Teichen und Biotopen.

Gefährdungsstatus: Rote Liste Österreich: gefährdet
Rote Liste Deutschland: ungefährdet
Rote Liste Bayern: stark gefährdet
Rote Liste Baden-Württemberg: stark gefährdet
Im Anhang II der FFH Richtlinie (92/43/EWG) angeführt

Anmerkung: Bietet als Aquarienfisch ein sehr lohnendes Beobachtungsobjekt.

Nur während der Laichzeit ist die Legeröhre der Bitterlingsrogner sichtbar.

Elritze

Familie: Karpfenartige, *Cyprinidae*
Elritze: *Phoxinus phoxinus* (Linnaeus, 1758)
Pfrille, Pfründl
Englisch: Minnow

Merkmale: Gesellig lebende, heimische Kleinfischart mit winzigen Schuppen. Der Körper der Elritze ist langgestreckt und fast drehrund. Die Maulständigkeit kann als end- bis leicht unterständig bezeichnet werden. Die Färbung der Elritze ist sehr variabel und kann am Rücken und den Flanken von Hellgrau bis fast Schwarz variieren. Oft findet man am Rücken und entlang der Flanken auch dunkle Flecken, die bei flüchtiger Betrachtung mit den Jugendflecken von Forellen und Saiblingen verwechselt werden können. Oberhalb der unvollständigen Seitenlinie findet man bei Elritzen gerne ein helles Längsband, das einen goldgelben Schimmer trägt. Während der Laichzeit tragen beide Geschlechter ein Hochzeitskleid, die Milchner sind jedoch auffälliger gefärbt. Oft zieht sich dann entlang der Flanken ein grün oder blau schillerndes Band und der Bauch bzw. die Ansätze der Brust-, Bauch- und Afterflosse sind intensiv orangerot gefärbt. Die schwärzliche Grundfärbung mancher Exemplare verstärkt zusätzlich den Kontrast zu den anderen Farben. Bei den Milchnern findet man zudem am Kopf einen kräftigen Laichausschlag, der aus einzelnen größeren und zahlreichen sehr kleinen Laichwarzen besteht. Das leuchtende Weiß der Kiemendeckel wird durch einen dichten, sehr feinkörnigen Laichausschlag hervorgerufen. Je nach Lebensraum kann sowohl die Grundfarbe als auch die Laichfärbung der Elritzen stark variieren.

Wachstum: Die Durchschnittsgröße liegt zwischen 5 und 8 cm, die Elritze zählt somit zu den kleinsten Vertretern der Cypriniden und erreicht nur selten eine Länge von 12 cm oder etwas darüber.

Schuppenformel

SL 77–92 Schuppen entlang der Seite, die Seitenlinie reicht oft nur bis zu den Bauchflossen zurück.

Flossenformel

RF 2–3 Hartstrahlen, 6–8 Weichstrahlen
AF 3 Hartstrahlen, 6–8 Weichstrahlen

Bezahnung

Schlundzähne: zweireihig, 2.4–5 – 4–5.2

Verwechslungsarten: Jungfische anderer Arten, Jungforellen besitzen als Unterscheidungsmerkmal eine Fettflosse.

Biologie: Gesellig lebender, sehr anpassungsfähiger Kleinfisch, der dort, wo er noch häufig vorkommt, eine wichtige Nahrungsgrundlage für Bach- und Seeforellen oder Seesaiblingsbestände darstellt. Die Elritze lebt in sommerwarmen Fließgewässern der Barbenregion gemeinsam mit dem Schneider ebenso wie in hochgelegenen, eiskalten Seesaiblingsseen. Sie kann die Uferzonen großer Voralpenseen bewohnen, kommt aber auch in Kleingewässern wie Biotopen, Weihern und sogar Moortümpeln vor. Wichtig sind ausreichende Strukturen im Uferbereich, in die sie bei Gefahr flüchten kann. Das können Totholzbereiche, dichte Wasserpflanzenbestände, aber auch ganz flach auslaufende Uferbereiche sein, die sie vor Räubern schützen. Elritzen sind wegen ihrer geringen Größe zeitlebens einem enormen Fraßdruck durch Fische, wie Forelle, Saibling, Barsch, Hecht oder Aitel, ausgesetzt. Elritzen werden bereits im zweiten Lebensjahr geschlechtsreif, sind aber recht kurzlebig, ihr Endalter liegt bei vier bis fünf Jahren.

Fortpflanzung: Elritzen laichen in größeren Schwärmen über Grobsand oder Kiesgrund. Populationen fließender Kleingewässer unternehmen oft stromauf gerichtete Wanderungen, um an überströmten, seichten, kiesigen Stellen zu laichen. Aus stehenden Gewässern wandern die Elritzen gerne in kleine Zubringerbäche, um dort zu laichen. In diesen meist sehr seichten Bächen sind sie vor Raubfischen weitgehend sicher. Die Eier entwickeln sich im Schutze des Kieslückensystems, wobei die Larven tief in das Lückensystem einwandern. Die Laichzeit erstreckt sich oft über mehrere Wochen und kann in hochgelegenen Gebirgsseen in die Monate Juli/August fallen, während die Elritzen in Niederungsbächen schon im Mai laichen.

Nahrung: Elritzen ernähren sich hauptsächlich von aquatischen Kleinlebewesen wie Insektenlarven, Kleinkrebsen oder Zooplankton, sind aber hinsichtlich ihrer Nahrung recht flexibel und fressen auch gerne Brot, das von Passanten eigentlich für Enten ins Wasser geworfen wird.

Gefährdungsursachen: Die Elritze war ursprünglich in sehr vielen Gewässern verbreitet, mittlerweile sind ihre Bestände bedrohlich geschrumpft. Die Ursachen dafür liegen aber nicht nur in der Zerstörung naturbelassener Gewässer. Unüberlegter Besatz mit Raubfischen, fangfähigen Forellen oder konkurrierenden Kleinfischen hat so manche Elritzenpopulation ausgelöscht. Zudem wurde sie früher oft in Massen gefangen und als Köderfisch teuer verkauft.

Gefährdungsstatus

Rote Liste Österreich: nahezu gefährdet
Einschätzung des Autors 2020: stark gefährdet
Rote Liste Deutschland: ungefährdet
Rote Liste Bayern: gefährdet
Rote Liste Baden-Württemberg: Vorwarnliste

Milchner mit Laichausschlag

Elritze in Normalfärbung

Sichling

Familie: Karpfenartige, *Cyprinidae*
Sichling: *Pelecus cultratus* (Linnaeus, 1758)
Ziege, Messerfisch, Feitlfisch
Englisch: Knifefish

Merkmale: Der Sichling besitzt ein sehr auffälliges Äußeres, das sich gut mit der Form eines Messers vergleichen lässt. Sein Maul ist extrem oberständig, sodass sein Unterkiefer nahezu senkrecht nach oben weist. Die Spitzen der langgezogenen Brustflossen reichen angelegt bis zu den Ansätzen der Bauchflossen. Ein weiteres auffälliges Merkmal ist die stark geschwungene Seitenlinie, die im Bereich der Brustflossenansätze einen nahezu rechten Winkel bis hinunter zur Bauchkante beschreibt, sich dann in starken Wellenlinien bis zur Schwanzwurzel fortsetzt und auf jeder Körperseite einen anderen Verlauf nimmt. Der Ansatz der sehr kleinen Rückenflosse befindet sich auf der gleichen Höhe wie der Ansatz der langen Afterflosse. Die Bauchkante ist scharf gekielt, daher auch der Name Messerfisch. Während der Rücken eher dunkel und graubraun gefärbt ist, glänzen die Schuppen an den Flanken auffällig silbrig und sitzen sehr locker, sie lösen sich schon bei der geringsten Berührung.

Wachstum: Die Durchschnittsgröße des Sichlings liegt je nach Gewässer bei ca. 25 bis 35 cm, die Maximalgröße liegt bei ca. 45 cm.

Schuppenformel

SL 90–115 Schuppen entlang der Seitenlinie

Flossenformel

RF 3 Hartstrahlen, 7–9 Weichstrahlen
AF 3 Hartstrahlen, 26–31 Weichstrahlen

Bezahnung

Schlundzähne: zweireihig, 2.5–5.2

Verwechslungsarten: Der Sichling kann als Jungfisch evtl. mit der Laube verwechselt werden, er besitzt aber deutlich längere Brustflossen.

Biologie: Sichlinge leben gesellig in langsam fließenden Flussabschnitten, wie in den Stauwurzelbereichen und Stauräumen der Donau, aber auch in stehenden, seichten Gewässern mit geringer Sichttiefe wie dem Neusiedler See. Während die Jugendstadien des Sichlings hauptsächlich Zooplankton und Insekten bzw. deren Larven fressen, ernähren sich die erwachsenen Exemplare auch räuberisch von Fischbrut und Jungfischen. Sichlinge werden mit drei bis vier Jahren geschlechtsreif, ihre Laichzeit fällt je nach Wassertemperatur in die Monate April bis Juni. Die Eier sind pelagisch, d. h., sie besitzen eine Ölkugel, schweben daher im Wasser und werden von der Strömung abgedriftet. Während die frisch abgelaichten Eier nur ca. 1,5 mm Durchmesser aufweisen, quellen sie bald auf bis zu 6 mm Durchmesser auf. Die Larven der Sichlinge schlüpfen je nach Wassertemperatur schon nach vier bis acht Tagen (Pinter 1998).

Gefährdungsursachen: Über die Gefährdungsursachen dieser Fischart ist noch wenig bekannt, so wirken sich Stauräume offensichtlich nicht negativ auf die Entwicklung dieser Fischart aus. Andererseits werden aber Wanderungen und auch der genetische Austausch durch nicht passierbare Hindernisse unterbunden.

Gefährdungsstatus

Rote Liste Österreich: nahezu gefährdet
Rote Liste Deutschland: vom Aussterben bedroht
Rote Liste Bayern: vom Aussterben bedroht (als *Telestes cultratus*)
Rote Liste Baden-Württemberg: nicht angeführt
Im Anhang II und V der FFH Richtlinie (92/43/EWG) angeführt

Die Maulspalte des Sichlings ist steil nach oben gerichtet.

Blaubandbärbling

Familie: Karpfenartige, *Cyprinidae*
Blaubandbärbling: *Pseudorasbora parva* (Temmnick & Schlegel, 1846)
Keilfleckbarbe, Rasbora
Englisch: Stone moroco

Merkmale: Schlanker Kleinfisch mit seitlich zusammengedrücktem Körper. Die Weibchen sieht man während der Laichzeit oft mit auffälligem prallem Bauch. Der Rücken ist grau bis graubraun gefärbt, die Flanken schimmern silbrig. Entlang der Seitenlinie zieht sich ein dunkler Streifen vom Maul über die Augen bis zur Schwanzwurzel. Das Maul ist eher klein und oberständig. Die Schuppen sind vergleichsweise groß, dunkel umrandet und sitzen sehr fest. Die Milchner tragen während der Laichzeit einen auffälligen dornenartigen Laichausschlag im Maulbereich. Während die Weibchen zur Laichzeit gelbgrün gefärbt sind, tragen die Männchen ein dunkelgraues, manchmal fast schwarzes Laichkleid. Auf den Wangen und Kiemendeckeln findet man oft einen blauvioletten Schimmer, der sich an den Flanken fortsetzen kann.

Wachstum: Der Blaubandbärbling ist ein Kleinfisch, wobei die Männchen größer als die Weibchen werden. Die Durchschnittsgröße liegt meist zwischen 4 und 8 cm, die Maximalgröße liegt bei rund 12 cm.

Schuppenformel

SL 33–38 Schuppen entlang der Seitenlinie

Flossenformel

RF 3 Hartstrahlen, 7–8 Weichstrahlen
AF 2–3 Hartstrahlen, 5–6 Weichstrahlen

Bezahnung

Schlundzähne: einreihig, 5–5 (6–6)

Verwechslungsarten: Jungfische anderer schlanker Karpfenfische.

Biologie: Der Blaubandbärbling stammt ursprünglich aus Ostasien und lebt gesellig als Schwarmfisch in stehenden und langsam fließenden Gewässern. Er bevorzugt ufernahe und seichte Bereiche mit starkem Pflanzenbewuchs.
Er wurde mit Gras-, Silber- und Marmorkarpfen nach Europa eingeschleppt. In weiterer Folge fand diese Fischart quasi als „blinder Passagier" beim Fischbesatz selbst bis in kleinste Fischteiche und Biotope Verbreitung, aber auch als Köderfisch wurde der Blaubandbärbling in verschiedenste Gewässer verschleppt. Einmal in ein ihm zusagendes Gewässer eingeschleppt, ist die massenhafte Entwicklung dieser Fischart kaum mehr aufzuhalten. Zudem ist er sehr wiederstandsfähig und überlebt sauerstoffarme Phasen bei sommerlichen Wassertemperaturen genauso gut wie lange Eisperioden im Winter. Dies kann dazu führen, dass heimische Kleinfischarten oder Amphibien verdrängt werden. Blaubandbärblinge werden in Teichwirtschaften, aber auch ganz gezielt als Futterfische für Jungzander besetzt.

Fortpflanzung: Die Laichzeit dieser Fischart kann sich über mehrere Monate erstrecken, so können in geeigneten Gewässern die Blaubandbärblinge von April bis August laichen und verfügen so über ein enormes Vermehrungspotential. Die einzelnen Männchen bereiten den Laichplatz vor, indem sie einen kleinen Flecken am Grund von Schlamm und abgestorbenen Pflanzenresten säubern. Nachdem sich die Männchen mit verschiedenen Weibchen gepaart haben, bewachen sie die klebrigen Eier und betreiben Brutpflege.

Nahrung: Blaubandbärblinge ernähren sich von Zooplankton, Insektenlarven, Schnecken, Kleinkrebsen und anderen wirbellosen Benthosorganismen. Sie sind bei der Nahrungswahl sehr flexibel und fressen bei Gelegenheit auch die Eier anderer Fischarten. In Teichwirtschaften fressen die Blaubandbärblinge auch gerne das eigentlich für Wirtschaftsfische angebotene Trockenfutter und können so zu Nahrungskonkurrenten für diese werden.

Gefährdungsstastus

Rote Liste Österreich: nicht eingestuft
Rote Liste Deutschland: nicht bewertet
Rote Liste Bayern: nicht angeführt
Rote Liste Baden-Württemberg: nicht bewertet
Invasive, gebietsfremde Art lt. Verordnung (EU) 1143/2014 und 2019/1262

Milchner mit Laichausschlag

Milchner im Laichkleid

Rogner mit laichprallem Bauch

Die Familie der Cobitidae

Steinbeißer

Familie: Schmerlen, *Cobitidae*
Steinbeißer: *Cobitis sp.*, Die Fotos zeigen *Cobitis elongatoides* (Bacescu & Maier, 1969)
Dorngrundel
Englisch: Spined loach

Merkmale: Die folgende Beschreibung bezieht sich auf den Arten- und Hybridkomplex der Steinbeißer im Donauraum, die sich oft nur durch eine genetische Untersuchung voneinander unterscheiden lassen. Die Körperform ist auffällig langgestreckt und seitlich stark zusammengedrückt. Am relativ kleinen und sehr spitz zulaufenden Kopf befinden sich insgesamt sechs recht kurze Barteln, die nicht bis zum Vorderrand der hochsitzenden Augen reichen. Vier davon sitzen auf der Oberlippe und zwei im Maulwinkel, das kleine Maul ist unterständig. Die Hautlappen an den oberen Nasenöffnungen sind röhrenförmig verlängert. In einer Hautfalte unterhalb der Augen verborgen, sitzt je ein zweiteiliger Dorn, der zur Verteidigung aufgerichtet werden kann. Die Flossen sind relativ klein und weisen kleine dunkle Punkte auf, die an der Schwanzflosse zu Bändern verschmelzen. Die Schwanzflosse besitzt einen runden, nach außen gewölbten Rand. Am Ansatz der Schwanzflosse befindet sich in der oberen Hälfte ein halbmondförmiger schwarzer Fleck, im Bereich der Schwanzwurzel sind Fettkiele erkennbar. Die Brustflossen der Milchner sind größer als die der Rogner und besitzen einen verlängerten bzw. verdickten zweiten Strahl. Eine Besonderheit ist die sogenannte Canestrinische Schuppe, die nur die Milchner besitzen. Diese einzelne und relativ große Schuppe sitzt auf der Oberseite der Brustflosse im Bereich des Flossenansatzes, ist aber mit freiem Auge nur schwer zu erkennen. Die Geschlechter unterscheiden sich auch durch ihre Größe, die Milchner bleiben deutlich kleiner als die Rogner. Die Haut ist mit sehr kleinen Schuppen bedeckt.

Wachstum: Die Durchschnittsgröße des Steinbeißers liegt zwischen 6 und 10 cm, die Endgröße liegt bei ca. 15 cm.

Flossenformel

RF 2–3 Hartstrahlen, 6–7 Weichstrahlen
AF 2–3 Hartstrahlen, 5–6 Weichstrahlen

Bezahnung

Schlundzähne: einreihig, 8–10 – 10–8
Barteln: 6 Stück

Verwechslungsarten: Der Schlammpeitzger hat (abgesehen vom Schwanzbereich) einen fast drehrunden Körper und zehn Bartfäden. Die Schmerlen besitzen eine stumpfere Schnauze als der Steinbeißer und ebenfalls einen fast drehrunden Körper. Der Schlammpeitzger und die Schmerle besitzen keine ausklappbaren Augendornen.

Biologie: Im Donauraum kommen vier Arten von Steinbeißern und eine Reihe von Hybridtypen vor (Bohlen 2006 pers. Mittlg.), die sehr schwer zu bestimmen sind. Steinbeißer führen ein verborgenes Leben und sind hauptsächlich dämmerungs- und nachtaktiv. Tagsüber graben sie sich im sandigen Substrat des Gewässergrundes ein, lediglich der Kopf ist noch sichtbar. Auch auf der Flucht vor Feinden können sie sich im entsprechend weichen Substrat jederzeit sehr schnell eingraben. Bevorzugte Lebensräume sind kleinere Fließgewässer bis hin zu Rinnsalen mit Sandgrund, aber auch die Uferzonen mancher Seen.

Fortpflanzung: Steinbeißer laichen je nach Witterung von Mai bis Juni, als Laichplatz wählen sie mit feinem Sand bedeckte ufernahe Abschnitte mit gerade so viel Pflanzenwuchs, dass dem lichtempfindlichen Laich bei der Entwicklung genügend Schatten sicher ist (Pinter 1998).

Nahrung: Steinbeißer ernähren sich von kleinen Benthosorganismen wie Schlammröhrenwürmern, Zuckmückenlarven und Kleinkrebsen, aber auch von pflanzlichem Detritus. Dabei durchsuchen sie mit ihrem kleinen Maul den sandig/schlammigen Gewässergrund nach Kleinlebewesen. Den ins Maul eingesaugten Sand stoßen sie durch die Kiemenöffnungen wieder aus, die aufgenommene Nahrung wird vor dem Verschlucken von den Schlundzähnen zerkleinert. Von diesem Verhalten leitet sich offenbar der Name Steinbeißer ab.

Gefährdungsursachen: Wie so oft liegen die Hauptursachen für die Bestandsrückgänge auch beim Steinbeißer im Verlust der natürlichen Lebensräume. Gerade kleine Fließgewässer ohne nennenswerte fischereiliche Nutzung werden immer wieder durch Jaucheeintrag, Bachräumungen oder sonstige gravierende negative Einflüsse geschädigt. Dabei wird hier der Schaden oft gar nicht bemerkt. Zusätzlich ist der Steinbeißer in kleineren Gewässern durch unüberlegten Besatz mit Raubfischen gefährdet.

Gefährdungsstatus

Rote Liste Österreich: gefährdet
Rote Liste Deutschland: ungefährdet(sowohl *Cobitis elongatoides*, als auch *Cobitis taenia*)
Rote Liste Bayern: vom Aussterben bedroht
Rote Liste Baden-Württemberg: stark gefährdet
Im Anhang II der FFH Richtlinie (92/43/EWG) angeführt

Der Steinbeißer besitzt sehr kurze Bartfäden.

Die Canestrinische Schuppe findet sich nur bei den Milchnern an der Brustflosse.

Schwanzflosse des Steinbeißers

Goldsteinbeißer

Familie: Schmerlen, *Cobitidae*
Goldsteinbeißer: *Sabanejewia balcanica* (Karamann, 1922)
Englisch: Goldside loach

Merkmale: Die Körperform ist langgestreckt und seitlich stark zusammengedrückt. Die Flanken tragen eine Reihe großer, dunkler, etwas verwaschener Flecken, die im Gegensatz zu anderen Steinbeißer-Arten in der untersten Reihe fast quadratisch ausgebildet sind. Bei geschlechtsreifen Milchnern ist, von oben betrachtet, im Bereich vor der Rückenflosse eine deutliche Verdickung sichtbar. Am relativ kleinen und, von oben betrachtet, spitz zulaufenden Kopf befinden sich insgesamt sechs relativ kurze Barteln, deren längste bis unter die Augen reichen. Davon sitzen vier auf der Oberlippe und zwei im Maulwinkel, das kleine Maul ist unterständig. Seitlich betrachtet, steigt die Scheitellinie des Kopfes ab der Schnauze recht steil an. Die Hautlappen an den oberen Nasenöffnungen sind röhrenförmig verlängert. In einer Hautfalte unterhalb der Augen verborgen, sitzt je ein zweiteiliger Dorn, der zur Verteidigung aufgerichtet werden kann. Die Flossen sind relativ klein und weisen kleine dunkle Punkte auf, die an der Schwanzflosse zu Bändern verschmelzen. Die Schwanzflosse besitzt einen runden, nach außen gewölbten Rand. Am Ansatz der Schwanzflosse befinden sich zwei halbmondförmige schwarze Flecken, die an den Enden zusammenhängen können. Im Bereich der Schwanzwurzel sind Fettkiele erkennbar. Die Brustflossen der Milchner sind größer als die der Rogner und besitzen einen verlängerten bzw. verdickten zweiten Strahl. Die Haut ist mit sehr kleinen Schuppen bedeckt.

Wachstum: Die Durchschnittsgröße des Steinbeißers liegt zwischen 6 und 10 cm, die Endgröße liegt bei ca. 15 cm.

Flossenformel

RF 2–3 Hartstrahlen, 6–7 Weichstrahlen
AF 2–3 Hartstrahlen, 5–6 Weichstrahlen

Bezahnung

Schlundzähne: einreihig, 8–8
Barteln: 6 Stück

Schuppenformel

SL 170–200 Schuppen entlang der Seitenlinie

Verwechslungsarten: Die Schlammpeitzger haben (abgesehen vom Schwanzbereich) einen fast drehrunden Körper und zehn Bartfäden. Die Schmerle besitzt eine stumpfere Schnauze als der Steinbeißer und ebenfalls einen fast drehrunden Körper. Schlammpeitzger und Schmerle besitzen keine ausklappbaren Augendornen. Die Schnauze des normalen Steinbeißers steigt am Scheitel nicht so steil an und weist am Ansatz der Schwanzflosse nur einen schwarzen, halbmondförmigen Fleck auf, außerdem sind die Bartfäden deutlich kürzer.

Biologie: Goldsteinbeißer führen ein verborgenes Leben und sind hauptsächlich dämmerungs- und nachtaktiv. Tagsüber graben sie sich im sandigen Substrat des Gewässergrundes ein, lediglich der Kopf ist noch sichtbar. Auch auf der Flucht vor Feinden können sie sich im entsprechend weichen Substrat jederzeit sehr schnell eingraben. Bevorzugte Lebensräume sind kleinere Fließgewässer bis hin zu Rinnsalen mit Sandgrund, aber auch die Uferzonen mancher Seen. In Österreich wurde der Goldsteinbeißer erstmals 1989 in einigen Bächen des südoststeirischen Grabenlandes, z. B. in der Rittschein, entdeckt (Kainz 1991, Stockinger 1992).

Fortpflanzung: Goldsteinbeißer laichen je nach Witterung von Mai bis Juni, als Laichplatz wählen sie mit feinem Sand bedeckte ufernahe Abschnitte mit gerade so viel Pflanzenwuchs, dass dem lichtempfindlichen Laich bei der Entwicklung genügend Schatten sicher ist (Pinter 1998).

Nahrung: Goldsteinbeißer ernähren sich von kleinen Benthosorganismen wie Schlammröhrenwürmern, Zuckmückenlarven und Kleinkrebsen, aber auch von pflanzlichem Detritus. Dabei durchsuchen sie mit ihrem kleinen Maul den sandig/schlammigen Gewässergrund nach Kleinlebewesen, den ins Maul eingesaugten Sand stoßen sie durch die Kiemenöffnungen wieder aus. Die aufgenommene Nahrung wird vor dem Verschlucken von den Schlundzähnen zerkleinert. Von diesem Verhalten und seiner goldbraunen Färbung leitet sich offenbar der Name Goldsteinbeißer ab.

Gefährdungsursachen: Wie so oft liegen die Hauptursachen für die Bestandsrückgänge auch beim Goldsteinbeißer im Verlust der natürlichen Lebensräume. Gerade kleine Fließgewässer ohne nennenswerte fischereiliche Nutzung werden immer wieder durch Jaucheeintrag, Bachräumungen oder sonstige gravierende negative Einflüsse geschädigt. Dabei wird hier der Schaden oft gar nicht bemerkt. Zusätzlich ist der Goldsteinbeißer in kleineren Gewässern durch unüberlegten Besatz mit Raubfischen gefährdet.

Gefährdungsstatus
Rote Liste Österreich: stark gefährdet
Rote Liste Deutschland: Daten unzureichend
Rote Liste Bayern: nicht angeführt
Rote Liste Baden-Württemberg: nicht angeführt
Im Anhang II der FFH Richtlinie (92/43/EWG) angeführt

Insgesamt sind es 6 relativ kurze Barteln.

Schwanzflosse des Goldsteinbeißers

Aufgerichteter Wangendorn

Europäischer Schlamm-peitzger

Familie: Schmerlen, *Cobitidae*
Schlammpeitzger: *Misgurnus fossilis* (Linnaeus, 1758)
Wetterfisch, Moorgrundel, Furzgrundel, Bissgurre
Englisch: Weatherfish

Merkmale: Auffällig ist der schlangenartige Körper und die längsgestreifte Zeichnung. Am relativ kleinen Kopf befinden sich insgesamt zehn Barteln, davon sitzen vier auf der Oberlippe, zwei im Maulwinkel und vier kurze auf der Unterlippe. Die Hautlappen an den oberen Nasenöffnungen sind röhrenförmig verlängert. Die Flossen sind relativ klein und mit schwarzen Punkten übersäht. Die Schwanzflosse besitzt einen runden, nach außen gewölbten Rand, an der Schwanzwurzel sind deutliche Fettkiele erkennbar. Die Brustflossen der Milchner laufen spitz aus, die der Rogner sind gerundet und klein, zudem sind die Brustflossen der Milchner deutlich größer als die der Rogner. Bei den Milchnern findet man nicht nur während der Laichzeit an den Seiten zwei wulstartige Verdickungen auf Höhe der Rückenflosse. Die Färbung des Schlammpeitzgers ist zwar variabel, die hellbraune Grundfärbung dominiert jedoch bei den meisten Exemplaren. Darüber liegen mehr oder weniger dunkle, manchmal fast schwarze Längsstreifen, die sich entlang des ganzen Körpers erstrecken. Der Bauch ist hellgelb bis dunkelorange gefärbt. Die sehr kleinen Schuppen liegen tief in der Schleimschicht der Haut verborgen. Dem Schlammpeitzger fehlen die für Schmerlen typischen ausklappbaren Augendorne.

Wachstum

Die Durchschnittsgröße des Schlammpeitzgers liegt zwischen 15 und 20 cm, die Endgröße liegt bei ca. 30 cm.

Flossenformel

RF 2–4 Hartstrahlen, 5–7 Weichstrahlen
AF 2–5 Hartstrahlen, 5–6 Weichstrahlen

Bezahnung

Schlundzähne: einreihig, 11–14 – 11–14
Barteln: 10 Stück

Schuppenformel

ca. 165 Schuppen entlang der Seitenlinie

Verwechslungsarten: Die Steinbeißer haben nur kurze Bartfäden und keine Längsbänder.

Biologie: Schlammpeitzger sind hervorragend an das Leben in sauerstoffarmen Gewässern angepasst und können so in Gewässern überleben, die von anderen Fischarten nicht dauerhaft besiedelt werden können. Sie leben tagsüber im Schlamm verborgen und werden erst in der Dunkelheit aktiv, um auf Nahrungssuche zu gehen. Um längere Trockenperioden zu überleben, vergraben sich diese Fische bis zu 50 cm tief im schlammigen Gewässergrund, ebenso vergraben und inaktiv überdauern sie auch die Wintermonate. Das Vorkommen dieser Fischart ist auf Gewässer in den Niederungen beschränkt. Schlammpeitzger besitzen eine biologische Besonderheit, sie können bei Sauerstoffknappheit durch ihren Darm atmen. Dabei schwimmen sie zur Wasseroberfläche, um Luft aufzunehmen und zu schlucken, im Enddarm wird dann der Sauerstoff absorbiert. Schlammpeitzger können in geringem Maße, ähnlich wie der Aal, auch durch die Haut Sauerstoff aufnehmen.

Fortpflanzung: Schlammpeitzger laichen je nach Witterung von Mai bis Juni, sie legen ihre Eier an flachen, pflanzenreichen Gewässerbereichen ab. Die Larven besitzen während der ersten Lebenstage Kiemenfäden, die unter den Kiemendeckeln hervorragen.

Nahrung: Schlammpeitzger ernähren sich von kleinen Benthosorganismen wie Insektenlarven, Schlammröhrenwürmern und Kleinkrebsen ebenso wie von pflanzlichem Detritus. Die Nahrung wird beim Durchwühlen des weichen Gewässergrundes aufgenommen und vor dem Verschlucken mit den Schlundzähnen zerkleinert.

Gefährdungsursachen: Wie so oft liegen die Hauptursachen für die Bestandsrückgänge auch beim Schlammpeitzger im Verlust der natürlichen Lebensräume. Flache Kleingewässer mit reichem Pflanzenwuchs, wie verlandende Altwässer oder Tümpel in Augebieten, sind der ursprüngliche Lebensraum dieser Fischart. Durch Trockenlegungen, Drainagierungen und sogenannte Sohlräumungen ist diese Fischart bei uns mittlerweile extrem selten geworden. Zusätzlich ist der Schlammpeitzger durch unüberlegten Besatz mit Raubfischen wie z. B. dem Aal gefährdet.

Gefährdungsstatus

Rote Liste Österreich: vom Aussterben bedroht
Rote Liste Deutschland: stark gefährdet
Rote Liste Bayern: stark gefährdet

Den Milchner erkennt man an den beiden seitlich liegenden „Wulsten".

Der Schlammpeitzger besitzt 6 lange und 4 kurze Barteln.

Asiatische Schlammpeitzger

In den vergangenen Jahren gelang der Nachweis mehrerer asiatischer Schlammpeitzgerarten in deutschen und österreichischen Gewässern. Da es sich dabei um gebietsfremde, vermutlich sogar invasive Fischarten handelt, sollen diese kurz vorgestellt werden.

- **Ostasiatischer Schlammpeitzger (*Misgurnus angullicaudatus*)**
- **Chinesischer Schlammpeitzger (*Paramisgurnus dabryanus*)**
- **Nordchinesischer Schlammpeitzger (*Misgurnus bipartitus*)**

Letztere Art ist in einer Studie der Europäischen Kommission von 2022 erfasst, die neue Risikobewertungen und Managementmaßnahmen für invasive Arten empfiehlt (European Commision 2022).

Unterscheidung

Die drei bislang in Europa etablierten asiatischen Schlammpeitzgerarten lassen sich vom europäischen Schlammpeitzger durch das Fehlen der typischen Längsstreifen unterscheiden. Bei den Milchnern der asiatischen Arten findet sich an der Basis der Brustflossen zusätzlich eine *lamina circularis*, ähnlich der Canestrinischen Schuppe beim Steinbeißer. Diese Besonderheit fehlt beim europäischen Schlammpeitzger. Weitere Unterscheidungsmerkmale inkl. Fotos der asiatischen Arten finden sich in einem Artikel in Österreichs Fischerei 74. Jahrgang, Seiten 217–232.
Dass zwischen asiatischen Schlammpeitzgerarten wie *M. angullicaudatus* und dem europäischen Schlammpeitzger *M. fossilis* Hybridisierungen möglich sind, konnte bei Laborversuchen von Josef Wanzenböck (Uni Innsbruck) gezeigt werden. (Wanzenböck et al. 2021)

Biologie des ostasiatischen Schlammpeitzgers: Die Art ist in Asien weit verbreitet und kommt in China, Taiwan, Korea und Japan vor. Bei seinen Lebensraumansprüchen gibt es viele Parallelen zu seinem europäischen Verwandten *Misgurnus fossilis*. So wie dieser besiedelt er in seiner asiatischen Heimat stark verkrautete, stehende oder nur langsam fließende Gewässer mit sandig/schlammigem Grund. In Teilen Asiens wird diese Art wegen seiner geringen Ansprüche an seinen Lebensraum auch in der Aquakultur und selbst in kleinsten Teichen als Speisefisch gehalten.

Gefährdungsstatus

Alle asiatischen Schlammpeitzger gelten bei uns als invasive gebietsfremde Arten.

Weibliches Exemplar des ostasiatischen Schlammpeitzgers mit deutlicher Fleckenzeichnung und sehr kleinen Brustflossen, im Gegensatz zum männlichen Exemplar mit großen spitz zulaufenden Brustflossen (Einleitungsbild).

Die *Lamina circularis* ist eine einzelne große Schuppe, die nur bei den Milchnern der asiatischen Schlammpeitzger zu finden ist. Die Unterscheidung der Geschlechter ist dadurch relativ einfach.

Der Nordchinesische Schlammpeitzger *Misgurnus bipartitus* wurde bereits mehrfach im oberösterreichischen und bayrischen Inn sowie in der niederösterreichischen Traisen nachgewiesen.

Die Familie der Nemacheilidae

Schmerle

Familie: Bachschmerlen, *Nemacheilidae*
Schmerle: *Barbatula barbatula* (Linnaeus, 1758)
Bachschmerle, Bartgrundel, Grundel
Englisch: Stone loach

Merkmale: Langgestreckter, sehr schlanker Körper, der Kopf läuft relativ spitz zu, ist aber an der Oberseite abgeflacht. Am kleinen Kopf befinden sich insgesamt sechs Barteln, davon sitzen vier auf der Oberlippe und zwei im Maulwinkel. Das kleine Maul ist unterständig. Die Hautlappen an den oberen Nasenöffnungen sind röhrenförmig verlängert. Die Flossen sind relativ klein und mit dunkelbraunen Punkten übersät. Die Schwanzflosse besitzt einen geraden oder leicht eingebuchteten Hinterrand. Die winzigen Schuppen sind unter einer dicken Schleimschicht verborgen. Die Flossen sind transparent bis gelblich gefärbt, wobei die Rücken- und Schwanzflosse dunkle Punktreihen aufweisen. Die Brustflossen der Milchner sind deutlich größer als die der Rogner und laufen spitz aus, die der Rogner sind gerundet. Die Seitenlinie ist unbeschuppt und vom Körperansatz bis zur Schwanzwurzel gut sichtbar. Die Färbung der Schmerle ist variabel, Rücken und Seiten sind unregelmäßig marmoriert, der Bauch zeigt eine schmutzigweiße Färbung. Am Kopf findet man im Bereich der Wangen oft einen goldgelben Schimmer. Die Augendorne der Schmerle sind klein und nicht ausklappbar.

Wachstum: Die Durchschnittsgröße der Schmerle liegt zwischen 6 und 10 cm, die Endgröße liegt bei ca. 15 cm.

Flossenformel

RF 2–4 Hartstrahlen, 7–8 Weichstrahlen
AF 2–4 Hartstrahlen, 5–6 Weichstrahlen

Bezahnung

Schlundzähne: einreihig, 8–10 – 8–10
Barteln: 6 Stück

Verwechslungsarten: Die Steinbeißer haben nur ganz kurze Bartfäden und ihr Körper ist seitlich stark zusammengedrückt. Der Augendorn ist bei ihnen ausklappbar. Der Rand ihrer Afterflosse ist konvex gerundet. Der Schlammpeitzger besitzt zehn Bartfäden und ebenfalls eine konvex gerundete Afterflosse.

Biologie: Schmerlen sind dämmerungs- und nachtaktive Kleinfische, die tagsüber unter Steinen und Wurzeln versteckt ruhen. Sie

Schmerlen sind sehr unterschiedlich gefärbt.

kommen in Fließgewässern von der unteren Forellen- bis hinunter zur Barbenregion vor. Die Schmerle kann vor allem in sehr kleinen, seichten Fließgewässern ohne Räuberdruck hohe Bestandsdichten erreichen. Man kann sie aber auch in der Uferzone sauberer Seen finden. Während die Schmerle während der warmen Jahreszeit im Gewässer verteilt vorkommt, versammeln sich die Fische im Herbst zu großen Gruppen, um an tieferen Stellen, in sogenannten Winterlagern, zu überwintern. Unter günstigen Umständen genügt ein einziges Jahr, um die Geschlechtsreife zu erlangen (Pinter 1998).

Kopf eines Milchners

Schwanzflosse der Schmerle

Fortpflanzung: Schmerlen laichen je nach Witterung von April bis Juni, sie sind Portionslaicher und legen ihre Eier zeitlich versetzt an flachen Gewässerbereichen mit Pflanzenbeständen, Wurzelwerk und ähnlichen Strukturen ab. Die Larven besitzen während der ersten Lebenstage Kiemenfäden, die nicht unter den Kiemendeckeln hervorragen (Pinter 1998).

Nahrung: Schmerlen ernähren sich von kleinen Benthosorganismen ebenso wie von pflanzlichem Detritus. Sie durchsuchen den Gewässergrund nach Kleinlebewesen, die eingesaugt und vor dem Verschlucken mit den Schlundzähnen zerkleinert werden.

Gefährdungsursachen: Die Hauptursachen für die Bestandsrückgänge liegen auch bei der Schmerle im Verlust der natürlichen Lebensräume. Durch Trockenlegungen, Drainagierungen und sogenannte Sohlräumungen ist diese Fischart bei uns mancherorts selten geworden. Zusätzlich ist die Schmerle durch unüberlegten Besatz mit Raubfischen gefährdet.

Gefährdungsstatus

Rote Liste Österreich: ungefährdet
Rote Liste Deutschland: ungefährdet
Rote Liste Bayern: Art der Vorwarnliste
Rote Liste Baden-Württemberg: nicht gefährdet

Die Familie der Siluridae

Wels

Familie: Welse, *Siluridae*
Wels: *Silurus glanis* (Linnaeus, 1758)
Waller
Englisch: European catfish, Danube catfish

Merkmale: Langgestreckter Körper, der ab dem Ansatz der Afterflosse seitlich stark zusammengedrückt erscheint. Großer, von oben betrachtet, sehr breiter Kopf mit weiter Maulspalte und auffällig kleinen Augen. Die Kieferknochen sind mit zahlreichen kleinen Hechelzähnen besetzt. Am wuchtigen verdickten Unterkiefer sitzen vier kürzere Bartfäden, am Oberkiefer vor der Maulspalte befinden sich zwei sehr lange Bartfäden, die bis zu den Brustflossen zurückreichen. Die Rückenflosse ist auffällig kurz und klein, sie steht sehr weit vorne, etwa auf der Höhe des Hinterrandes der Brustflossen. Der Wels besitzt im Gegensatz zu den Zwergwelsarten keine Fettflosse. Die extrem lange Afterflosse setzt hinter dem After an und zieht sich bis zur relativ kleinen Schwanzflosse durch. Brust- und Bauchflossen stehen nahe beisammen. Die Brustflossen sind durch einen sehr starken ersten Knochenstrahl gestützt, den vor allem junge Welse zur Verteidigung aufstellen. Die Färbung ist sehr variabel, je nach Lebensraum können Welse am Rücken beinahe schwarz, dunkelblau oder grünlich erscheinen. An den helleren Seiten findet man unregelmäßige Flecken, die oft die Form von unterschiedlich großen Quadraten oder Rechtecken haben. Welse besitzen keine Schuppen, und bei älteren Exemplaren sind oft die Spuren von Kämpfen durch Hautabschürfungen erkennbar.

Wachstum: Der Wels ist der größte bei uns vorkommende Fisch, die Durchschnittsgröße liegt zwischen 60 und 80 cm, dabei handelt es sich aber noch um Jungfische. Der Wels kann bei uns eine Maximalgröße von über 230 cm und ein Gewicht von über 100 kg erreichen.

Flossenformel
RF 1 Hartstrahl, 2–4 Weichstrahlen
AF kein Hartstrahl, 84–92 Weichstrahlen
BRF 1 kräftiger Hartstrahl, 14–17 Weichstrahlen

Bezahnung: Die Kieferknochen sind dicht mit feinen Hechelzähnen besetzt.
Barteln: 6 Stück

Verwechslungsarten: Die Aalrutte ähnelt dem Wels zwar in der Körperform, besitzt aber eine kurze und eine lange Rückenflosse und nur einen Bartfaden, der an der Spitze des Unterkiefers sitzt.
Der Zwerg- oder Katzenwels hat vier Bartfäden am Unter- und vier Bartfäden am Oberkiefer sowie eine große, längliche Fettflosse.

Biologie: Welse sind zwar hauptsächlich nachtaktive Fische, werden aber immer wieder auch tagsüber gefangen. Sie können ein Alter von über 100 Jahren erreichen (Honsig-Erlenburg & Petutschnig 2002). Sie kommen sowohl in den tiefen Unterläufen unserer Flüsse als auch in sommerwarmen Seen vor, wurden aber auch in kleinere Gewässer wie Baggerseen besetzt. Welse bevorzugen als Standplatz Abbruchufer mit Höhlen, Zonen mit dichtem Wasserpflanzenbestand und unterspülte Uferbereiche sowie versunkene Bäume oder Äste. Welse werden zwar meistens im Sommer gefangen und zeigen zu dieser Zeit ihre Hauptaktivität, es gibt aber zahlreiche Beispiele, die belegen, dass Welse auch mitten im Winter bei sehr niedrigen Wassertemperaturen Nahrung aufnehmen.

Nahrung: Welse sind von Jugend an Raubfische, sie ernähren sich hauptsächlich von Fischen. Dabei werden vom Wels auch gerne hochrückige Fischarten wie Brachsen und Güstern gefressen. Neben Fischen erbeuten Welse aber auch Amphibien, wie Teich- oder Seefrösche. Große Exemplare verschlingen fallweise sogar im Wasser schwimmende Nager, wie Mäuse oder Bisamratten, vereinzelt fallen großen Welsen auch Wasservögel zum Opfer. Über die unglaubliche Raublust großer Welse wurde in der einschlägigen Literatur viel berichtet, wobei bei so manchem „Tatsachenbericht" die Fantasie eine nicht unerhebliche Rolle gespielt haben dürfte.

Fortpflanzung: Welse sind Sommerlaicher, die meist im Juni seichte Uferbereiche aufsuchen, um dort paarweise ihre Eier in einfache Nester abzulegen.

Gefährdungsursachen: Wie so oft liegen die Ursachen für die Bestandsrückgänge auch beim Wels in der Zerstörung der natürlichen Lebensräume. Harte Uferverbauungen, vom Hauptgerinne abgeschnittene Altarme, aber auch Überfischung spielen eine wesentliche Rolle. Der Wels benötigt für seine natürliche Fortpflanzung allerdings auch Mindesttemperaturen, die um 20 °C liegen. In vielen Gewässern, in die er künstlich eingebracht wurde, werden diese aber einfach nicht erreicht und der Welsbestand bleibt vom Besatz abhängig.

Gefährdungsstatus

Rote Liste Österreich: gefährdet
Rote Liste Deutschland: ungefährdet
Rote Liste Bayern: Art der Vorwarnliste
Rote Liste Baden-Württemberg: nicht gefährdet

Fischerei

Wegen ihrer Größe sind Welse bei Fischern besonders begehrt.

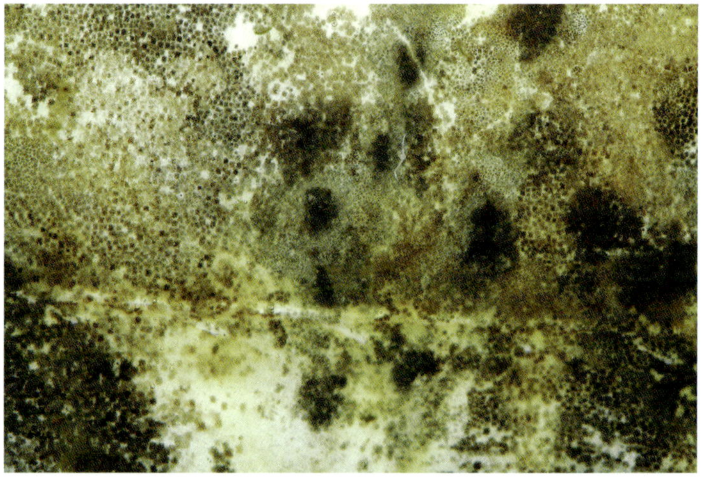

Die Haut des Welses besitzt keine Schuppen.

Breiter Kopf, weite Maulspalte, kleine Augen

Die Rückenflosse ist auffällig klein.

Die Familie der Ictaluridae

Zwergwelse

Familie: Zwergwelse, *Ictaluridae*
Schwarzer Zwergwels: *Ameiurus melas* (Rafinesque, 1820)
Englisch: Black bullhead
Brauner Zwergwels: *Ameiurus nebulosus* (Lesueur, 1819)
Katzenwels
Englisch: Brown bullhead

Merkmale: Keulenförmige Körperform, die an die des Welses oder der Rutte erinnert, aber nicht so langgestreckt, ab dem Ansatz der Bauchflossen seitlich stark zusammengedrückt. Großer, bei älteren Exemplaren wuchtig erscheinender Kopf mit breiter Maulspalte. Die Kieferknochen sind mit zahlreichen kleinen Hechelzähnen besetzt. Am Unterkiefer sitzen vier lange Bartfäden, am Oberkiefer vor der Maulspalte befinden sich zwei kürzere und zwei lange Bartfäden, die bis zu den Brustflossen zurückreichen. Zwischen der Rücken- und der Schwanzflosse befindet sich eine große längliche Fettflosse. Die relativ lange Afterflosse setzt hinter dem After an, reicht aber nicht völlig bis zur Schwanzflosse zurück. Die Brustflossen sind durch einen sehr starken ersten Knochenstrahl gestützt, den der Zwergwels zur Verteidigung aufstellen kann. Die Färbung ist variabel, der Rücken ist meist dunkel- bis olivgrün gefärbt, die Flanken goldgrün und der Bauch goldgelb bis weißlich. Die Haut der Zwergwelse ist schuppenlos, die Seitenlinie ist gut erkennbar.

Wachstum: Die Durchschnittsgröße beim Zwergwels liegt zwischen 20 und 30 cm, die Maximalgröße bei rund 45 cm.

Flossenformel

Schwarzer Zwergwels
RF 1 Hartstrahl und 5–6 Weichstrahlen
AF 1 Hartstrahl und 15–21 Weichstrahlen
BRF 1 kräftiger Hartstrahl (nicht oder kaum gesägt) und 8 Weichstrahlen
SF 15–19 Weichstrahlen

Brauner Zwergwels
RF 1 Hartstrahl und 6–7 Weichstrahlen
AF 1 Hartstrahl und 18–23 Weichstrahlen
BRF 1 kräftiger Hartstrahl (stark gesägt) und 7–9 Weichstrahlen
SF 22–23 Weichstrahlen

Bezahnung: Die Kieferknochen sind dicht mit feinen Hechelzähnen besetzt.
Barteln: 8 Stück

Verwechslungsarten: Die Aalrutte ähnelt dem Zwergwels zwar in der Körperform, besitzt aber keine Fettflosse, sie hat eine kurze und eine lange Rückenflosse und nur einen Bartfaden, der an der Spitze des Unterkiefers sitzt.
Der Wels hat vier Bartfäden am Unter- und zwei sehr lange Bartfäden am Oberkiefer, er besitzt keine Fettflosse.

Biologie: Ursprünglich im Osten Nordamerikas beheimatet, wurden Zwergwelse etwa um die Jahrhundertwende auch nach Europa eingeführt und fanden durch unüberlegten Besatz, aber auch durch Freisetzung von Aquarienexemplaren ihre Ausbreitung. Der Zwergwels ist hinsichtlich seiner Lebensansprüche recht anspruchslos und vermehrt sich in ihm zusagenden Gewässern sehr rasch. So kann er sich in kleineren Gewässern, wie Baggerseen oder Biotopen, rasch zur dominierenden Fischart entwickeln und andere Fischarten sowie Amphibien verdrängen. Hohe Wassertemperaturen und geringen Sauerstoffgehalt überlebt er problemlos. Zwergwelse sind hauptsächlich nachtaktive Fische, werden aber immer wieder auch tagsüber gefangen.

Nahrung: Zwergwelse sind hinsichtlich ihrer Ernährung recht anpassungsfähig, es werden Insektenlarven, Würmer, Schnecken, Kleinkrebse, Amphibien und deren Larven ebenso gefressen wie Fischeier oder Kleinfische. Auch pflanzliche Kost und sogar Trockenfutter werden vom Zwergwels aufgenommen.

Fortpflanzung: Zwergwelse laichen im Frühjahr, meist im Mai und Juni. Die Rogner legen dabei eine Art Laichgrube an. Zwergwelse betreiben eine sehr interessante Brutpflege, die zu einer hohen Überlebensrate bei dieser Fischart führt.

Fischerei: Zwergwelse werden in der Aquakultur häufig als Speisefische gezüchtet.

Gefährdungsstatus
Rote Liste Österreich: nicht angeführt
Rote Liste Deutschland: nicht bewertet
Rote Liste Bayern: nicht angeführt
Rote Liste Baden-Württemberg: nicht bewertet

Je 4 Bartfäden am Ober- und am Unterkiefer

Der Zwergwels besitzt eine Fettflosse.

Gelber Drachenwels

Familie: Stachelwelse, *Bagridae*
Gelber Drachenwels: *Tachysurus fulvidraco* (Richardson, 1846)
Englisch: Yellow Dragon Catfish, East asian yellow catfish

Merkmale: Die Körperform ähnelt dem der Zwergwelse stark, nur die Schwanzflosse ist bei T. fulvidraco erheblich tiefer gegabelt. Er besitzt ebenfalls eine Fettflosse und insgesamt 8 Bartfäden. 4 kürzere davon sitzen am Unterkiefer, 2 lange und aktiv bewegliche am Oberkiefer vor dem Maulwinkel und 2 kürzere oben auf der Schnauze im Bereich der Nasenlöcher. Die vorderen Nasenöffnungen sind röhrenartig verlängert, ähnlich wie bei den Zwergwelsen. Seine Haut ist schuppenlos und teilweise durch Knochenplatten geschützt. Die längliche Afterflosse setzt hinter dem After an, reicht aber nicht völlig bis zum Schwanzflossenansatz zurück. Die hellgelbe Seitenlinie ist gut erkennbar und hebt sich bei älteren Exemplaren gut von den dunklen Flecken ab.

Wachstum: Härtl et al. (2018) fingen in der Donau Drachenwelse zwischen 10 und 304 mm.

Flossenformel
RF 2 Hartstrahlen und 7 Weichstrahlen
AF 19–20 Weichstrahlen
Vorsicht ist beim Handling mit dieser Fischart geboten, da die gezähnten Hartstrahlen der Rücken- und Brustflossen zu scharfen Spitzen auslaufen und sehr schmerzhafte Wunden verursachen können.

Bezahnung
Die Kieferknochen sind dicht mit feinen Hechelzähnen besetzt.

Verwechslungsarten: Aufgrund seiner charakteristischen Zeichnung ist der Gelbe Drachenwels nicht mit anderen bei uns vorkommenden Fischarten zu verwechseln.

Biologie: Diese Art stammt ursprünglich aus Ostasien und wurde im Mai 2018 erstmals in der deutschen Donau zwischen Regensburg und Straubing nachgewiesen. Bereits im September 2018 wurden im Bereich der Mündung der „Gmünder Au" Hunderte Exemplare der Art mit Reusen gefangen. Wie genau der Drachenwels in die bayrische Donau gelangt ist, wird sich wohl kaum mehr klären lassen. Möglich wäre ein Entkommen aus privaten Garten- oder Fischteichen in Donaunähe anlässlich des Jahrhunderthochwassers im Juni 2013. Die Art wurde auch bereits 2014 im Aquarienhandel angeboten.

Nahrung: Der gelbe Drachenwels ernährt sich vorwiegend von benthischen Kleinlebewesen, wie Mückenlarven, Würmern und Kleinkrebsen. Aber auch Jungfische und Fischlaich finden sich im Nahrungsspektrum dieser Fischart. Sowohl in der Aquakultur als auch in der Aquaristik ist die Fütterung mit handelsüblichem Kunstfutter (Pellets) problemlos möglich.

Fortpflanzung: Milchner betreiben Brutpflege.

Fischerei: Die Art ist in ihrer ostasiatischen Heimat, vor allem in China, ein wirtschaftlich wichtiger Speisefisch, der sowohl in kleinen Teichen als auch in der Aquakultur gezüchtet wird.

Gefährdungsstatus
Invasive gebietsfremde Art

Wie bei den Zwergwelsen finden wir auch beim Gelben Drachenwels eine große Fettflosse.

Die Familie der Lotidae

Aalrutte

Familie: Echte Dorsche, *Lotidae*
Aalrutte: *Lota lota* (Linnaeus, 1758)
Rutte, Trüsche, Aalraupe, Quappe
Englisch: Burbot

Merkmale: Das auffälligste Merkmal der Aalrutte ist wohl der einzelne Bartfaden am Unterkiefer. Hinter den beiden Nasenöffnungen steht jeweils ein kurzer Hautlappen, dabei handelt es sich aber um keine Barteln. Die Färbung ist sehr variabel, je nach Lebensraum können Rutten beinahe schwarz und ohne erkennbare Zeichnung sein, im Normalfall sind es jedoch schön marmorierte Exemplare mit einer dunkelbraunen bis gelbgrünlichen Grundfarbe. Die erste Rückenflosse ist kurz, die zweite lang und bis zur Schwanzflosse reichend. Die lange Afterflosse reicht vom Weidloch bis zur Schwanzflosse. Auffällig und zugleich charakteristisch für die Dorschartigen sind die kehlständigen Bauchflossen. Bei den inneren Organen fällt die übergroße Leber auf. Oft finden sich darin die Larvenstadien des Hechtbandwurmes *Trienophorus nodulosus*. Die Haut ist mit winzigen tiefliegenden Schuppen bedeckt.

Wachstum: Die Durchschnittsgröße liegt bei rund 40 cm, ausnahmsweise werden Rutten in großen Flüssen bzw. tiefen Voralpenseen bis zu 90 cm lang und rund 8 kg schwer.

Flossenformel
RF 1/9–16 Weichstrahlen
RF 2/67–75 Weichstrahlen
AF 65–78

Bezahnung: Die Knochen der Maulhöhle sind mit dichtstehenden Hechelzähnen besetzt.
Bartel: 1 Stück

Verwechslungsarten: Der Wels hat zwei lange Bartfäden am Oberkiefer und vier kürzere am Unterkiefer, die Bauchflossen sind bauchständig.
Der Zwerg- oder Katzenwels hat vier lange Bartfäden jeweils am Unter- und Oberkiefer. Die Bauchflossen sind bauchständig, eine Fettflosse ist vorhanden.

Biologie: Die Rutte ist der einzige im Süßwasser lebende Vertreter in der Familie der Dorschartigen. Rutten sind nachtaktive Fische, die sich fast ausschließlich am Grund aufhalten. Sie kommen sowohl in Flüssen als auch in Seen vor, kühles sauerstoffreiches Wasser vorausgesetzt. In den großen Voralpenseen dringen Rutten bis in Tiefen von über 100 Metern vor. Im Gegensatz zu den meisten anderen Fischarten liegt der Aktivitätshöhepunkt der Rutte in der kalten Jahreszeit. In die Wintermonate fällt auch die Laichzeit der Rutte. Abhängig von der Wassertemperatur laichen die Rutten in den Monaten Dezember bis März. Mitte Februar bis März deshalb, weil sich Fließgewässer im Einzugsgebiet von tiefen Seen erst dann so weit abgekühlt haben, dass die Wassertemperatur unter die für Rutten zum Laichen notwendige 4 °C-Grenze sinkt. Sie sammeln sich dabei zu kleinen Schwärmen und unternehmen Laichwanderungen, bei denen sie oft in die Zuflüsse von Seen und Flüssen aufsteigen. Rutten sind Kieslaicher und haben wie alle Dorschartigen extrem hohe Eizahlen, entsprechend hoch ist die Ausfallsquote. Diese Eier sind anfänglich mit einer Ölkugel versehen und treiben mit der Strömung ab bzw. schweben im Wasser. Dabei dienen sie Jugendstadien anderer Fischarten, wie z. B. der Bachforelle, als wichtige Nahrung. Die frisch geschlüpften Ruttenlarven sind so winzig, dass sie herkömmliches Zooplankton, z. B. Wasserflöhe oder Hüpferlinge, wegen ihrer Größe noch nicht fressen können. In der künstlichen Aufzucht müssen daher spezielle Planktonnetze verwendet werden, um sogenannte Nauplien (Larvenstadien) zu fangen, die klein genug sind, um von den Ruttenlarven gefressen werden zu können. Als Jungfische ernähren sich Rutten von Wirbellosen wie z. B. Bachflohkrebsen und Insektenlarven. Später passen sich die Ernährungsgewohnheiten der Rutten an das jeweilige Gewässer an. So können sich manche Rutten zu ausgesprochenen Raubfischen entwickeln, andere wiederum ernähren sich zeitlebens von Wirbellosen. Der Normalfall liegt wohl etwa in der Mitte. Rutten sind also Opportunisten und fressen, was gerade verfügbar ist. Das Fleisch der Rutte ist sehr wohlschmeckend, vergleichbar mit dem des Dorsches. Als besondere Delikatesse gilt ihre Leber.

Gefährdungsursachen: Wie so oft liegen die Ursachen für die Bestandsrückgänge auch bei der Rutte in der Zerstörung der natürlichen Lebensräume. Wanderhindernisse und fehlende bzw. nicht erreichbare Laichplätze wirken sich auf die Ruttenbestände fatal aus. Da die Rutte während ihrer Laichzeit in den Wintermonaten auch tagaktiv ist, fällt sie gerade dann fischfressenden Vögeln wie dem Kormoran besonders leicht zum Opfer. Man muss aber auch eingestehen, dass die Fischerei gerade bei der Rutte eine erhebliche Schuld am Rückgang der Bestände trifft. So wurde die Rutte früher als „Laichräuber" gnadenlos verfolgt. Mit Legleinen, Reusen und Elektrofischerei versuchte man den vermeintlich „Schuldigen" für den Rückgang mancher Salmonidenbestände auszumerzen. Aus der „verfolgten Fischart" wurde auch deshalb eine bedrohte Fischart. Heute weiß man, dass die Rutte seit jeher ein fixer Bestandteil unserer heimischen Fischfauna war, lange bevor der unheilvolle Einfluss des Menschen unsere Gewässer beeinträchtigte. Sie hatte also tausende Jahre Zeit, andere mit ihr vorkommende Fischarten zu verdrängen, und hat es nicht getan.

Gefährdungsstatus

Rote Liste Österreich: gefährdet
Rote Liste Deutschland: Vorwarnliste
Rote Liste Bayern: stark gefährdet
Rote Liste Baden-Württemberg: stark gefährdet

Fischerei: Die Aalrutte ist ein geschätzter Speisefisch.

Ca. 4 Wochen alte Aalrutte bei der Jagd auf einen Hüpferling (Planktonkrebs)

Der einzelne Bartfaden am Unterkiefer ist typisch für die Aalrutte.

Die Rückenflosse ist zweiteilig.

Die Bauchflossen sind kehlständig.

Neunstacheliger Stichling

Familie: Stichlinge, *Gasterosteidae*
Neunstacheliger Stichling: *Pungitius pungitius* (Linnaeus, 1758), Zwergstichling
Englisch: Ten spined stickleback

Merkmale: Seitlich stark zusammengedrückter, schlanker Körper mit spitzem Kopf, das leicht oberständige Maul erscheint relativ klein. Kopf und Körper sind unbeschuppt. Die schwarzen Pupillen sind von einem orangeroten oder gelben Ring eingefasst. Die Körperfärbung dient außerhalb der Laichzeit hauptsächlich der Tarnung, dementsprechend findet man bei diesen Fischen auf der hellen, graubraunen Grundfärbung große und kleine, dunkle, oft olivgrüne Flecken. Während der Laichzeit färben sich die Männchen jedoch auffällig dunkelbraun bis schwarz. Nur die Bauchflossen schimmern kontrastreich weiß. Die ersten sieben bis zwölf, aber meist neun Flossenstrahlen sind zu getrennten, spitzen, aber kurzen Stacheln (mit Flossenhaut) umgebildet, die zweite längere und zusammenhängende Rückenflosse besitzt zwischen neun und zwölf Fiederstrahlen. Die Brustflossen sind groß und dienen in der dichten Vegetation zu Fortbewegung. Die Bauchflossen hingegen sind zu Stacheln umfunktioniert und bieten einen guten Schutz vor Fressfeinden. Der erste Strahl der Afterflosse ist ebenfalls zu einem Stachelstrahl ausgeformt, daran schließen acht bis dreizehn Fiederstrahlen. Die After- und die zweite Rückenflosse erscheinen gleich lang und stehen sich gegenüber.

Wachstum: Die Durchschnittsgröße der bei uns vorkommenden Neunstacheligen Stichlinge liegt bei etwa 4 cm, die Endgröße bei rund 5 cm.

Flossenformel

RF 1/ 7–12, meist aber 9 getrennte, kurze Stachelstrahlen,
RF 2/ 8–14 Weichstrahlen
AF 1 Stachelstrahl, 8–13 Weichstrahlen

Verwechslungsarten: Der Dreistachelige Stichling ist leicht durch die deutlich längeren und zwei bis fünf Stachelstrahlen am Rücken zu unterscheiden.

Biologie: Die Vorkommen in Österreich sind vermutlich auf das Freisetzen durch Aquarianer zurückzuführen. Neunstachelige

Rogner mit laichprallem Bauch

Die Pupillen haben einen orangefarbenen Ring.

Stichlinge leben gesellig in verkrauteten Uferzonen größerer Gewässer, vor allem aber in Klein- und Kleinstgewässern, die oft nur von ihnen bewohnt werden. Er ist hinsichtlich der Wasserqualität und des Sauerstoffgehaltes sehr tolerant.

Fortpflanzung: Die Laichzeit des Neunstacheligen Stichlings erstreckt sich von April bis Juli, während dieser Zeit bilden die Milchner Reviere, die sie gegen Eindringlinge vehement verteidigen. Sie bauen in der Unterwasservegetation aus Pflanzenteilen ein Nest. Nachdem die Rogner ihre Eier dort abgelegt haben, bewacht das Männchen das Nest und anfangs auch die Brut.

Nahrung: Die Nahrung des Neunstacheligen Stichlings besteht hauptsächlich aus Wirbellosen, also Wasserinsekten und deren Larven, Würmern und Kleinkrebsen.

Gefährdungsstatus

Rote Liste Österreich: nicht angeführt
Rote Liste Deutschland: ungefährdet
Rote Liste Bayern: extrem seltene Arten und Arten mit geographischer Restriktion
Rote Liste Baden-Württemberg: nicht bewertet

Dreistacheliger Stichling

Familie: Stichlinge, *Gasterosteidae*
Dreistacheliger Stichling: *Gasterosteus aculeatus* (Linnaeus, 1758)
Großer Stichling
Englisch: Three spined stickleback

Merkmale: Seitlich stark zusammengedrückter Körper mit relativ großem Kopf, das leicht oberständige Maul erscheint relativ klein. Kopf und Körper sind unbeschuppt und tragen anstelle der Schuppen Knochenplatten. Je nach deren Anzahl werden drei bzw. vier unterschiedliche Formen unterschieden. Die Färbung dient außerhalb der Laichzeit hauptsächlich der Tarnung, dementsprechend sind diese Fische mit braungrauen oder olivgrünen Flecken bedeckt bzw. marmoriert. Während der Laichzeit tragen die Männchen jedoch ein auffälliges Laichkleid, Kopf und Kehle sind orange- bis tiefrot gefärbt, der Rücken schimmert metallisch grün und die sonst graubraunen Flecken werden noch dunkler. Die ersten zwei bis fünf, meist aber drei Flossenstrahlen sind zu getrennten, spitzen Stacheln (mit Flossenhaut) umgebildet, die zweite längere und zusammenhängende Rückenflosse besitzt zwischen 8 und 14 Fiederstrahlen. Die Brustflossen sind groß und dienen in der dichten Vegetation zur Fortbewegung. Die Bauchflossen hingegen sind zu aufklappbaren Stacheln umfunktioniert und bieten einen wirksamen Schutz vor Fressfeinden.

Wachstum: Die Durchschnittsgröße der bei uns vorkommenden dreistacheligen Stichlinge liegt bei etwa 5 cm, die Endgröße bei rund 8 cm. Im Meer lebende Formen erreichen bis zu 14 cm Länge.

Flossenformel

RF 1/ 2–5, meist aber 3 einzelne Stachelstrahlen
RF 2/ 8–14 Weichstrahlen
AF 1 Stachelstrahl, 6–11 Weichstrahlen

Verwechslungsarten: Der Neunstachelige Stichling ist leicht durch die deutlich kürzeren sieben bis zwölf Stachelstrahlen am Rücken zu unterscheiden.

Biologie: Die zahlreichen Vorkommen in Österreich sind vermutlich auf das Freisetzen durch Aquarianer zurückzuführen. Stichlinge leben gesellig in verkrauteten Uferzonen größerer Gewässer, vor allem aber in Klein- und Kleinstgewässern, die oft nur von ihnen bewohnt werden. Sie sind hinsichtlich der Wasserqualität und des Sauerstoffgehaltes sehr tolerant.

Fortpflanzung: Die Laichzeit des Dreistacheligen Stichlings erstreckt sich von April bis Juli, während dieser Zeit bilden die Milchner Reviere, die sie gegen Eindringlinge vehement verteidigen. Sie bauen in Bodennähe aus Pflanzenteilen ein Nest. Nachdem die Rogner ihre Eier dort abgelegt haben, bewacht das Männchen das Nest und anfangs auch die Brut.

Nahrung: Die Nahrung des Dreistacheligen Stichlings besteht hauptsächlich aus Wirbellosen, also Wasserinsekten und deren Larven, Würmern und Kleinkrebsen. Oft fressen sie aber auch Amphibienlarven und den Laich anderer Fische.

Gefährdungsstatus

Rote Liste Österreich: nicht eingestuft
Rote Liste Deutschland: ungefährdet
Rote Liste Bayern: Art der Vorwarnliste
Rote Liste Baden-Württemberg: nicht gefährdet

Die Bauchflossen sind zu Stacheln umgeformt und werden zur Verteidigung aufgestellt.

Milchner im Laichkleid

Rogner – die Färbung dient der Tarnung.

Die Familie der Percidae

Die Familie der Barschartigen umfasst sehr bekannte Fischarten wie den Zander und den Flussbarsch, die nicht nur wegen ihres ausgezeichneten Fleisches, sondern auch als Sportfische sehr begehrt sind. Aber auch weniger bekannte Arten wie der Streber oder der Schrätzer gehören zur Familie der Barsche. Während einige Arten, wie der Flussbarsch, was ihren Lebensraum betrifft, recht anspruchslos sind, sind andere wie z. B. der Streber hinsichtlich ihres Lebensraumes echte Spezialisten und benötigen ganz bestimmte Voraussetzungen, wie starke Strömung und kiesigen Grund, um überleben zu können. Ihr gemeinsames Merkmal ist eine zweiteilige Rückenflosse, deren erster Teil von kräftigen Stachelstrahlen und deren hinterer Teil großteils von gefiederten Weichstrahlen gestützt wird. Die Rückenflossen können je nach Art zusammenhängen oder durch einen Einschnitt getrennt sein. Ebenfalls typisch für die Familie der Barsche sind die Bauchflossen, die „bruststândig" angeordnet sind, also im Vergleich zu vielen anderen Fischarten deutlich nach vorne, in die unmittelbare Nähe der Brustflossen gerückt erscheinen. An den Kiemendeckeln sitzen spitze Knochendorne, die wie die Stachelstrahlen an den Flossen zur Verteidigung eingesetzt werden. Bei manchen Arten, wie dem Kaulbarsch, findet man zusätzlich noch Wangendorne, die durch Abspreizen der Kiemendeckel aufgerichtet werden können. Auch die Beschuppung der Barschartigen ist charakteristisch, sie besitzen sogenannte Ctenoidschuppen, die einen gezähnten Außenrand aufweisen und deshalb auch Kammschuppen genannt werden. Auch wenn man diesen gezähnten Rand mit freiem Auge kaum erkennen kann, so lässt sich die raue Oberfläche gut fühlen, wenn man einen Fisch aus der Barschfamilie mit den Händen berührt.

Das Nahrungsspektrum der Barschartigen reicht abhängig von Art und Größe, von winzigen Planktonkrebsen über kleine wirbellose Benthosorganismen bis hin zu Fischen. So ernähren sich Zingel oder Streber hauptsächlich von Kleinlebewesen wie Insektenlarven, Würmern und Kleinkrebsen. Der Zander hingegen ernährt sich fast ausschließlich von Fischen, ist also ein ausgesprochener Raubfisch. Aber auch „Allrounder" hinsichtlich der Nahrung findet man unter den Barschartigen, so erstreckt sich das Beutespektrum des Flussbarsches von winzigen Planktonkrebsen über wirbellose Kleinlebewesen hin bis zu Fischen und sogar Amphibien. Entsprechend unterschiedlich gestaltet sich auch die Bezahnung: Beim Zander findet man die typischen Fang- oder Hundszähne eines Raubfisches. Beim Flussbarsch sind die Kieferknochen dicht mit feinen Hechelzähnen besetzt und bei Zingel oder Streber ist die Bezahnung für uns mit freiem Auge kaum mehr erkennbar.

Die Laichzeit der Barschartigen fällt in das Frühjahr, meist in die Monate März und April. Interessant ist in diesem Zusammenhang, dass manche Arten, wie der Flussbarsch, ihren Laich in zusammenhängenden Laichschnüren ablegen, andere, wie der Zander, ihre Eier aber einzeln an Wurzeln kleben. Bei manchen Arten, wie dem Zander, betreiben die Milchner Brutpflege und bewachen ihre Eigelege.

Kaulbarsch

Familie: Echte Barsche, *Percidae*
Kaulbarsch: *Gymnocephalus cernuus* (Linnaeus, 1758)
Pfaffenlaus, Rotzbarsch
Englisch: Ruffe

Merkmale: Seitlich zusammengedrückter, im Alter etwas hochrückiger Körper. Relativ großer Kopf mit stumpfer Schnauze und eher kleinem Maul. Die großen Augen schimmern bei entsprechendem Lichteinfall blau bis violett. Der Körper ist mit Kammschuppen bedeckt. Die Körperfärbung wird von Grau- und Grüntönen dominiert, jüngere Tiere erscheinen oft blass und durchscheinend. Der Kaulbarsch besitzt zwei zusammenhängende Rückenflossen, deren erste mit kräftigen Stachelstrahlen bewehrt ist. Beide Flossen sind mit dunklen Flecken übersät, ebenso die Schwanzflosse. Bauch- und Afterflosse besitzen ebenfalls Stachelstrahlen. Die Flossenhäute zwischen den etwa gleich langen Stachelstrahlen der Afterflosse sind nur mäßig eingebuchtet. Der Oberrand der hinteren Rückenflosse verläuft fast parallel zur Oberkante des Schwanzstieles. An den Enden der Kiemendeckel sitzt je ein einzelner spitzer Knochendorn. Am Vorderrand der Wangen sitzen vor allem bei größeren Exemplaren mehrere kurze Dornen, die nach unten bzw. vorne zeigen und das Schlucken des Kaulbarsches durch Räuber erschwert. Auffällig ist auch die starke Schleimschicht, die den ganzen Körper bedeckt.

Wachstum: Die Durchschnittsgröße liegt bei etwa 10 bis 15 cm, die Endgröße bei rund 25 cm.

Flossenformel

RF zweiteilig, aber zusammenhängend
RF 1/12–16 Stachelstrahlen
RF 2/11–15 Fiederstrahlen
AF 2 Stachelstrahlen und 5–6 Weichstrahlen
BAF 1 Stachelstrahl und 5 gefiederte Weichstrahlen

Schuppenformel

34–40 Schuppen entlang der Seitenlinie

After- und Rückenflosse des Kaulbarsches

Bezahnung: feine, dichtstehende Hechelzähne auf den Kieferknochen im Maul

Verwechslungsarten: Der Donaukaulbarsch besitzt einige dunkle Querbinden bzw. große verwaschene Flecken, die zu Querbändern verwachsen sind. Beim Donaukaulbarsch sind die Flossenhäute zwischen den beiden Stachelstrahlen der Afterflosse tief eingebuchtet, zudem besitzt er am Ende der Kiemendeckel zwei Dorne. Der Oberrand der zweiten Rückenflosse verläuft in einem spitzen Winkel zur Oberkante des Schwanzstieles. Der Schrätzer ist deutlich schlanker und besitzt Längsstreifen. Beim Flussbarsch und Wolgazander sind die Rückenflossen deutlich getrennt.

Biologie: Der Kaulbarsch gehört zu den am weitesten verbreiteten Fischarten Mitteleuropas. Er besiedelt die Barben- und Brachsenregion der großen Flüsse, kommt aber auch häufig im Brackwasser vor. Sogar in stehenden Gewässern ist der Kaulbarsch oft anzutreffen, er bevorzugt kiesigen bis sandigen Boden. Selbst in die kalten klaren Voralpenseen des Salzkammergutes (Mondsee, Irrsee) wurde er mittlerweile eingeschleppt. Der Kaulbarsch ist ein Schwarmfisch, wobei die Schwärme von Jungbarschen mehrere Tausend Individuen umfassen können, mit zunehmender Größe verringert sich jedoch die Anzahl der Fische im Schwarm deutlich. Kaulbarsche sind sehr anpassungsfähig und können in verschiedensten Lebensräumen überleben.

Fortpflanzung: Die Laichzeit des Kaulbarsches erstreckt sich von März bis Mai, dann ziehen diese Fische in Schwärmen ins seichte Wasser, um dort zu laichen. Besonders gerne halten sich Kaulbarsche in dichten Schwärmen im Schutz von Bootshütten auf. Die Rogner legen ihren Laich in gallertartigen „Schnüren" oder „Paketen" an Steinen oder Wasserpflanzen ab (Pinter 1998).

Nahrung: Die Nahrung des Kaulbarsches ist sehr vielseitig, in der Jugend besteht die Nahrung hauptsächlich aus Zooplankton, später besteht sie hauptsächlich aus Benthosorganismen, wie Würmern, Kleinkrebsen und Insektenlarven, aber auch der Laich und die Brut anderer Fischarten werden vom Kaulbarsch gefressen.

Gefährdungsursachen: Eine der wenigen heimischen Fischarten, deren Bestand nicht gefährdet ist.

Gefährdungsstatus
Rote Liste Österreich: ungefährdet
Rote Liste Deutschland: ungefährdet
Rote Liste Bayern: Art der Vorwarnliste
Rote Liste Baden-Württemberg: nicht gefährdet

Zur Verteidigung werden die Kiemendeckel mit den Wangendornen gespreizt.

Die Augen erscheinen oft blau bis violett.

Junge Kaulbarsche erscheinen oft transparent.

Donaukaulbarsch

Familie: Echte Barsche, *Percidae*
Donaukaulbarsch: *Gymnocephalus baloni* (Holcik & Hensel, 1974)
Schillschratz
Englisch: Balon's ruffe

Merkmale: Seitlich zusammengedrückt, hochrückig und gedrungen erscheinender Körper, relativ großer Kopf mit stumpfer Schnauze und eher kleinem Maul. Der Körper ist mit Kammschuppen bedeckt, die Seitenlinie reicht bis zur Schwanzflosse zurück und verläuft etwa parallel zur Wölbung der Rückenoberkante.
Die Körperfärbung wird von Grautönen dominiert, an den Seiten findet man große dunkle Flecken, die oft zu verwaschenen senkrechten Bändern vereint sind. Der Donaukaulbarsch besitzt zwei zusammenhängende Rückenflossen, deren erste mit kräftigen Stachelstrahlen bewehrt ist. Beide Flossen sind mit dunklen Flecken übersät, ebenso die Schwanzflosse. Bauch- und Afterflosse besitzen ebenfalls Stachelstrahlen, wobei der erste Stachelstrahl der Afterflosse oft freistehend und kürzer als der zweite ist. Die Flossenhäute zwischen den Stachelstrahlen der Afterflosse sind tief eingebuchtet (Pinter 1998). Der Oberrand der hinteren Rückenflosse verläuft in einem spitzen Winkel zur Oberkante des Schwanzstieles. An den Kiemendeckeln sitzen jeweils zwei spitze Knochendorne. Am Vorderrand der Wangen befinden sich mehrere kurze Dorne, die nach unten bzw. vorne zeigen und das Schlucken des Donaukaulbarsches durch Räuber erschweren. Ebenso wie der Kaulbarsch besitzt auch der Donaukaulbarsch eine starke Schleimschicht, die den ganzen Körper bedeckt.

Wachstum: Die Durchschnittsgröße liegt bei etwa 10 bis 15 cm, die Endgröße bei rund 25 cm.

Flossenformel
RF zweiteilig, aber zusammenhängend
RF 1/14–16 Stachelstrahlen
RF 2/10–12 Fiederstrahlen
AF 2 Stachelstrahlen und 4–6 Weichstrahlen
BAF 1 Stachelstrahl und 5 gefiederte Weichstrahlen

Schuppenformel
35–39 Schuppen entlang der Seitenlinie

Bezahnung: feine, dichtstehende Hechelzähne auf den Kieferknochen im Maul

Verwechslungsarten: Der Kaulbarsch besitzt keine dunklen Querbinden bzw. nur kleine dunkle Flecken. Beim Donaukaulbarsch sind die Flossenhäute zwischen den beiden Stachelstrahlen der Afterflosse tief eingebuchtet, beim Kaulbarsch weniger, zudem besitzt dieser am Ende der Kiemendeckel nur einen Knochendorn. Der Oberrand der zweiten Rückenflosse verläuft beim Kaulbarsch in einem flachen Winkel zur Oberkante der Schwanzwurzel. Der Schrätzer ist deutlich schlanker und besitzt Längsstreifen. Beim Flussbarsch sind die Rückenflossen deutlich getrennt. Der Wolgazander besitzt getrennte Rückenflossen.

Biologie: Der Donaukaulbarsch ist, wie der Name schon sagt, im Einzugsgebiet der Donau verbreitet, er besiedelt die Barben- und Brachsenregion der großen Fließgewässer. Der Donaukaulbarsch ist im Gegensatz zum Kaulbarsch kein Schwarmfisch und hauptsächlich dämmerungs- bzw. nachtaktiv.

Fortpflanzung: Zur Laichzeit weicht der Donaukaulbarsch aus dem Hauptstrom in Nebengewässer und Altarme aus (Siligato 1999, Radlmair 2003).

Nahrung: Die Nahrung des Donaukaulbarsches besteht hauptsächlich aus Benthosorganismen wie Würmer, Egel, Kleinkrebse und Insektenlarven.

Gefährdungsursachen: Durch den Verlust natürlicher Lebensräume wie z. B. Stauhaltung gefährdet.

Gefährdungsstatus
Rote Liste Österreich: gefährdet
Rote Liste Deutschland: ungefährdet
Rote Liste Bayern: Daten defizitär
Rote Liste Baden-Württemberg: nicht angeführt
Im Anhang II und IV der FFH Richtlinie (92/43/EWG) angeführt

After- und Rückenflosse des Donaukaulbarsches

Schrätzer

Familie: Echte Barsche, *Percidae*
Schrätzer: *Gymnocephalus schraetser* (Linnaeus, 1758), Schraz, Rotzbarsch
Englisch: Striped ruffe

Merkmale: Schlanker, seitlich nur leicht zusammengedrückter Körper. Der relativ große Kopf besitzt eine längliche, spitz auslaufende Form und ein kleines, leicht unterständiges Maul. An der Kopfunterseite liegen flache Schleimgruben. Die Augen sitzen relativ hoch am Kopf, deutlich über einer gedachten Linie auf Höhe der Maulspalte. Der Körper ist mit kleinen Kammschuppen bedeckt, die unter einer dicken Schleimschicht liegen. Die Körpergrundfärbung variiert zwischen zarten Grün-, Gelb- und Goldtönen, besonders kleinere Exemplare wirken durchscheinend. Laichbereite Milchner sind oft leuchtend gelb gefärbt. Charakteristisch für diese Art sind die 3 bis 5 dunklen, oft auch unterbrochenen Längsstreifen, die sich vom Kiemendeckel bis zur Schwanzflossenbasis erstrecken. Einer dieser Längsstreifen erstreckt sich entlang der unvollständigen Seitenlinie. Der Schrätzer besitzt zwei zusammenhängende Rückenflossen, deren erste mit kräftigen Stachelstrahlen bewehrt ist und zahlreiche dunkle Flecken aufweist. Die Brust- und Afterflossen sind meist völlig farblos, die transparenten brustständigen Bauchflossen sind oft weiß eingesäumt. Bauch- und Afterflosse besitzen ebenfalls Stachelstrahlen. Besonders auffällig sind die langen Knochendorn am Ende der Kiemendeckel und die kurzen Dorne am Kiemenvordeckel.
Sowohl die Knochendornen an den Kiemendeckeln als auch die Stachelstrahlen an den Flossen können sehr schmerzhafte Verletzungen verursachen!

Wachstum: Die Durchschnittsgröße schwankt zwischen etwa 10 und 15 cm, die Maximalgröße liegt etwas über 20 cm.

Flossenformel
RF zweiteilig zusammenhängend
RF 1/17–21 Stachelstrahlen
RF 2/12–14 gefiederte Weichstrahlen
AF 2 Stachelstrahlen und 5–7 Weichstrahlen
BAF 1 Stachelstrahl und 5 gefiederte Weichstrahlen

Schuppenformel
50–68 Schuppen entlang der Seitenlinie

Bezahnung
Winzige Hechelzähne auf den Kieferknochen

Verwechslungsarten
Keine, da seine Längsstreifen sehr charakteristisch sind.

Biologie: Der Schrätzer gehört zu den bodenbewohnenden Barschartigen Mitteleuropas. Er besiedelt hauptsächlich die Barbenregion der Donau und einiger großer Zubringer. Besonders gerne hält er sich offensichtlich im Mündungsbereich von Zubringern auf. Er bevorzugt kiesigen bzw. sandigen Flussgrund mit mäßiger Strömung.

Fortpflanzung: Die Laichzeit des Schrätzers erstreckt sich von April bis Mai, die Rogner legen ihren Laich in gallertartigen „Schnüren" über Kiesgrund ab.

Nahrung: Die Nahrung des Schrätzers besteht hauptsächlich aus Benthosorganismen des Flussgrundes, also Insektenlarven, Würmern, Kleinkrebsen, Egeln und Ähnlichem.

Gefährdungsursachen
Verlust intakter Fließstrecken der Barbenregion

Gefährdungsstatus
Rote Liste Österreich: gefährdet
Rote Liste Deutschland: stark gefährdet
Rote Liste Bayern: stark gefährdet
Rote Liste Baden-Württemberg: verschollen
Im Anhang II und V der FFH Richtlinie (92/43/EWG) angeführt

Schwanzflosse des Schrätzers

Der Kopf ist relativ groß und spitz, das Maul leicht unterständig, die Augen sind hoch angesetzt.

Flussbarsch

Familie: Echte Barsche, *Percidae*
Flussbarsch: *Perca fluviatilis* (Linnaeus, 1758)
Barsch, Egli, Bärschling, Schratz, Jagebarsch, Freiwasserbarsch, Krautbarsch, Stiedlschratz
Englisch: Perch

Merkmale: Seitlich zusammengedrückter, im Alter meist hochrückiger Körper. Relativ großer Kopf, das endständige Maul kann weit geöffnet werden, die Maulspalte reicht meist bis unter das Auge. Der Körper ist mit kräftigen Kammschuppen bedeckt, die bei älteren Exemplaren sehr hart werden. Die Körperfärbung wird von Grau-, Grün- und Gelbtönen dominiert, wobei der Rücken dunkler erscheint. Die Grundfarbe kann abhängig vom Lebensraum sehr stark variieren, so sind manche Exemplare sehr bunt und kontrastreich gefärbt, in anderen Gewässern hingegen fast einfärbig grau. Vom Rücken bis über die Flanken ziehen sich dunkle, mehr oder weniger deutlich ausgeprägte Querbänder, deren Zahl zwischen 5 und 11 schwanken kann. Diese Querbänder können an ihrem Ansatz auch gegabelt sein. Der Barsch besitzt zwei deutlich getrennte Rückenflossen, deren erste mit kräftigen Stachelstrahlen bewehrt ist und die an ihrem Ende einen deutlichen grauschwarzen Fleck aufweist. Die hintere Rückenflosse besteht hauptsächlich aus Fiederstrahlen, beide Rückenflossen variieren in ihrer Färbung zwischen Transparent und Dunkelgrau. Die Brustflossen sind meist völlig farblos, während die brustständigen Bauchflossen, die Afterflosse und oft auch die Schwanzflosse hellgelb bis tiefrot eingefärbt sein können. Bei manchen Populationen sind diese Flossen aber auch völlig farblos. Bauch- und Afterflosse besitzen ebenfalls Stachelstrahlen. Besonders auffällig sind die Kiemendeckel, an deren Enden je ein spitzer Knochendorn zu finden ist.

Wachstum: Die Durchschnittsgröße ist stark abhängig vom jeweiligen Gewässer und schwankt zwischen etwa 8 und 20 cm, unter idealen Bedingungen kann aber auch eine Maximalgröße von rund 50 cm und ein Endgewicht von bis zu ca. 3 kg erreicht werden.

Flossenformel
RF zweiteilig getrennt
RF 1/13–17 Stachelstrahlen
RF 2/1–2 Hartstrahlen und 13–16 gefiederte Weichstrahlen
AF 2 Stachelstrahlen und 8–10 Weichstrahlen
BAF 1 Stachelstrahl und 5 gefiederte Weichstrahlen

Schuppenformel: 54–77 Schuppen entlang der Seitenlinie

Bezahnung: dichtstehende Bürstenzähne auf den Kieferknochen.

Das endständige Maul kann weit geöffnet werden.

Flussbarsche können auch recht blass gefärbt sein.

Flussbarschlaich

Verwechslungsarten: Der Zander besitzt keinen spitzen Knochendorn an den Kiemendeckeln, Kopf und Körper sind deutlich schlanker als beim Flussbarsch, Bauch-, After- und Schwanzflosse sind nicht rötlich gefärbt, kein einzelner dunkler Fleck am Ende der ersten Rückenflosse. Kaulbarsche besitzen eine zusammenhängende Rückenflosse. Der Wolgazander besitzt keine rötlich gefärbten Bauch- bzw. Afterflossen und keinen einzelnen dunklen Fleck am Hinterende der ersten Rückenflosse.

Biologie: Der Flussbarsch gehört wohl zu den am weitesten verbreiteten Fischarten Mitteleuropas. Er besiedelt Fließgewässer von der Äschenregion bis hinunter zur Brachsenregion der großen Ströme. Aber auch in stehenden Gewässern kommt er nahezu überall vor, vom kalten, klaren Voralpensee bis zum trüben, sommerwarmen Kleingewässer im Tiefland. Der Flussbarsch ist ein Schwarmfisch, wobei die Schwärme von Jungbarschen mehrere Tausend Individuen umfassen können, mit zunehmender Größe verringert sich jedoch die Anzahl der Fische im Schwarm deutlich, große Raubbarsche sind meist nur mehr in Trupps von etwa 5 bis 10 Exemplaren unterwegs. Flussbarsche sind sehr anpassungsfähig und können in verschiedensten Lebensräumen überleben, oft führt dies aber zur sogenannten Verbuttung ganzer Bestände. Das bedeutet, dass bei massenhafter Vermehrung und begrenztem Nahrungsangebot der Großteil der Barsche zum Kleinwuchs neigt, diese Barsche sind dann oft schon mit einer Größe von 7 bis 8 cm laichreif, die Endgröße liegt in solchen Populationen manchmal kaum über 10 cm. Solche Barschbestände stellen oft ein großes Problem dar, da sie einerseits nicht verwertbar sind und andererseits den Laich und die Brut aller anderen Fischarten fressen. Abhängig vom Gewässer spezialisieren sich manche Barsche auf die Jagd im Freiwasser großer Seen, um dort Renken, manchmal aber auch nur Zooplankton zu erbeuten. In anderen meist kleineren Gewässern halten sich die Barsche bevorzugt im Uferbereich auf, um dort an der Gelegekante nach Jungfischen zu jagen. Bevorzugte Aufenthaltsorte sind sogenannte Barschberge, das sind Untiefen, an deren in die Tiefe abfallenden Kanten sich die Barsche besonders gerne aufhalten.

Fortpflanzung: Die Laichzeit des Flussbarsches erstreckt sich von April bis Juni, die Rogner legen ihren Laich in gallertartigen „Schnüren" ab, diese werden dann oft von mehreren Milchnern gleichzeitig befruchtet. Diese Laichschnüre werden bevorzugt über Wasserpflanzen, Steinen und sehr gerne über versunkenen Ästen und Wurzeln abgelegt. Ein wirksames Mittel, um verbuttete Barschbestände zu reduzieren, sind sogenannte „Daxen", Bündel aus zusammengebundenen Zweigen (bevorzugt Fichte), die, mit einer Boje markiert, im Uferbereich versenkt werden. Haben die Barsche ihre Laichschnüre darauf abgelegt, werden die „Daxen" samt dem Barschlaich wieder aus dem Wasser genommen.

Nahrung: Die Nahrung des Flussbarsches ist sehr vielseitig, Barsche stürzen sich praktisch auf fast alles, was sich bewegt und klein genug ist, um verschlungen zu werden. In der Jugend besteht die Nahrung oft hauptsächlich aus Zooplankton, je nach Gewässer stellen sich die Barsche später auf Fischlaich, Fischbrut, Insektenlarven, Amphibien, meist aber auf Fischnahrung um, wobei der Kannibalismus eine bedeutende Rolle spielt. Große Barsche sind ausgesprochene Raubfische.

Gefährdungsursachen: Eine der wenigen heimischen Fischarten, die nicht gefährdet ist.

Gefährdungsstatus

Rote Liste Österreich: ungefährdet
Rote Liste Deutschland: ungefährdet
Rote Liste Bayern: nicht angeführt
Rote Liste Baden-Württemberg: nicht gefährdet

Fischerei: Der Flussbarsch spielt eine wichtige Rolle in der Angelfischerei, lokal auch in der Berufsfischerei, etwa am Bodensee.

Zander

Familie: Echte Barsche, *Percidae*
Zander: *Sander lucioperca* (Linnaeus, 1758)
Schill, Fogosch, Hechtbarsch
Englisch: Pikeperch

Merkmale: Der Körperbau des Zanders ist torpedoförmig und seitlich nur mäßig zusammengedrückt, vor allem bei jüngeren Exemplaren recht schlank, erst größere Exemplare werden mäßig hochrückig. Der Zander besitzt einen schlanken Kopf mit vergleichsweise großen, im Licht silbrig leuchtenden Augen. Die endständige Maulspalte reicht meist bis zum Augenhinterrand, oft noch weiter zurück. Das Maul ist endständig und die Kiefer sind mit kleinen spitzen Zähnen besetzt, charakteristisch sind die sogenannten Fang- oder Hundszähne des Zanders an den Ecken am Ober- und Unterkiefer. Der Körper wird von kleinen Kammschuppen bedeckt, einige dieser Kammschuppen findet man auch an den Kiemendeckeln und Wangen. Am Ende der Kiemendeckel sitzt ein kurzer Knochendorn. Die Körperfärbung wird am Rücken von Grau- und Grüntönen dominiert, an den Seiten geht die Färbung meist in ein helleres Grau über. So wie andere Raubfische passt auch der Zander seine Grundfärbung der unmittelbaren Umgebung an. Bei jüngeren Zandern findet man meist 6 bis 10 dunkle, oft auch unterbrochene Querbinden, die sich vom Rücken bis etwas über die Seitenlinie hinunterziehen. Bei erwachsenen Fischen verlieren sich diese Querbänder immer mehr, ältere Milchner können aber auch einheitlich dunkelgrau, während der Laichzeit sogar fast schwarz mit bläulichem Schimmer gefärbt sein. Der Zander besitzt zwei durch einen kurzen Abstand getrennte Rückenflossen, die etwa gleich hoch sind und deren erste mit kräftigen Stachelstrahlen bewehrt ist. Die hintere Rückenflosse besteht hauptsächlich aus Fiederstrahlen, beide Rückenflossen weisen zahlreiche dunkle Flecken auf, ebenso die Schwanzflosse, wo die kleinen Flecken meist in Reihen angeordnet sind. Die Bauch- und die Afterflosse sind meist blass oder hellgrau gefärbt, zeigen aber einen deutlichen weißen Außenrand. Die Brustflossen erscheinen transparent.

Wachstum: Die Durchschnittsgröße schwankt zwischen etwa 40 und 60 cm, die Endgröße liegt beim Zander bei etwas über 100 cm.

Die typischen Hundszähne des Zanders

2-jähriger Zander

Etwa 6 Monate altes Exemplar aus dem Neusiedler See

Flossenformel
RF zweiteilig getrennt
RF 1/13–17 Stachelstrahlen
RF 2/1–2 Hartstrahlen und 19–27 gefiederte Weichstrahlen
AF 2 Stachelstrahlen und 11–13 Weichstrahlen
BAF 1 Stachelstrahl und 5 gefiederte Weichstrahlen

Schuppenformel: 75–100 Schuppen entlang der Seitenlinie

Bezahnung: deutlich erkennbare Fangzähne am Ober- und Unterkiefer

Verwechslungsarten: Der Wolgazander besitzt meist einen hochrückigeren Körperbau als der Zander, sein Kopf läuft nicht so spitz aus, zudem fehlen beim Wolgazander die typischen Hundszähne. Die erste Rückenflosse ist beim Wolgazander deutlich höher als beim Zander. Der Flussbarsch besitzt am Ende der ersten Rückenflosse einen deutlichen schwarzen Fleck. Die Kaulbarsche besitzen eine zusammenhängende Rückenflosse.

Biologie: Der Zander bewohnt als Raubfisch die tieferen Zonen der Barben- und Brachsenregionen unserer Flüsse, er bevorzugt dabei sandige und kiesige Bereiche. Die Jagdgründe befinden sich sowohl in Grundnähe als auch im Freiwasser. Seine Standplätze wählt er meist in der Nähe von Strukturen wie versunkenem Holz, markanten Felsen oder unter ins Wasser hängenden Ästen. In stehenden Gewässern findet man ihn sowohl in tiefen sommerwarmen Voralpenseen als auch in seichten Steppenseen, wie dem Neusiedler See und dem Plattensee. Er kommt aber auch überall dort vor, wo er besetzt wurde, also auch in kleinen Schotterseen, Teichen und Weihern. Selbst reproduzierende Populationen sind in solchen kleinen Gewässern allerdings selten, meist werden diese durch Besatz aufrechterhalten. Im Gegensatz zum Hecht bevorzugt er Gewässer mit geringer Sichttiefe, also mit eher trübem Wasser. Er verfolgt auch eine andere Jagdtaktik als der Hecht. Während dieser seine Beute im klaren Wasser oft aus größerer Distanz angreift, pirscht sich der Zander mit seinen auf Dämmerung und trübes Wasser spezialisierten Augen ganz nahe an seine Beute an, um dann aus kurzer Distanz zuzuschnappen. Gewässer, die gleichzeitig einen guten Zander- und Hechtbestand aufweisen, sind selten, da diese Fischarten unterschiedliche Lebensraumansprüche stellen.

Fortpflanzung: Die Laichzeit des Zanders erstreckt sich von April bis Mai. Die Zandermilchner bereiten in rund 1,5 m Wassertiefe ein „Nest“ vor, indem sie den Gewässergrund von Schlamm säubern, dabei werden oft die Wurzeln von Bäumen oder Wasserpflanzen freigelegt. Darauf legen die Rogner ihre zahlreichen Eier ab. Die Milchner betreiben Brutpflege, sie bewachen das Gelege und fächeln mit den Brustflossen Frischwasser zu den Eiern. In der Fischzucht bietet man den Laichzandern künstliche Zandernester aus Kunststoff oder Kokosfasern an, um darauf abzulaichen. In verschlammten, strukturarmen Gewässern werden aber auch sogenannte Daxen, das sind gebündelte Äste von Fichten, in der Uferzone versenkt, um dem Zander das Ablaichen zu ermöglichen.

Nahrung: Die Nahrung des Zanders besteht zu Beginn aus Zooplankton und anderen Kleinlebewesen, aber schon wenige Zentimeter große Tiere ernähren sich vorwiegend von kleinen Fischen, wobei die Beutegröße im Vergleich zum Hecht relativ gering bleibt. Bevorzugt werden vom Zander schlanke Beutefische wie Lauben, je nach Vorkommen werden aber auch Rotaugen und Barsche gefressen. In Teichwirtschaften werden die Jungzander bevorzugt mit Blaubandbärblingen vorgestreckt.

Gefährdungsursachen: Strukturarmut und Überfischung sind an vielen Gewässern die Hauptursache für den Rückgang der Zanderbestände.

Gefährdungsstatus
Rote Liste Österreich: nahezu gefährdet
Rote Liste Deutschland: ungefährdet
Rote Liste Bayern: nicht angeführt
Rote Liste Baden-Württemberg: nicht gefährdet

Fischerei: Der Zander gehört zu den begehrtesten Speisefischen, er wird wegen seines schmackhaften Fleisches von Angel- und Berufsfischern gefangen.

Wolgazander

Familie: Echte Barsche, *Percidae*
Wolgazander: *Sander volgensis* (Gmelin, 1788)
Steinschill
Englisch: Volga pikeperch
Erstbeschreibung *Sander volgensis* in OÖ: Wallsee-Donaualtarm, Sommer 2007 (Mitterlehner 2008).

Merkmale: Vom Körperbau her könnte man den Wolgazander als eine „Mischung" aus Zander und Flussbarsch bezeichnen. Im Vergleich zum Zander hat er aber einen relativ stumpfen Kopf mit vergleichsweise großen Augen. Die endständige Maulspalte reicht etwa bis unter die Mitte der Augen. Das Maul ist endständig und mit kleinen spitzen Zähnen besetzt, die charakteristischen Hundszähne des Zanders an den Ecken am Ober- und Unterkiefer fehlen beim Wolgazander. Der Körper ist mit kleinen Kammschuppen bedeckt, ebenso der Kopf und die Kiemendeckel. Am Ende der Kiemendeckel sitzt ein kurzer Knochendorn. Die Körperfärbung wird von hellen und dunklen Grau-, am Rücken auch zarten Grüntönen dominiert. Vom Rücken bis über die Seitenlinie, fast bis hinunter zum Bauch, ziehen sich deutliche schwarz bis dunkelblau gefärbte Querbänder, deren Zahl bei jungen Tieren zwischen 7 und 8 schwanken kann, bei erwachsenen Exemplaren verringert sich deren Zahl bzw. lösen sich diese auf. Der Wolgazander besitzt zwei durch einen sehr kurzen Abstand getrennte Rückenflossen, deren erste mit kräftigen Stachelstrahlen bewehrt und auffallend hoch ist. Die hintere Rückenflosse besteht hauptsächlich aus Fiederstrahlen, beide Rückenflossen weisen zahlreiche dunkle Flecken auf, ebenso die Schwanzflosse, dort sind die kleinen Flecken meist in Reihen angeordnet. Die Brustflossen erscheinen transparent, Bauch- und Afterflossen sind meist weiß bis blassgelb gefärbt, können bei den Milchnern aber auch einen deutlichen türkisgrünen bis bläulichen Schimmer aufweisen.

Wachstum: Die Durchschnittsgröße schwankt etwa zwischen 20 und 30 cm, die Endgröße liegt beim Wolgazander bei etwa 50 cm.

Flossenformel

RF zweiteilig getrennt
RF 1/10–17 Stachelstrahlen
RF 2/1–2 Hartstrahlen und 20–23 gefiederte Weichstrahlen

AF 2 Stachelstrahlen und 9–10 Weichstrahlen
BAF 1–2 Stachelstrahlen und 5 gefiederte Weichstrahlen

Schuppenformel: 70–83 Schuppen entlang der Seitenlinie
Bezahnung: kleine Fangzähne auf den Kieferknochen, keine auffälligen Hundszähne.

Verwechslungsarten: Der Zander besitzt einen schlankeren Körperbau als der Wolgazander, sein Kopf läuft in einer spitzen Schnauze aus, zudem findet man beim Zander die typischen Hundszähne, die beim Wolgazander fehlen. Die erste Rückenflosse ist beim Wolgazander deutlich höher als beim Zander. Der Flussbarsch besitzt am Ende der ersten Rückenflosse einen deutlichen schwarzen Fleck. Die Kaulbarsche besitzen eine zusammenhängende Rückenflosse.

Biologie: Der Wolgazander kommt in den Barben- und Brachsenregionen großer Flüsse im Einzugsgebiet des nördlichen Schwarzen Meeres vor. In Österreich findet man diese seltene Fischart in der Donau von der Wachau flussab oder der March. Aber auch im Plattensee lebt eine große Population dieser Fischart. Der Wolgazander stellt geringere Ansprüche an seine Umgebung als der Zander und erträgt auch sauerstoffärmere Bedingungen in sich erwärmenden Gewässern (Pinter 1998).

Fortpflanzung: Die Laichzeit des Wolgazanders erstreckt sich von April bis Mai, der Laichakt verläuft ähnlich wie beim Zander, jedoch sucht der Wolgazander dazu ganz nahe am Ufer gelegene Laichplätze auf (Pinter 1998).

Nahrung: Die Nahrung des Wolgazanders besteht in der Jugend aus Zooplankton und anderen Kleinlebewesen, erwachsene Tiere ernähren sich vorwiegend von kleinen Fischen, wobei die Beutegröße im Vergleich zum Zander relativ gering bleibt.

Gefährdungsursachen: Die Ursachen für den Rückgang dieser Fischart sind noch nicht ausreichend erforscht.

Gefährdungsstatus
Rote Liste Österreich: stark gefährdet
Anmerkung des Autors: in den letzten Jahren Ausbreitungstendenzen donauaufwärts, mancherorts in der NÖ Donau häufiger als der Zander
Rote Liste Deutschland: nicht angeführt
Rote Liste Bayern: nicht angeführt
Rote Liste Baden-Württemberg: nicht angeführt

Dem Wolgazander fehlen die großen Hundszähne.

Die Spitzen der Schwanzflosse sind beim Wolgazander weiß eingefärbt.

Beim Wolgazander sind auch die Wangen stark beschuppt.

Zingel

Familie: Echte Barsche, *Percidae*
Zingel: *Zingel zingel* (Linné, 1766)
Englisch: Zingel

Merkmale: Spindelförmiger, schlanker Körperbau mit relativ großem, zur Schnauze hin spitz zulaufendem Kopf, der von oben betrachtet ein deutliches Dreieck bildet. Das Maul ist klein und unterständig. Die Augen erscheinen groß und reichen mit ihrer Oberkante nicht bis ans Schädeldach. Der Zingel kann seinen Kopf nach den Seiten hin und die Augen unabhängig voneinander bewegen (Honsig-Erlenburg & Petutschnig 2002). Am Ende des Kiemendeckels befindet sich ein spitzer Knochendorn, der Kiemenvorderdeckel ist gezähnt. Der Körper ist mit kleinen Kammschuppen bedeckt, der Kopf hingegen nur teilweise. Die Kehle bis zum Ansatz der Bauchflossen ist ebenfalls unbeschuppt. Die Körperfärbung wird von hellen und dunklen Brauntönen dominiert, vom Rücken über die Flanken ziehen sich zahlreiche große dunkle Flecken, die oft zu 6 oder 7 unregelmäßigen Querbinden vereint sind. Die Außenränder dieser Querbinden erscheinen verwaschen und nicht so scharf abgegrenzt wie beim Streber. Die Bauchseite ist weißlich bis schmutzig-gelb gefärbt. Der Zingel besitzt zwei deutlich getrennte Rückenflossen, deren erste mit Stachelstrahlen bewehrt ist. Die hintere Rückenflosse besteht hauptsächlich aus Fiederstrahlen, beide Rückenflossen erscheinen transparent und sind ungefleckt. Der Schwanzstiel zwischen dem Ende der zweiten Rückenflosse und dem Ansatz der Schwanzflosse ist deutlich kürzer als die Basis der zweiten Rückenflosse. Die Brustflossen sind meist farblos bis zart gelblich, während die brustständigen Bauchflossen groß erscheinen und fallweise einen goldbraunen Schimmer zeigen.

Wachstum: Die Durchschnittsgröße schwankt zwischen etwa 15 und 25 cm, in Ausnahmefällen kann der Zingel bis über 40 cm erreichen.

Flossenformel
RF zweiteilig getrennt
RF 1/13–15 Stachelstrahlen
RF 2/1–2 Hartstrahlen und 18–20 gefiederte Weichstrahlen
AF 1–2 Stachelstrahlen und 11–13 Weichstrahlen
BAF 1 Stachelstrahl und 5 gefiederte Weichstrahlen

Schuppenformel: 82–95 Schuppen entlang der Seitenlinie

Bezahnung: winzige Hechelzähne auf den Kieferknochen

Verwechslungsarten: Der Streber besitzt deutlich kleinere und höherliegende Augen und einen auffallend dünnen Schwanzstiel. Die Querbinden an den Flanken haben scharf abgegrenzte Ränder. Anzahl der Stachelstrahlen der ersten Rückenflosse beim Streber 8 bis 10, beim Zingel 13 bis 15.

Biologie: Der Zingel zählt zu den bodenorientierten Fischarten der Barbenregionen im Donaueinzugsgebiet. Dort bevorzugt er die langsam bis mäßig überströmten Kies- und Schotterbereiche im Flussbett. Im Gegensatz zum Streber hält er sich auch gerne in ufernahen, langsam strömenden Bereichen, wie in Kehrwassern von Buhnen, auf. Seine Schwimmblase ist zurückgebildet, er bewegt sich mit Hilfe der großen Brust- und Bauchflossen ruckartig über den Gewässergrund, ähnlich der Koppe. Die Hauptaktivität zeigt der Zingel in der Dämmerung bzw. Dunkelheit, er nimmt aber auch während des Tages Nahrung auf.

Fortpflanzung: Die Laichzeit des Zingels erstreckt sich von April bis Mai, die Fische suchen zum Laichen seichte Schotter- und Kiesbänke mit starker Strömung auf, um dort ihre Eier abzulegen.

Nahrung: Die Nahrung des Zingels setzt sich hauptsächlich aus wirbellosen Benthosorganismen, wie Insektenlarven, Würmern, Kleinkrebsen, Egel und Kleinmuscheln, zusammen.

Gefährdungsursachen: Diese Fischart benötigt naturbelassene Fließstrecken der Barben- und Brachsenregion, dementsprechend liegt die Hauptursache des Rückganges dieser Fischart in der Zerstörung intakter Fließstrecken.

Gefährdungsstatus

Rote Liste Österreich: gefährdet
Rote Liste Deutschland: stark gefährdet
Rote Liste Bayern: stark gefährdet
Rote Liste Baden-Württemberg: verschollen
Im Anhang II und V der FFH Richtlinie (92/43/EWG) angeführt

Die Augen erscheinen groß und das kleine Maul ist unterständig.

Der Schwanzstiel ist seitlich abgeflacht und höher als beim Streber.

Streber

Familie: Echte Barsche, *Percidae*
Streber: *Zingel streber* (Siebold, 1863)
Spindelbarsch
Englisch: Danube streber

Merkmale: Spindelförmiger, schlanker Körperbau, der Schwanzstiel ist auffallend dünn und drehrund. Spitz zulaufender Kopf mit Knochendorn am Ende des Kiemendeckels, der Kiemenvorderdeckel ist gezähnt. Der Streber kann seinen Kopf nach den Seiten hin und die Augen unabhängig voneinander bewegen (Honsig-Erlenburg & Petutschnig 2002). Die kleinen Augen sind nach oben gerichtet und erreichen mit ihrer Oberkante das Schädeldach. Das Maul ist klein und unterständig. Der Körper ist mit kleinen Kammschuppen bedeckt, auch am Kopf, an den Kiemendeckeln und zwischen den Augen befinden sich Schuppen. Die Körperfärbung wird von hellen Grau-, Grün- und Brauntönen dominiert, vom Rücken über die Flanken ziehen sich 4 bis 5 dunkle und an ihren Rändern scharf begrenzte Querbinden. Die Bauchseite ist weißlich gefärbt, die Färbung kann abhängig vom Lebensraum stark variieren. Der Streber besitzt zwei deutlich getrennte Rückenflossen, deren erste mit Stachelstrahlen bewehrt ist. Die hintere Rückenflosse besteht hauptsächlich aus Fiederstrahlen, beide Rückenflossen erscheinen transparent bis hellgrau und sind nicht gefleckt. Der Schwanzstiel zwischen dem Ende der zweiten Rückenflosse und dem Ansatz der Schwanzflosse ist so lange oder länger als die Basis der zweiten Rückenflosse. Die Brustflossen sind meist völlig farblos, während die brustständigen Bauchflossen auffällig groß und verlängert sind und oft einen orangegoldenen Schimmer zeigen. Männliche Streber sind während der Laichzeit oft intensiv goldgrün gefärbt.

Wachstum: Die Durchschnittsgröße schwankt zwischen etwa 10 und 15 cm, die Maximalgröße liegt etwas über 20 cm.

Flossenformel
RF zweiteilig getrennt
RF 1/8–10 Stachelstrahlen
RF 2/1–2 Hartstrahlen und 11–13 gefiederte Weichstrahlen
AF 1 Stachelstrahl und 10–12 Weichstrahlen
BAF 1 Stachelstrahl und 5 gefiederte Weichstrahlen

Schuppenformel: 70–82 Schuppen entlang der Seitenlinie

Bezahnung: winzige Hechelzähne auf den Kieferknochen

Verwechslungsarten: Der Zingel besitzt größere, tiefliegendere Augen und einen dickeren Schwanzstiel. Die Querbinden an den Flanken haben verwaschene Ränder bzw. sind zu großen Flecken aufgelöst. Die Anzahl der Stachelstrahlen der ersten Rückenflosse beträgt beim Streber 8 bis 10, beim Zingel 13 bis 15.

Biologie: Der Streber zählt hinsichtlich seines Lebensraumes zu den hochspezialisierten Fischarten des Donaueinzugsgebietes, er benötigt stark überströmten Kies- und Schottergrund im Flussbett. Dabei hält er sich bevorzugt am Gewässergrund oft in der stärksten Strömung in der Mitte der Fließgewässer auf. Er besiedelt selbst kleinere Fließgewässer, manchmal sogar hinauf bis zur unteren Forellenregion, häufiger schon in der Äschenregion, vor allem aber in der Barbenregion der großen Ströme wie der Donau. Seine Schwimmblase ist zurückgebildet, er bewegt sich mit Hilfe der großen Brust- und Bauchflossen ruckartig über den Gewässergrund, ähnlich der Koppe. Die Hauptaktivität zeigt der Streber in der Dämmerung bzw. in der Dunkelheit.

Fortpflanzung: Die Laichzeit des Strebers erstreckt sich von April bis Mai, die Fische suchen zum Laichen seichte Schotter- und Kiesbänke mit starker Strömung auf, um dort ihre Eier abzulegen.

Nahrung: Die Nahrung des Strebers entspricht den wirbellosen Benthosorganismen seines Lebensraumes, also hauptsächlich Insektenlarven, wie die Larven der Kriebelmücke, Würmer, Egel und Kleinkrebse.

Gefährdungsursachen: Da diese Fischart unbedingt auf stark überströmten Kiesgrund angewiesen ist, liegt die Hauptursache ihres Rückganges in der Zerstörung intakter Fließstrecken.

Gefährdungsstatus

Rote Liste Österreich: stark gefährdet
Rote Liste Deutschland: stark gefährdet
Rote Liste Bayern: stark gefährdet
Rote Liste Baden-Württemberg: stark gefährdet
Im Anhang II der FFH Richtlinie (92/43/EWG) angeführt

Die Augen sind klein und hochstehend,das Maul ist unterständig.

Der Schwanzstiel des Strebers ist drehrund und sehr schlank.

Sonnenbarsch

Familie: Sonnenbarsche, *Centrarchidae*
Sonnenbarsch: *Lepomis gibbosus* (Linnaeus, 1758)
Sonnenfisch, Kürbiskernbarsch
Englisch: Pumpkinseed

Merkmale: Seitlich stark zusammengedrückter, recht hochrückiger Körper. Relativ großer Kopf, das leicht oberständige Maul erscheint eher klein. Der Körper ist mit kräftigen Kammschuppen bedeckt. Die Körperfärbung wird von Grün- und Gelbtönen dominiert, wobei der Rücken dunkel erscheint. Zahlreiche dunkle, meist grün oder bräunliche Flecken, die zu Bändern verrinnen können, bedecken den ganzen Körper. Jungfische und weibliche Sonnenbarsche sind allerdings vergleichsweise schlicht gefärbt. Besonders auffällig sind die Kiemendeckel, an deren Spitzen ohrenförmige Ausbuchtungen mit einem runden schwarzen Fleck mit weiß-roter Umrandung zu finden sind. Während der Laichzeit tragen besonders die Milchner ein farbenprächtiges Hochzeitskleid mit schillernden Farben. Der erste Teil der Rückenflosse ist meist grau, die restlichen Flossen gelblich bis grün eingefärbt. Die Rückenflosse besteht aus einem Stachelstrahlen- und einem Fiederstrahlenteil, die aber zusammenhängen. Auch die Bauch- und Afterflossen besitzen am Beginn Stachelstrahlen.

Wachstum: Die Durchschnittsgröße liegt bei etwa 10 cm, die Endgröße bei etwas über 25 cm.

Flossenformel: RF zusammenhängend
RF 1/9–11 Stachelstrahlen
RF 2/9–13 Weichstrahlen
AF 3 Stachelstrahlen und 8–12 Weichstrahlen

Schuppenformel: 32–45 Schuppen entlang der Seitenlinie

Bezahnung: feine Hechelzähne auf den Kieferknochen.

Verwechslungsarten: Andere Lepomis-Arten wie Grüner Sonnenbarsch und Ohrenbarsch.

Biologie: Der Sonnenbarsch stammt ursprünglich aus Nordamerika und wurde 1881 nach Europa eingeschleppt (Mikschi

2002). Seither schreitet seine Ausbreitung kontinuierlich fort, die meisten Vorkommen dürften auf das Aussetzen durch verantwortungslose Aquarianer zurückzuführen sein. Er besiedelt mit Vorliebe die Uferzonen stehender und langsam fließender Gewässer, die sich im Sommer stark erwärmen, wie Baggerseen, Kleingewässer in Stadtnähe (auch naturferne und hart verbaute) und Augewässer. Am Wörthersee kommt der Sonnenbarsch mittlerweile recht häufig und in stark reproduzierenden Beständen vor. Er wird von Raubfischen wegen seiner Hochrückigkeit und der Stachelstrahlen nicht gerne gefressen und bildet bei günstigen Bedingungen sehr dichte und oft verbuttende Bestände. Empfindliche heimische Fisch- und Amphibienarten können durch den Sonnenbarsch in ihrem Bestand gefährdet werden. Zudem ist er hinsichtlich der Wasserqualität und des Sauerstoffgehaltes sehr tolerant.

Fortpflanzung: Die Laichzeit des Sonnenbarsches erstreckt sich von Mai bis Juni, während dieser Zeit bilden die Milchner kleine Reviere, die sehr eng beisammenliegen können, und „schlagen" dort kleine Laichgruben in den meist sandigen Gewässergrund, die sie gegen Eindringlinge vehement verteidigen. Bei ihrem Imponiergehabe werden besonders die roten ohrenförmigen Fortsätze an den Kiemendeckeln aufgespreizt. Nach dem Laichakt bewacht der Milchner das Gelege und fächelt mit den Brustflossen Frischwasser zu, anfangs wird auch noch die frisch geschlüpfte Brut bewacht.

Nahrung: Die Nahrung des Sonnenbarsches besteht hauptsächlich aus Wirbellosen, also Wasserinsekten und deren Larven, Würmern und Kleinkrebsen, aber auch aus Fischbrut verschiedenster Arten und Fischlaich.

Gefährdungsstatus

Rote Liste Österreich: nicht eingestuft
Rote Liste Deutschland: nicht bewertet
Rote Liste Bayern: nicht angeführt
Rote Liste Baden-Württemberg: nicht bewertet
Invasive, gebietsfremde Art lt. Verordnung (EU) 1143/2014 und 2019/1262

Das Maul ist leicht oberständig.

Forellenbarsch

Familie: Sonnenbarsche, *Centrarchidae*
Forellenbarsch: *Micropterus salmoides* (Lacepede, 1802)
Barschforelle, Großmaulbarsch
Englisch: Largemouth bass

Merkmale: Seitlich zusammengedrückter, bei älteren Exemplaren hochrückiger Körper. Relativ großer Kopf, das leicht oberständige Maul ist sehr groß, die Maulspalte reicht bis hinter das Auge, der Unterkiefer erscheint wuchtig und ist deutlich länger als der Oberkiefer. Der Körper wird von kleinen Kammschuppen bedeckt. Die Körperfärbung wird am Rücken von Grün- und Grautönen dominiert, entlang der Seiten zieht sich besonders bei jüngeren Exemplaren ein dunkles Längsband, bei älteren Exemplaren löst sich dieses Band allerdings oft in eine Fleckenreihe oder zahlreiche dunkle Flecken auf. Große Forellenbarsche sind oft einheitlich grau/grün gefärbt. Die Schwanzflosse erscheint vergleichsweise groß. Die zweiteilige Rückenflosse weist einen tiefen Einschnitt auf, der vordere Teil mit Stachelstrahlen ist niedriger als der hintere Teil mit Fiederstrahlen. Die Rückenflosse ist meist grau, die restlichen Flossen gelblich bis grün eingefärbt.

Wachstum: Die Durchschnittsgröße liegt bei etwa 30 cm, die Endgröße bei etwas über 60 cm.

Flossenformel

RF geteilt
RF 1/9–10 Stachelstrahlen
RF 2/12–14 Weichstrahlen
AF 3 Stachelstrahlen und 10–12 Weichstrahlen
Schwanzflosse: 18 Fiederstrahlen

Schuppenformel

58–68 Schuppen entlang der Seitenlinie

Bezahnung

Dicht stehende Hechelzähne auf den Kieferknochen

Verwechslungsarten: Der Schwarzbarsch besitzt eine Maulspalte, die nicht bis hinter das Auge reicht, der Einschnitt zwischen den Rückenflossen reicht nicht bis zur Flossenbasis hinunter und seine Schwanzflosse besitzt 16 Fiederstrahlen.

Biologie: Der Forellenbarsch stammt ursprünglich aus Nordamerika und wurde Ende des 19. Jahrhunderts als attraktiver Sportfisch in Europa eingebürgert. Er lebt als Raubfisch in kleinen Trupps und hält sich bevorzugt in Ufernähe oder in unmittelbarer Nähe von Strukturen, wie überhängenden Ästen, Stegen und Bootshütten, auf. Im Wörthersee konnte sich der Forellenbarsch jahrzehntelang halten und hat dort sogar einen guten, sich selbst erhaltenden Bestand ausgebildet. Diese Bestände sind hier aber infolge der zunehmenden Verbauung und Beunruhigung der Uferbereiche mittlerweile stark zurückgegangen.

Fortpflanzung: Die Laichzeit des Forellenbarsches erstreckt sich von Mai bis Juni, während dieser Zeit bilden die Milchner kleine Reviere und „schlagen" dort kleine Laichgruben in den meist sandigen oder kiesigen Gewässergrund, die sie gegen Eindringlinge (auch gegen Badegäste) vehement verteidigen. Nach dem Laichakt bewacht der Milchner das Gelege und fächelt mit den Brustflossen Frischwasser zu, anfangs wird auch noch die frisch geschlüpfte Brut bewacht.

Nahrung: Der Forellenbarsch ist ein ausgesprochener Raubfisch, sein Nahrungsspektrum ist sehr vielseitig und umfasst Fische und Amphibien (speziell Wasserfrösche) ebenso wie Wasserinsekten und deren Larven.

Angelfischerei: In Nordamerika ist der Forellenbarsch ein sehr beliebter Angel- und Speisefisch.

Die tiefe Maulspalte des Forellenbarsches reicht bis hinter das Auge.

Gefährdungsstatus
Rote Liste Österreich: nicht angeführt
Rote Liste Deutschland: nicht angeführt
Rote Liste Bayern: nicht angeführt
Rote Liste Baden-Württemberg: nicht angeführt

Schwarzbarsch

Familie: Sonnenbarsche, *Centrarchidae*
Schwarzbarsch: *Micropterus dolomieu* (Lacepede, 1802)
Kleinmaulbarsch
Englisch: Smallmouth bass, Black bass

Merkmale: Seitlich zusammengedrückter, bei älteren Exemplaren hochrückiger Körper. Relativ großer Kopf, das leicht oberständige Maul ist groß, die Maulspalte reicht nicht bis hinter das Auge, der Unterkiefer erscheint wuchtig und ist deutlich länger als der Oberkiefer. Der Körper wird von kleinen Kammschuppen bedeckt. Die Körperfärbung wird am Rücken von Grüntönen dominiert, entlang der Seiten findet man einige dunkle verschwommene Flecken und Querbänder. Die Schwanzflosse erscheint vergleichsweise groß, ihr Außenrand ist leicht eingebuchtet. Die zweiteilige Rückenflosse weist einen tiefen Einschnitt auf, der allerdings nicht bis zur Flossenbasis hinunterreicht. Der vordere Teil mit Stachelstrahlen ist etwas niedriger als der hintere Teil mit Fiederstrahlen. Die Rückenflosse ist meist grau, die restlichen Flossen gelblich bis grün eingefärbt. Die Bauchflossen sind durch eine Flossenhaut miteinander verbunden.

Wachstum: Die Durchschnittsgröße liegt bei etwa 25 bis 30 cm, die Endgröße bei rund 50 cm.

Flossenformel

RF geteilt
RF 1/9–10 Stachelstrahlen
RF 2/12–15 Weichstrahlen
AF 3 Stachelstrahlen und 10–12 Weichstrahlen
Schwanzflosse: 16 Fiederstrahlen

Schuppenformel

67–78 Schuppen entlang der Seitenlinie

Bezahnung

Dicht stehende Hechelzähne auf den Kieferknochen

Verwechslungsarten: Der Forellenbarsch besitzt eine tiefere Maulspalte, die bis hinter das Auge reicht, der Einschnitt zwischen den Rückenflossen reicht bis zur Flossenbasis hinunter und seine Schwanzflosse besitzt 18 Fiederstrahlen. Seine Bauchflossen sind nicht durch eine Flossenhaut verbunden.

Biologie: Der Schwarzbarsch stammt ursprünglich aus Nordamerika und wurde wie der Forellenbarsch Ende des 19. Jahrhunderts als attraktiver Sportfisch in Europa eingebürgert. Seine Biologie ähnelt der des Forellenbarsches.

Fortpflanzung: Die Laichzeit des Schwarzbarsches erstreckt sich von Mai bis Juni, während dieser Zeit bilden die Milchner kleine Reviere und „schlagen" dort kleine Laichgruben in den meist sandigen oder kiesigen Gewässergrund, die sie gegen Eindringlinge vehement verteidigen. Nach dem Laichakt bewacht der Milchner das Gelege und fächelt mit den Brustflossen Frischwasser zu, anfangs wird auch noch die frisch geschlüpfte Brut bewacht.

Nahrung: Der Schwarzbarsch ist ein ausgesprochener Raubfisch, sein Nahrungsspektrum ist sehr vielseitig und umfasst Kleinfische, Amphibien und deren Larven ebenso wie Wasserinsekten und deren Larven.

Angelfischerei: In Nordamerika ist der Schwarzbarsch ein sehr beliebter Angel- und Speisefisch.

Gefährdungsstatus

Rote Liste Österreich: nicht angeführt
Rote Liste Deutschland: nicht angeführt
Rote Liste Bayern: nicht angeführt
Rote Liste Baden-Württemberg: nicht angeführt

Die Bauchflossen sind zu einer Art Saugscheibe verwachsen.

Die Familie der Gobiidae

Grundeln sind eigentlich Meeresbewohner, die aber aufgrund ihrer hohen Anpassungsfähigkeit auch im Brackwasser vorkommen. Einige Arten dringen sogar ins Süßwasser vor. In den letzten Jahren haben sich drei dieser Grundelarten, vom Schwarzen Meer ausgehend, unglaublich schnell in der Donau stromauf verbreitet. Vermutlich war diese „Invasion der Grundeln" nur möglich, weil sie, quasi als Blinde Passagiere, als Eier oder Jungfische mit Frachtschiffen und Sportbooten flussauf verschleppt wurden. Da sich Grundeln, einmal eingeschleppt, rasch vermehren und sehr hohe Individuendichten bilden, geht von diesen harmlos aussehenden Kleinfischen eine nur schwer einschätzbare Gefahr aus. Da sich die Grundeln sehr vielseitig ernähren und daher nicht nur Benthosorganismen, sondern auch die Eier und Brut anderer Fische fressen, sind die Folgen der „Grundelinvasion" noch nicht absehbar. Es ist jedoch zu befürchten, dass durch ihre massenhafte Anwesenheit eine ernste Nahrungskonkurrenz für andere heimische Bodenfischarten zu erwarten ist. Zudem kann man davon ausgehen, dass durch die Grundeln auch ein enormer Fraßdruck auf die Eier und Jungfische von ohnehin seltenen Bodenfischen wie dem Streber oder Steingressling zu erwarten ist. Unglaublich ist übrigens auch die Kraft, mit der diese kleinen Fische zubeißen können. Ganz unschuldig sind wir Menschen an dieser Entwicklung übrigens nicht, da durch die völlige Verbauung der Donauufer mit Blocksteinen ein idealer Lebensraum für genau diese Fische geschaffen wurde.

Grundeln weisen auch einige anatomische Besonderheiten auf, die sie von anderen auf den ersten Blick ähnlich aussehenden Fischarten wie z. B. der Koppe deutlich unterscheiden. So sind ihre Bauchflossen zu einem Saugtrichter verwachsen. Damit können sie sich an Steinen, aber auch an anderen glatten Oberflächen selbst in starker Strömung festhalten. Ihr Körper ist mit kräftigen Schuppen bedeckt und die Schwimmblase ist bei ausgewachsenen Exemplaren zurückgebildet. Ihre Laichzeit fällt in das Frühjahr, die Rogner legen ihre Eier gerne versteckt, z. B. unter hohl aufliegende Steine, ab. Die Milchner sind während der Laichzeit sehr dunkel, manchmal tiefschwarz gefärbt. Grundeln betreiben Brutpflege, das heißt, die Eigelege werden von den Milchnern bewacht bzw. durch Fächeln mit den großen Brustflossen mit Frischwasser versorgt. Die Eier der Grundeln sind recht wiederstandsfähig und können sehr hohe Wassertemperaturen ebenso wie Sauerstoffdefizite gut überdauern, erwachsene Grundeln sind sogar in der Lage, mehrere Stunden außerhalb des Wassers in feuchtem Milieu zu überleben.

Kessler Grundel

Familie: Grundeln, *Gobiidae*
Kessler Grundel: *Ponticula kessleri* (Günther, 1861)
Englisch: Bighead goby

Merkmale: Keulenförmiger Körperbau mit vergleichsweise flachem, aber massig erscheinendem Kopf. Diese Grundelart erinnert vom Erscheinungsbild an eine Koppe. Der Körper der Kessler Grundel ist mit Kammschuppen bedeckt und ihre Augen sitzen hoch an der Stirn. Relativ großes, leicht oberständiges Maul mit vorstehendem Unterkiefer und wulstigen Lippen. Die Maulspalte reicht bis unter die Augen. Die Bauchflossen sind, wie bei den Grundeln üblich, zu einer Art Saugscheibe verwachsen und gelb/orange gefärbt. Die Rückenflosse ist zweigeteilt, der erste kurze Teil besitzt Hartstrahlen, der zweite längere Teil reicht bis zur Schwanzflosse und besitzt gefiederte Weichstrahlen. Der runde Hinterrand der Schwanzflosse ist oft weiß eingesäumt. Schwimmblase sowie Seitenlinie fehlen. Die Färbung ist recht variabel, als Grundfarbe dominiert meist ein helles Braun oder Grau, darüber befinden sich zahlreiche dunkle Flecken, die oft zu Querbändern oder einer regelrechten Marmorierung angeordnet sind. Während der Laichzeit färben sich die dominanten Männchen dunkelgrau bis schwarz.

Wachstum: Die Durchschnittsgröße liegt zwischen 6 und 12 cm, die Maximalgröße liegt etwas über 20 cm.

Flossenformel
RF 1/5–7 Hartstrahlen
RF 2/1 Hartstrahl und 15–19 Weichstrahlen
AF 1 Hartstrahl, 11–16 Weichstrahlen

Bezahnung: Feine Hechelzähne auf den Kieferknochen

Verwechslungsarten: Koppe und andere Grundelarten (siehe Fotos), die Koppe hat geteilte Bauchflossen und besitzt einen unbeschuppten Körper.

Biologie: Dieser Kleinfisch kommt mittlerweile in der gesamten österreichischen Donau vor (Wiesner 2003), stammt aber ursprünglich aus dem Schwarzen bzw. Kaspischen Meer und breitet sich sukzessive entlang der Donau und ihrer Zubringer stromaufwärts aus. Sie lebt versteckt am Gewässergrund und bevorzugt Blockwurfbereiche. Dort, wo sie vorkommt, bildet sie rasch dichte Populationen. In manchen geeigneten Habitatstypen, wie Blockwürfen in Hafenbereichen, bildet sie mittlerweile die dominierende Fischart, so z. B. im Industriehafen Linz (Erhebung BAW-IGF Herbst

2005). Vermutlich wurden die Jungfische bzw. der Laich dieser Fischart mit dem Ballastwasser großer Frachtschiffe verschleppt. So kommt sie mittlerweile in der Donau bis Passau vor und ihre Ausbreitung schreitet fort.

Fortpflanzung: Frühjahrslaicher, die Laichzeit erstreckt sich je nach Wassertemperatur von April bis Mai. Dabei heftet das Weibchen ihre Eier an verborgenen Stellen an Steine, das Männchen betreibt Brutpflege, versorgt die Eier durch Fächern mit den Brustflossen mit Frischwasser und bewacht das Gelege.

Nahrung: Die Nahrung der Kessler Grundel besteht aus Aquatischen Kleinlebewesen wie Wasserasseln, Bachflohkrebsen, Insektenlarven, aber auch dem Laich anderer Fischarten. Aufgrund ihrer relativen Körpergröße und des tiefen Maulspaltes ist sie jedoch durchaus in der Lage, größere Beute wie Jungfische anderer Fischarten als Nahrung aufzunehmen.

Gefährdungsstatus
Rote Liste Österreich: nicht eingestuft
Rote Liste Deutschland: nicht bewertet
Rote Liste Bayern: Art der Vorwarnliste
Rote Liste Baden-Württemberg: nicht bewertet

Der flache, große Kopf der Kessler Grundel

Angelfischerei: Tritt zunehmend als unerwünschter Beifang in Erscheinung.

Nackthalsgrundel

Familie: Grundeln, *Gobiidae*
Nackthalsgrundel: *Babka gymnotrachelus* (Kessler, 1857)
Englisch: Racer goby

Merkmale: Keulenförmiger Körper mit steil ansteigendem Kopf und stumpfer Schnauze, leicht oberständiges Maul mit wulstigen Lippen und tiefer Maulspalte, die bis unter das vordere Drittel der Augen reicht. Als Grundfärbung dominieren graubraune bis gelbliche Töne, darüber findet man zahlreiche dunkle Flecken, die oft zu schräg verlaufenden Bändern vereint sind. Als Besonderheit dieser Art ist das obere Drittel des Kiemendeckels, der Nacken und Hinterkopf sowie der Brustflossenansatz sind nicht beschuppt. Der restliche Körper ist wie bei den anderen Grundelarten deutlich beschuppt. Zwei getrennte Rückenflossen, erster Teil mit Hartstrahlen, hinterer, längerer Teil mit Fiederstrahlen. Die Bauchflossen sind zu einer Saugscheibe verwachsen. Bei vielen Exemplaren ein (oder zwei) deutliche dunkle Streifen, die vom Auge über die Schnauze zur Oberlippe führen.

Wachstum: Die Durchschnittsgröße dieser Grundelart liegt je nach Gewässer zwischen 18 und 22 cm, ihre Endgröße bei rund 25 cm.

Flossenformel
RF 1/5–7 Hartstrahlen
RF 2/1 Hartstrahl, 16–18 Gliederstrahlen
AF 1 Hartstrahl, 14–16 Weichstrahlen

Bezahnung: feine Hechelzähne auf den Kieferknochen

Verwechslungsarten: Andere Grundelarten (siehe Fotos), die Koppe besitzt getrennte Bauchflossen.

Biologie: Dieser Kleinfisch kommt in der österreichischen Donau und einigen Nebengewässern, gegenwärtig etwa bis Wien, vor, stammt aber ursprünglich aus dem Schwarzen bzw. Kaspischen Meer und breitet sich sukzessive entlang der Donau und ihrer Zubringer stromaufwärts aus. Sie lebt versteckt am Gewässergrund und bevorzugt Blockwurfbereiche, wo sie gerne gemeinsam mit der Kessler Grundel vorkommt. Vermutlich wurden die Jungfische bzw. der Laich dieser Fischart mit dem Ballastwasser großer Frachtschiffe verschleppt.

Fortpflanzung: Frühjahrslaicher, die Laichzeit erstreckt sich je nach Wassertemperatur von April bis Mai. Dabei heftet das Weibchen ihre Eier an verborgenen Stellen an Steine, das Männchen betreibt Brutpflege, versorgt die Eier durch Fächern mit den Brustflossen mit Frischwasser und bewacht das Gelege.

Nahrung: Die Nahrung der Nackthalsgrundel besteht aus aquatischen Kleinlebewesen wie Wasserasseln, Bachflohkrebsen, Insektenlarven, aber auch dem Laich und Jungfischstadien anderer Fischarten.

Gefährdungsstatus
Rote Liste Österreich: nicht eingestuft
Rote Liste Deutschland: nicht angeführt
Rote Liste Bayern: nicht angeführt
Rote Liste Baden-Württemberg: nicht angeführt

Steil ansteigender Kopf und sehr hochstehende Augen

Schwarzmundgrundel

Familie: Grundeln, *Gobiidae*
Schwarzmundgrundel: *Neogobius melanostomus* (Pallas, 1814)
Englisch: Round goby

Merkmale: Keulenförmiger Körperbau mit vergleichsweise hohem Kopf. Der Körper der Schwarzmundgrundel ist mit kräftigen Schuppen bedeckt und ihre Augen sitzen hoch an der Stirn. Bei manchen Exemplaren ist ein dunkler Streifen vom Auge zur Maulspalte erkennbar. Relativ kleines, endständiges Maul mit wulstigen Lippen. Die Maulspalte reicht meist nur bis zum Augenvorderrand. Die Bauchflossen sind, wie bei den Grundeln üblich, zu einer Art Saugscheibe verwachsen. Die Rückenflosse ist zweigeteilt, der erste kurze Teil besitzt Hartstrahlen und weist einen deutlichen schwarzen Fleck auf. Der Oberrand der ersten Rückenflosse ist oft rötlich oder rotbraun eingefärbt. Der zweite, längere Teil reicht bis zur Schwanzflosse und besitzt gefiederte Weichstrahlen. Den restlichen Flossen fehlt meist die Zeichnung, sie erscheinen transparent und werden oft von einem feinen weißen Saum umrandet. Die lange Afterflosse zeigt bei geschlechtsreifen Milchnern manchmal einen türkisgrünen Schimmer. Eine Schwimmblase sowie eine Seitenlinie fehlen. Die Körperfärbung ist recht variabel, als Grundfarbe dominiert meist ein helles, manchmal ins Rötliche gehende Braun oder Grau, darüber befinden sich einige dunkle Flecken. Während der Laichzeit färben sich die dominanten Männchen dunkelgrau bis schwarz.

Wachstum: Die Durchschnittsgröße liegt zwischen 8 und 12 cm, die Maximalgröße liegt bei rund 25 cm.

Flossenformel
RF 1/5–7 Hartstrahlen
RF 2/1Hartstrahl und 13 bis 16 Weichstrahlen
AF 1 Hartstrahl, 11–14 Weichstrahlen

Bezahnung: feine Hechelzähne auf den Kieferknochen

Verwechslungsarten: Koppe und andere Grundelarten (siehe Fotos), die Koppe hat geteilte Bauchflossen und keine Beschuppung.

Biologie: Dieser Kleinfisch kommt in der österreichischen Donau zumindest bis Passau vor, stammt aber ursprünglich aus dem Schwarzen bzw. Kaspischen Meer und breitet sich sukzessive entlang der Donau und ihrer Zubringer stromaufwärts aus. Sie lebt versteckt am Gewässergrund und bevorzugt Blockwurfbereiche, wo sie gerne gemeinsam mit der Kessler Grundel vorkommt und rasch dichte Populationen bildet. Vermutlich wurden die Jungfische bzw. der Laich dieser Fischart mit dem Ballastwasser großer Frachtschiffe verschleppt.

Fortpflanzung: Frühjahrslaicher, die Laichzeit erstreckt sich je nach Wassertemperatur von April bis Mai. Dabei heftet das Weibchen ihre Eier an verborgenen Stellen an Steine, das Männchen betreibt Brutpflege, versorgt die Eier durch Fächern mit den Brustflossen mit Frischwasser und bewacht das Gelege.

Nahrung: Die Nahrung der Schwarzmundgrundel besteht aus aquatischen Kleinlebewesen wie Wasserasseln, Bachflohkrebsen, Insektenlarven, aber auch dem Laich anderer Fischarten, in Aquarienversuchen wurden auch Rotaugen bis zu einer Größe von 5 cm von den Schwarzmundgrundeln gefressen.

Gefährdungsstatus

Rote Liste Österreich: nicht eingestuft
Rote Liste Deutschland: nicht bewertet
Rote Liste Bayern: nicht angeführt
Rote Liste Baden-Württemberg: nicht bewertet

Angelfischerei

Tritt zunehmend als unerwünschter Beifang in Erscheinung.

Relativ kleines, endständiges Maul und hoch sitzende Augen

Der schwarze Fleck in der 1. Rückenflosse ist typisch für die Schwarzmundgrundel.

Während der Laichzeit sind die Milchner dunkel bis schwarz gefärbt.

Marmorierte Grundel

Familie: Grundeln, *Gobiidae*
Marmorierte Grundel: *Proterorhinus semilunaris* (Heckel, 1838)
Marmorgrundel, Marmorierte Meergrundel
Englisch: Tubenose goby

Merkmale: Keulenförmiger Körperbau mit vergleichsweise hohem Kopf und Rücken, eine Seitenlinie fehlt. Der Körper der Marmorgrundel ist mit Schuppen bedeckt und ihre Augen sitzen hoch an der Stirn. Relativ kleines end- bis leicht unterständiges Maul, dessen Spalte nicht bis zu den Augen reicht. Charakteristisch sind zwei kurze röhrenartige Fortsätze vor der Nasenöffnung am Oberkiefer, die über die Schnauzenspitze hinaus reichen. Die Bauchflossen sind, wie bei den Grundeln üblich, zu einer Art Saugscheibe verwachsen. Die Rückenflosse ist zweigeteilt, der erste kurze Teil besitzt Hartstrahlen und ist am Oberrand oft rötlich eingefärbt, der zweite längere Teil reicht bis zur Schwanzflosse und besitzt gefiederte Weichstrahlen. Der runde Hinterrand der Schwanzflosse ist oft weiß eingesäumt. Eine Schwimmblase fehlt. Die Färbung ist recht variabel und hängt stark vom Lebensraum dieses Fisches ab, der Körper ist meist braun, gelb, grau gefärbt und mit dunklen Flecken übersät, die oft zu dunklen Querbändern angeordnet sind. Während der Laichzeit färben sich die dominanten Männchen dunkelgrau bis schwarz.

Wachstum: Die Durchschnittsgröße liegt zwischen 5 und 7 cm, die Maximalgröße liegt bei rund 10 cm.

Flossenformel

RF 1/6–7 Hartstrahlen
RF 2/1 Hartstrahl und 13–19 Weichstrahlen
AF 11–17 Weichstrahlen

Bezahnung: winzige Hechelzähne auf den Kieferknochen

Verwechslungsarten: Koppe und andere Grundelarten, diese besitzen aber keine Riechröhrchen am Oberkiefer.

Biologie: Dieser Kleinfisch stammt ursprünglich aus dem Schwarzen bzw. Kaspischen Meer und breitet sich sukzessive entlang der Donau und ihrer Zubringer stromaufwärts aus. Die Marmorgrundel gilt in Österreich nur in der Donau von Wien stromabwärts als heimisch, weiter stromauf gilt sie als eingeschleppt (Ahnelt et al. 1998). Sie lebt am Gewässergrund, versteckt zwischen Steinen, in Blockwurfbereichen oder in dichten Wasserpflanzenbeständen am Ufer. Vermutlich werden die Jungfische mit dem Ballastwasser großer Frachtschiffe verschleppt. So kommt sie mittlerweile in der Donau bis Passau vor, und ihre Ausbreitung schreitet fort. So konnte sie bereits 2002 im Traunsee und 2005 im Oberlauf der Aschach nachgewiesen werden.

Fortpflanzung: Frühjahrslaicher, die Laichzeit erstreckt sich je nach Wassertemperatur von April bis Mai. Dabei heftet das Weibchen ca. 200 Eier an verborgenen Stellen an Steine, das Männchen betreibt Brutpflege, versorgt die Eier durch Flossenfächern mit Frischwasser und bewacht das Gelege.

Nahrung: Die Nahrung der Marmorgrundel besteht aus aquatischen Kleinlebewesen, wie Wasserasseln, Bachflohkrebsen und Insektenlarven.

Gefährdungsstatus

Rote Liste Österreich: stark gefährdet
Rote Liste Deutschland: nicht bewertet
Rote Liste Bayern: Art der Vorwarnliste
Rote Liste Baden-Württemberg: nicht bewertet

Typisch sind die beiden röhrenartigen Fortsätze vor der Nasenöffnung.

Amur Schläfergrundel

Familie: Schläfergrundeln, *Odontobutidae*
Amur Schläfergrundel: *Perccottus glenii* (Dybowski, 1877)
Chinesische Grundel, Schläfergrundel,
Russisch: ротáн (Rotan)
Englisch: Amur sleeper, Chinese sleeper

Biologie: Das ursprüngliche Verbreitungsgebiet der Amurgrundel ist das Amurbecken und dessen angrenzende Einzugsgebiete, es umfasst in Russland die Provinzen und Regionen Amur, Chabarowsk, Sachalin und Primorje, den Nordosten Chinas und das nördliche Nordkorea. In diesen Gebieten besiedelt sie Teiche, Seen, Altarme und andere lenitische Gewässer (sumpfige Stillgewässer). Gebietsfremde Vorkommen in Europa gibt es nach Reshetnikov & Schliewen (2013) in Bulgarien, Estland, Kroatien, Lettland, Litauen, Moldawien, Polen, Rumänien, im europäischen Teil von Russland, Serbien, Slowakei, Ukraine, Ungarn, Weißrussland und zuletzt auch in Deutschland. Die Amurgrundel bevorzugt stehende und langsam fließende Gewässer mit dichtem Pflanzenbewuchs. Sie erträgt sowohl sauerstoffarmes Wasser als auch das fallweise Austrocknen von Gewässern. Selbst das Durchfrieren von Gewässern kann sie, eingegraben im Schlamm, überleben. Im Sommer kann diese Art Wassertemperaturen bis 29 °C und einen Sauerstoffgehalt von 14,2 % Sättigung überleben (Miller 2003). Es wird angenommen, dass die sehr tolerante und anpassungsfähige Art von den Auswirkungen des Klimawandels profitieren wird. In kleinen Gewässern kann die Art zur Ausrottung von Fischarten, Amphibienlarven und Makroinvertebraten führen. In kommerziell genutzten Fischteichen kann *P. glenii* durch den Fraßdruck auf kleinere Exemplare von wirtschaftlich relevanten Fischarten zu signifikanten Verlusten führen (Reshetnikov & Schliewen 2013). Laut Kottelat und Freyhof (2007) ist sie bekannt dafür, in kleinen Gewässern fast alle anderen Fischarten und Amphibienlarven auszurotten. Dementsprechend weist *P. glenii* ein erhebliches Gefährdungspotential für die heimische aquatische Fauna auf.

Anm. d. Autors: Dass diese Grundelart keineswegs schläft, wie ihr Name vermuten lässt, sondern sich aktiv ausbreitet, belegen Untersuchungen durch die Fachberatung für Fischerei (Bezirk Oberpfalz) im Rahmen der Gewässerzustandsüberwachungsverordnung (GZÜV) vom 8. Mai 2018. Bereits am 8. Dezember 2014 wurde vom Deutschen Bundesamt für Naturschutz und dem European Network on Invasive Alien Species eine Frühwarnung bzgl.

des Erstnachweises von *Perccottus glenii* in einem Freigewässer im Donaueinzugsgebiet herausgegeben. Die Tiere sind, vermutlich unbeabsichtigt, aus einer Fischteichanlage im Naturschutzgebiet Charlottenhofer Weihergebiet in Bayern entkommen (Reshetnikov & Schliewen 2013).

Merkmale: Die Amurgrundel besitzt weder Barteln noch eine sichtbare Seitenlinie, der Körper ist mit kleinen Kammschuppen bedeckt. Die Färbung ist blaugrün bis braun mit dunklen Flecken und Streifen. In der Paarungszeit entwickeln die Milchner einen Nackenbuckel und färben sich schwarz mit hellgrünen Flecken auf dem Körper und den unpaaren Flossen (Kottelat und Freyhof 2007). Sie hat einen mäßig hochrückigen Körperbau und ein großes oberständiges Maul. Im Gegensatz zu den bei uns vorkommenden Grundelarten hat sie zwei getrennte Bauchflossen, ihre Rückenflosse ist zweigeteilt und besteht aus einer vorderen kurzen und einer längeren hinteren.

Wachstum: Die Amurgrundel hat eine Durchschnittsgröße von 6–8 cm, die Maximalgrößen liegen bei 14–25 cm.

Flossenformel
RF1 6–8 Hartstrahlen
RF2 2–3 Hartstrahlen und 8–12 gefiederte Weichstrahlen

Bezahnung: Kleine Zähne auf den Kieferknochen.

Verwechslungsarten: Andere Grundelarten der Familie *Gobiidae*, diese haben jedoch eine zur Saugscheibe umgewandelte Bauchflosse. Die Koppe hat einen unbeschuppten Körper.

Fortpflanzung: Die Laichzeit erstreckt sich von Mai bis Juli bei Wassertemperaturen von 15–22 °C. Die Rogner legen bis zu 17.000 Eier pro Jahr, diese werden an die Unterseite von schwimmenden Objekten, wie Blättern von Wasserpflanzen, Wurzeln oder untergetauchten Ästen, oder an Steine nahe der Wasseroberfläche angeklebt (Kirpichnikov 1945, Nikolsky 1956 und Vasil'eva 1999 in Miller 2003). Die Tiere werden mit einem Alter von 1–3 Jahren geschlechtsreif. Die Milchner betreiben Brutpflege und bewachen das Gelege sowie die geschlüpften Larven.

Nahrung: Die Amurgrundel ernährt sich räuberisch von Wirbellosen, kleinen Fischen und Amphibienlarven.

Fischerei: Aufgrund ihrer geringen Größe ist diese Art fischereilich nicht relevant.

Gefährdungsstatus
Invasive, gebietsfremde Art lt. Verordnung (EU) 1143/2014 und 2019/1262

Milchner in Laichfärbung

Der Geschlechtsporus ist bei laichbereiten Milchnern deutlich sichtbar.

Koppe

Familie: Koppen, *Cottidae*
Koppe: *Cottus gobio* (Linnaeus 1758)
Mühlkoppe, Groppe, Kopp, Dickkopf, Kappitsch, Westgroppe
Englisch: Bullhead, miller's thumb

Merkmale: Charakteristisch für die Koppe sind der relativ große breite Kopf, das tief gespaltene Maul mit den wulstigen Lippen und die übergroßen Brustflossen. Am Ende beider Kiemendeckel sitzt ein spitzer Knochendorn, den Koppen bei Befreiungsversuchen erfolgreich einsetzen. Die Färbung ist sehr variabel, je nach Lebensraum können Koppen nahezu schwarz, dunkel gestreift, marmoriert oder sogar hellgrau gefärbt sein. Die Färbung ist dem jeweiligen Lebensraum angepasst und dient in erster Linie der Tarnung. Die erste Rückenflosse ist kurz, die zweite lang und bis zur Schwanzflosse reichend. Die lange Afterflosse reicht vom Weidloch bis zur Schwanzflosse. Auffällig sind auch die schmalen kehlständigen Bauchflossen. Den Koppen fehlt die Schwimmblase. Abgesehen von einigen länglichen Schuppen auf der Seitenlinie ist die Haut der Koppe unbeschuppt. Eine Unterscheidung der Geschlechter ist bei adulten Koppen möglich, da die Milchner einen deutlich wuchtigeren Kopf als die Rogner besitzen. Im Frühjahr erkennt man die Rogner zudem an ihren prallen, laichschweren Bäuchen.

Wachstum: Die Durchschnittsgröße der Koppe liegt je nach Gewässer zwischen 7 und 10 cm, die Endgröße liegt bei ca. 18 cm.

Flossenformel
RF 1/5–9 Hartstrahlen
RF 2/13–19 gefiederte Weichstrahlen
AF 10–17 gefiederte Weichstrahlen

Bezahnung: feine Hechelzähne auf den Kieferknochen

Verwechslungsarten: Die Grundeln haben anstelle der zwei getrennten Bauchflossen bei der Koppe eine zur Saugscheibe verwachsene Bauchflosse. Außerdem ist der Körper der bei uns vorkommenden Grundelarten mit kräftigen Schuppen bedeckt.

Biologie: Koppen sind hauptsächlich dämmerungs- und nachtaktive Fische. Manchmal kann man sie aber auch tagsüber bei der Nahrungssuche beobachten. Wie das Fehlen der Schwimmblase schon vermuten lässt, halten sie sich ausschließlich am Grund auf. Dabei bewegen sie sich mit ihren übergroßen Brustflossen ruckartig vorwärts, bei Gefahr können sie über kurze Strecken aber auch sehr schnell schwimmen. Sie kommen sowohl in Bächen der Forellenregion, Flüssen der Äschen- und vereinzelt auch der Barbenregion als auch in Seen vor, kühles sauerstoffreiches Wasser vorausgesetzt. In den großen Voralpenseen halten sich Koppen meist in der Uferzone auf, können aber auch bis in große Tiefen vordringen, ebenso wie in hochgelegenen Bergseen. Da die Koppe ein recht verstecktes Leben führt, bevorzugt sie gut strukturierte Gewässer mit steinigem Boden und unterspülten Ufern, die entsprechend viele Versteckmöglichkeiten bieten.

Fortpflanzung: Die Koppe laicht im Frühjahr, meist zwischen Februar und Mai. Die dominanten Milchner färben sich während dieser Zeit schwarz und vollführen ein Balzritual, bei dem sie heftig mit dem Kopf nicken. Die Rogner heften ihre Eigelege gerne unter hohl aufliegende Steine oder in andere kleine höhlenähnliche Verstecke. Die Milchner betreiben Brutpflege, das bedeutet, sie bewachen die Gelege nicht nur, sondern fächeln mit den großen Brustflossen auch ständig frisches Wasser zum Eigelege.

Nahrung: Die Nahrung der Koppe besteht hauptsächlich aus Wirbellosen, also Insektenlarven und Kleinkrebsen. Bei Gelegenheit fressen größere Koppen aber auch Jungfische und den Laich anderer Fische. Im Gegenzug dient die Koppe anderen Fischarten als wichtiger Futterfisch. Ähnlich wie die Aalrutte wurde die Koppe früher als vermeintlicher Bruträuber von Gewässerbewirtschaftern verfolgt.

Gefährdungsursachen: Wie so oft liegen die Ursachen für die Bestandsrückgänge auch bei der Koppe in der Zerstörung der natürlichen Lebensräume. Gewässerverschmutzung, Bachräumungen und unzählige Wanderhindernisse (auch niedrige) machen der Koppe das Überleben schwer. Aber auch schwere Hochwasserereignisse mit starker Geschiebeführung können ganze Koppenpopulationen auslöschen. Da die Koppe kein guter Schwimmer ist, kann sie selbst geringe Niveauunterschiede nur schwer überwinden. Eine Wiederbesiedlung flussaufwärts gelegener Lebensräume dauert daher oft jahrelang und gelingt in manchen Gewässern aus eigener Kraft nicht mehr.

Die zwei getrennten Bauchflossen unterscheiden die Koppe eindeutig von den Grundeln.

Gefährdungsstatus

Rote Liste Österreich: nahezu gefährdet
Rote Liste Deutschland: ungefährdet
Rote Liste Bayern: Art der Vorwarnliste
Rote Liste Baden-Württemberg: Vorwarnliste
Im Anhang II der FFH Richtlinie (92/43/EWG) angeführt

Große Brustflossen und ein breiter Kopf sind die typischen Merkmale der Koppe.

Koppenmilchner bewachen ihr Gelege.

Süßwasser-
krebse

Die Süßwasserkrebse

von Ing. Johannes Hager

Ordnung:	*Decapoda*
Unterordnung:	*Astacidea*
Überfamilie:	*Astacoidea* (Krebse der Nordhalbkugel) 2 Familien: *Astacidae* (Europa, westl. Nordamerika) *Cambaridae* (Nord-, Mittelamerika, Asien)
Überfamilie:	*Parastacoidea* (Krebse der Südhalbkugel) 1 Familie: *Parastacidae*

In Österreichs Gewässern finden wir vier (wahrscheinlich) heimische Krebsarten und eine aus Nordamerika eingeschleppte Art (Signalkrebs) aus der Familie der *Astacidae* sowie zwei Arten aus der Familie der *Cambaridae*.
Vertreter aus der Überfamilie der *Parastacoidea* sind zwar im Speisekrebs- und im Zoofachhandel vorhanden, im Freigewässer jedoch nicht nachgewiesen.

Allgemeines zur Biologie

Die Populationsentwicklung und Bestandsdichte der in Österreich vorkommenden Flusskrebse ist generell von Versteckmöglichkeiten abhängig (Ausnahme: Kamberkrebs). Als dämmerungs- und nachtaktive Tiere verlassen sie abends ihre Wohnhöhle und suchen den Gewässergrund nach Nahrung ab. Während der kalten Jahreszeit sind Krebse kaum noch aktiv und überwintern in ihrer Wohnhöhle.

Nahrung: Flusskrebse sind generell anspruchslose Allesfresser. Wasserpflanzen und Algen (ca. 40 %), tierische Nahrung, wie Insektenlarven, Kleinkrebse, Schnecken, Muscheln und Würmer (ca. 30 %) sowie Detritus (abgestorbenes pflanzliches und tierisches Material; ca. 30 %) stehen auf ihrem Speiseplan. Fische werden aktiv kaum gefangen, kranke und tote Exemplare jedoch rasch und vollständig verwertet. Dichte Populationen haben einen gravierenden Einfluss auf Wasserpflanzenbestände und das Makrozoobenthos.

Fortpflanzung: Der Paarungszeitpunkt ist abhängig von der Temperatur und Tageslänge und liegt meist zwischen Mitte Oktober und Ende November (Ausnahme: Amerikanischer Sumpfkrebs). Sinkt die Gewässertemperatur im Herbst auf einen je nach Art unterschiedlichen Wert ab, so werden die Krebse tagaktiv und die Männchen suchen nach einem geschlechtsreifen Weibchen. Dieses wird auf den Rücken gedreht und mit den Scheren am Boden fixiert. Mit den Begattungsbeinchen werden kleine, weiße Spermawürstchen (*Spermatophoren*) geformt und dem Weibchen im Brustraum oder am Pleon angeklebt (Ausnahme: Cambaridae. Die Spermatophoren werden in einer speziellen „Spermatothek" der Weibchen deponiert). Je nach dem herrschenden Gewässertemperaturen scheidet das Weibchen die Eier nach wenigen Tagen oder erst nach mehreren Wochen nach der Begattung in einem grauweißen Schleim aus. Dieser löst die verhärteten Spermatophoren auf und es findet die echte Befruchtung statt. Die nun an den Schwimmbeinchen an der Unterseite des Schwanzes haftenden Eier werden vom Weibchen über den ganzen Winter getragen und gepflegt. Je nach Temperatur und Krebsart erfolgt der Schlupf zwischen Anfang Mai und Anfang Juli.

Unterscheidung Männchen und Weibchen

Die Männchen besitzen an der Unterseite der beiden ersten Segmente des Schwanzes (*Pleon*) sogenannte Begattungsbeinchen (*Gonopoden*), die in den Bauchraum hineinragen.

Gefährdungsursachen

Krebspest (Aphanomyces astaci): Hauptgefährdungsursache für heimische Krebsarten ist nach wie vor die Krebspest. Diese vor ca. 140 Jahren nach Europa eingeschleppte Pilzkrankheit wird hauptsächlich von nordamerikanischen Krebsarten übertragen, die zwar infiziert sind, selbst jedoch nicht daran erkranken. Bei den europäischen (wie bei allen nicht nordamerikanischen) Krebsarten liegt die Sterberate bei einer Infektion bei 100 %.

Gewässerverbauung: bringt den Verlust von Versteckmöglichkeiten und der dringend benötigten Tiefen- und Strömungsvarianz mit sich.

Gewässerverschmutzung: Vor allem Abwässer aus Industrie und Gewerbe brachten viele Bestände zum Erliegen.
Fang: Die herkömmlichen Fangmethoden sind die Reuse und der Krebsteller. Die Reuse wird in der warmen Jahreszeit mit einem Köder (z. B. Fischstücke, Fleisch, Leber) am Abend in geeignete Gewässerbereiche eingebracht und am nächsten Morgen wieder ausgehoben. Der Krebsteller, ein mit einem Netz bespannter Metallring mit 30–50 cm Durchmesser, wird ebenfalls mit einem Köder versehen und mit einer an einem Stock befestigten Schnur oder einer Angelrute auf den Gewässerboden gesenkt. Im Abstand von 15–20 Minuten wird der Krebsteller zügig aus dem Wasser gehoben. Die auf dem Netz sitzenden Krebse können durch den Anpressdruck nicht flüchten und können so entnommen werden. Dichte Krebsbestände können den Fischfang mit Köder am Grund zum Erliegen bringen!

Zur Artunterscheidung wichtige Körperteile und -bereiche

Kopf-Brust-Panzer (Carapax): Der Carapax ist ein durchgehender Schalenteil, der den Kopf-Brust-Bereich der Krebse mit Ausnahme des Bauches bedeckt. Auf ihm sind in mehreren Bereichen wichtige Unterscheidungsmerkmale zu finden:

Nackenfurche (Cervikalfurche): Sie trennt optisch den Kopf- vom Brustbereich. Die (evtl. fehlende) Bedornung im Bereich der Nackenfurche wird als Unterscheidungsmerkmal herangezogen.

Hinteraugenleiste (Postorbitalknoten)

Je nach Gattung ist die Hinteraugenleiste ein- oder zweiteilig (ein Paar oder zwei Paar Postorbitalknoten).

Antennenschuppe

Merkmal: Vorhandensein und Ausprägung eines Kammes an der Unterseite der Schuppe der zweiten Antenne.

Nackenfurche

Krebsnase (Rostrum)

Unterscheidungsmerkmale: Längsseiten, Form der Spitze, Mittelkiel.

Scheren

Merkmale: Form, Farbe, Bedornung (Körnung), Buchtung und Höcker am unbeweglichen Finger.

Hinteraugenleiste und Antennschuppe

Krebsnase

Krebsschere

Steinkrebs

Familie: *Astacidae*
Steinkrebs: *Austropotamobius torrentium* (Schrank, 1803)
Bachkrebs
Gattung: *Austropotamobius*

Merkmale

Körper: Der Körper ist massig und gedrungen und meist von grau- bis grünlichbrauner Färbung. Die Flächen des Carapax sind glatt, ohne Dornen und Höcker. Hinter der Nackenfurche ist keine Bedornung vorhanden.
Er besitzt eine einteilige Hinteraugenleiste (ein Paar Postorbitalknoten).
Antennenschuppe: Die Unterseite der Schuppe der zweiten Antenne besitzt einen gezähnten Kamm.
Rostrum: Die Längsseiten sind glatt. Die Rostrumspitze ist nicht abgesetzt, kurz und eher stumpf und trägt keinen Mittelkiel.
Scheren: Sie sind breit und groß, an der Oberseite wie der übrige Körper gefärbt und gekörnt. Die Scherenunterseite ist blassgelb bis weißlich. Am unbeweglichen Scherenfinger befindet sich ein Höcker.

Wachstum: Steinkrebse erreichen eine Körperlänge von ca. 10 cm. Maximalwert 12 cm. Die Weibchen bleiben deutlich kleiner (ca. 8 cm).

Verwechslungsarten: Der Dohlenkrebs besitzt eine kräftige Bedornung hinter der Nackenfurche.

Verbreitung: Heimische Krebsart, die auf Grund der geringen Größe nie wirtschaftlich genutzt wurde. Seine Vorkommen gelten daher als ursprünglich und unverfälscht. Durch Gewässerverschmutzung und -verbauung sowie die Krebspest sind die Bestände drastisch zurückgegangen und meist auf isolierte, kleinräumige Vorkommen beschränkt.

Biologie: Der Steinkrebs bevorzugt kühlere kleine Gewässer mit grobsteinigem Substrat, in dem er seine Versteckmöglichkeiten findet. Die Temperatur soll über die Sommermonate über 10 °C liegen. Das Optimum liegt bei 15 °C bis 20 °C. So kommen naturbelassene, strukturreiche Bäche und Rinnsale der Bachforellen- und Äschenregion seinen Ansprüchen am nächsten. Er findet sich aber auch sehr häufig in Abläufen von Seen und Teichen. In stehenden Gewässern kommt er selten vor. Bei Temperaturen unter 7 °C ist der Steinkrebs kaum noch aktiv.

Fortpflanzung: Die Geschlechtsreife tritt meist im dritten oder vierten Lebensjahr ein, wenn die Weibchen eine Größe von 5–6 cm und die Männchen von 8–9 cm erreicht haben. Die Paarung erfolgt üblicherweise im Oktober.
Eizahl: 70–100
Schlupfzeitpunkt: Juni – Anfang Juli

Gefährdungsursachen

Krebspest: anfällig; Totalausfall von Beständen. Durch seinen Lebensraum in den abgelegenen, kleinen, kühleren Gewässern ist die Gefahr der Erregereinschleppung jedoch nicht so groß wie beim Edelkrebs.
Gewässerverschmutzung und -verbauung: Vor allem gegenüber organischer Belastung aus Landwirtschaft und häuslichen Abwässern ist der Steinkrebs sehr empfindlich.

Gefährdungsstatus

Rote Liste Österreich: gefährdet
Rote Liste Deutschland: stark gefährdet

Die Scheren des Steinkrebses sind groß, breit und gekörnt.

Dohlenkrebs

Familie: *Astacidae*
Dohlenkrebs: *Austropotamobius pallipes* (Lereboullet, 1858)
Sumpfkrebs
Gattung: *Austropotamobius*

Merkmale

Körper: Der Körper ist massig und gedrungen und meist von brauner bis olivgrüner Färbung. Die Flächen des Carapax sind glatt, ohne Dornen und Höcker. Hinter der Nackenfurche sind zwei bis sechs ausgeprägte Dornen vorhanden.
Er besitzt eine einteilige Hinteraugenleiste (ein Paar Postorbitalknoten).
Antennenschuppe: Die Unterseite der Schuppe der zweiten Antenne besitzt einen glatten Kamm.
Rostrum: Die Längsseiten sind glatt. Die Rostrumspitze ist abgesetzt und trägt einen glatten Mittelkiel.

Scheren: Sie sind breit, groß, stark gekörnt und an der Oberseite in der Regel schokoladebraun gefärbt. Die Scherenunterseite ist schmutzig-weiß bis beige. Am unbeweglichen Scherenfinger befindet sich ein Höcker.

Wachstum: Dohlenkrebse erreichen eine Körperlänge von ca. 10 cm. Maximalwert 13 cm. Die Weibchen bleiben deutlich kleiner (ca. 8 cm).

Verwechslungsarten: Der Steinkrebs besitzt keine Bedornung hinter der Nackenfurche.

Verbreitung: Seltenste heimische Krebsart mit sehr kleinem Verbreitungsgebiet in Kärnten (Gail-, Gitsch- und oberes Drautal). Seine Vorkommen sind auf isolierte, kleinräumige Bestände beschränkt. Durch Besatz begründete Populationen gibt es auch in Tirol (z. B. im Heiterwangersee und Plansee).

Biologie: Der Dohlenkrebs bevorzugt kleinere Wald- und Wiesenbäche, jedoch auch sumpfige und moorige Gewässer. Auch stehenden Gewässern ist er nicht abgeneigt. Er besitzt eine hohe Temperaturtoleranz (12–24 °C). Bei Temperaturen unter 7 °C ist er kaum noch aktiv.

Fortpflanzung: Die Geschlechtsreife tritt meist im dritten oder vierten Lebensjahr ein, wenn die Weibchen eine Größe von 5–6 cm und die Männchen von 8–9 cm erreicht haben. Die Paarung erfolgt üblicherweise im Oktober.

Eizahl: 70–120
Schlupfzeitpunkt: Juni

Gefährdungsursachen

Krebspest: anfällig, Totalausfall von Beständen
Gewässerverschmutzung und -verbauung: Vor allem gegenüber organischer Belastung aus Landwirtschaft und häuslichen Abwässern ist der Dohlenkrebs relativ empfindlich.

Gefährdungsstatus

Rote Liste Österreich: vom Aussterben bedroht
Rote Liste Deutschland: vom Aussterben bedroht

Die großen breiten Scheren sind stark gekörnt.

Edelkrebs

Familie: *Astacidae*
Edelkrebs: *Astacus astacus* (Linnaeus, 1758)
Flusskrebs, Europäischer Flusskrebs
Gattung: *Astacus*

Merkmale

Körper: Der Körper ist massig und gedrungen und meist von mittel- bis dunkelbrauner Färbung. Vereinzelt tauchen hell- bis stahlblau bzw. fast schwarz gefärbte Tiere auf. Die Flächen des Carapax sind glatt, ohne Dornen und Höcker. Nur seitlich direkt hinter der Nackenfurche sind einige (mindestens zwei), meist wenig ausgeprägte Erhebungen vorhanden.
Er besitzt eine zweigeteilte Hinteraugenleiste (zwei Paar Postorbitalknoten).

Rostrum: Die Längsseiten sind glatt und mehr oder weniger parallel. Die Rostrumspitze ist abgesetzt, lang, spitz und trägt einen deutlich gezähnten Mittelkiel.

Scheren: Sie sind breit und groß, an der Oberseite wie der übrige Körper gefärbt und stark gekörnt. Die Scherenunterseite ist charakteristisch rot bis rotorange, das Scherengelenk und die Gelenkshaut beim beweglichen Scherenfinger sind meist leuchtend rot. Der unbewegliche Scherenfinger ist zwischen zwei (meist gelben) Höckern stark eingebuchtet.

Wachstum: Edelkrebse erreichen eine Körperlänge von ca. 15–18 cm bei einem Gewicht von 100–150 g. Maximalwerte sind 25 cm und 350 g. Die Weibchen bleiben deutlich kleiner (ca. 12–15 cm).

Verwechslungsarten: Steinkrebs und Dohlenkrebs besitzen eine nur einteilige Hinteraugenleiste. Der Signalkrebs hat keine Dornen hinter der Nackenfurche; glatte, ungekörnte Scheren; charakteristischer, weiß-blauer „Signalfleck" am Scherengelenk.

Verbreitung: Heimische Krebsart, die ursprünglich in großer Dichte in allen entsprechenden Lebensräumen vorkam und daher stark genutzt und europaweit gehandelt wurde. Durch Krebspest, Gewässerverschmutzung und -verbauung sind die Bestände jedoch drastisch zurückgegangen und meist auf isolierte, kleinräumige Vorkommen beschränkt.

Biologie: Der Edelkrebs bevorzugt sommerwarme Gewässer, die eine Temperatur von mindestens 15 °C über die Sommermonate aufweisen müssen, da bei kühleren Temperaturen keine Entwicklung der Geschlechtsprodukte eintritt. Das Optimum liegt bei 18 bis 24 °C. So kommen naturbelassene, strukturreiche Bäche und Flüsse der Äschen- und Barbenregion sowie Seen, Stauräume und Teiche seinen Ansprüchen am nächsten. Bei Temperaturen unter 10 °C ist der Edelkrebs kaum noch aktiv.

Fortpflanzung: Die Geschlechtsreife tritt meist im dritten oder vierten Lebensjahr ein, wenn die Weibchen eine Größe von 8–9 cm und die Männchen von 11–12 cm erreicht haben. Der Paarungszeitpunkt ist temperaturabhängig und liegt zwischen Mitte Oktober und Ende November bei Gewässertemperaturen unter 12 °C.

Eizahl: 100–250
Schlupfzeitpunkt: je nach Temperatur Mitte Mai bis Mitte Juli

Gefährdungsursachen

Krebspest: Hauptgefährdungsursache; Totalausfall von Beständen; gegenüber rein organischer Belastung relativ widerstandsfähig.

Gefährdungsstatus

Rote Liste Österreich: stark gefährdet
Rote Liste Deutschland: vom Aussterben bedroht

Die Scheren sind groß und breit, das Scherengelenk meist leuchtend rot.

Edelkrebse können mitunter auch dunkel gefärbt sein.

Galizierkrebs

Familie: *Astacidae*
Galizierkrebs: *Astacus leptodactylus* (Eschholz, 1823)
Europäischer Sumpfkrebs
Gattung: *Astacus*

Merkmale

Körper: Der Körper ist massig und gedrungen und von gelb- bis grünbrauner Färbung, oftmals marmoriert. Die Flächen des Carapax sind stark bedornt. Direkt hinter der Nackenfurche sind einige (mindestens zwei) ausgeprägte Erhebungen vorhanden. Vor der Nackenfurche, im Bereich der „Wange", ist eine Vielzahl starker Dornen und Höcker vorhanden.
Er besitzt eine zweigeteilte Hinteraugenleiste (zwei Paar Postorbitalknoten).
Rostrum: Die Längsseiten sind sägezahnartig und mehr oder weniger parallel. Die Rostrumspitze ist abgesetzt, lang, spitz und trägt einen gezähnten Mittelkiel.

Scheren: Sie sind sehr schmal und lang, an der Oberseite wie der übrige Körper gefärbt und stark gekörnt. Die Scherenunterseite ist immer hell (gelblich bis hellbeige). Der unbewegliche Scherenfinger trägt einen Höcker.

Wachstum: Galizier erreichen eine Körperlänge von ca. 18–20 cm bei einem Gewicht von 100–150 g. Maximalwerte sind 25 cm und 250 g. Der Gewichtsunterschied zum Edelkrebs resultiert aus den sehr schlanken Scheren. Die Weibchen bleiben kleiner (ca. 14–18 cm).

Verwechslungsarten: Der Edelkrebs hat keine Carapaxbedornung, breite große Scheren mit einer roten Scherenunterseite.

Verbreitung: wahrscheinlich heimische Krebsart mit natürlichem Verbreitungsgebiet östlich von Wien; nach Durchzug der Krebspest viele Besatzmaßnahmen, da er fälschlicherweise für resistent gehalten wurde; einzelne Bestände in nahezu allen Bundesländern.

Biologie: Der Galizierkrebs bevorzugt sommerwarme, stehende und langsam fließende Gewässer, die eine Temperatur von mindestens 17 °C über die Sommermonate aufweisen. Das Optimum liegt bei 23 °C bis 26 °C. Im Gegensatz zum Edelkrebs nimmt er auch schlammige Gebiete als Wohnstätte an. Bei Temperaturen unter 12 °C ist er kaum noch aktiv.

Fortpflanzung: Die Geschlechtsreife tritt meist im dritten Lebensjahr ein, wenn die Weibchen eine Größe von 9 cm und die Männchen von 12 cm erreicht haben. Der Paarungszeitpunkt ist temperaturabhängig und liegt zwischen Mitte Oktober und Ende November bei Gewässertemperaturen unter 12 °C.

Eizahl: 200–450
Schlupfzeitpunkt: je nach Temperatur Mai bis Juni

Gefährdungsursachen

Krebspest: Hauptgefährdungsursache, Totalausfall von Beständen; gegenüber rein organischer Belastung sehr widerstandsfähig.

Gefährdungsstatus

Rote Liste Österreich: vom Aussterben bedroht
Rote Liste Deutschland: –

Die schlanken Scheren sind typisch für den Galizierkrebs.

Signalkrebs

Familie: *Astacidae*
Signalkrebs: *Pacifastacus leniusculus* (Dana, 1852)
Amerikanischer Flusskrebs
Gattung: *Pacifastacus*

Merkmale

Körper: Der Körper ist massig und gedrungen und meist von hell- bis rötlichbrauner Färbung. Die Flächen des Carapax sind glatt, ohne Dornen und Höcker. Auch direkt hinter der Nackenfurche sind keine Erhebungen vorhanden.
Er besitzt eine zweigeteilte Hinteraugenleiste (zwei Paar Postorbitalknoten).
Rostrum: Die Längsseiten sind glatt und mehr oder weniger parallel. Die Rostrumspitze ist abgesetzt, lang, spitz und trägt einen glatten Mittelkiel.
Scheren: Sie sind breit und groß und an der Oberseite wie der übrige Körper gefärbt. Sie sind glatt und ungekörnt. Die Scherenunterseite ist lebhaft rot bis rotorange. Charakteristisch ist der weiß-blaue „Signalfleck" im Bereich des Scherengelenkes. Der unbewegliche Scherenfinger besitzt einen kleinen Höcker.

Wachstum: Signalkrebse erreichen eine Körperlänge von ca. 15–18 cm bei einem Gewicht von 100–150 g. Maximalwerte sind 25 cm und 350 g. Die Weibchen bleiben deutlich kleiner (ca. 12–15 cm).

Verwechslungsarten: Der Edelkrebs hat Dornen hinter der Nackenfurche, gekörnte Scheren und ein rotes Scherengelenk; sein Rostrumkiel ist deutlich gezähnt.

Verbreitung: nicht heimisch; Ursprungsgebiet Nordamerika westlich der Rocky Mountains; in den 1970er- (Schweden) und 1980er-Jahren (Österreich) des vorigen Jahrhunderts als Edelkrebsersatz nach Europa gebracht, gezüchtet und ausgesetzt; in Österreich bereits sehr weit verbreitet.

Biologie: Der Signalkrebs bevorzugt sommerwarme Gewässer, die eine Temperatur von mindestens 12 °C über die Sommermonate aufweisen müssen, da bei kühleren Temperaturen keine Entwicklung der Geschlechtsprodukte eintritt. Das Optimum liegt bei 18 °C bis 22 °C. So kommen naturbelassene, strukturreiche Bäche und Flüsse der Äschen- und Barbenregion sowie Seen, Stauräume und Teiche seinen Ansprüchen am nächsten. Er ist auch bei Temperaturen unter 10 °C noch relativ aktiv.

Fortpflanzung: Die Geschlechtsreife tritt meist im dritten, zum Teil bereits im zweiten Lebensjahr ein, wenn die Weibchen eine Größe von 7–8 cm und die Männchen von 10–12 cm erreicht haben. Der Paarungszeitpunkt ist temperaturabhängig und liegt meist im Oktober.

Eizahl: 150–400
Schlupfzeitpunkt: je nach Temperatur Mitte Mai bis Mitte Juni

Gefährdungsursachen: keine
Krebspest: teilresistent! Krankheitsüberträger! Gefahr für heimische Krebse! In Einzelfällen auch Teil- bis Totalausfälle durch Krebspest möglich.

Das weiß-blaue Scherengelenk ist typisch für den Signalkrebs.

Die Familie der Cambaridae

Kamberkrebs

Familie: *Cambaridae*
Kamberkrebs: *Orconectes limosus* (Rafinesque, 1817)
Gattung: *Orconectes*

Merkmale

Körper: Der Körper ist kräftig und gedrungen, der Kopf kurz und rund und meist von mittelbrauner Färbung. Der Carapax ist mit vielen Dornen und Höckern besetzt. Hinter der Nackenfurche sind mehrere (mindestens zwei) Dornen vorhanden. Im Bereich vor der Nackenfurche, der Wange, ist ein kräftiges Dornenfeld vorhanden. Jedes Segment des Hinterleibes (Pleon) trägt einen deutlichen, dunkelrotbraunen Querstreifen an der Oberseite.
Er besitzt eine einteilige Hinteraugenleiste (ein Paar Postorbitalknoten).
Rostrum: Die Längsseiten sind glatt und verlaufen parallel. Die Rostrumspitze ist abgesetzt, kurz, spitz und trägt keinen Mittelkiel.
Scheren: Sie sind relativ klein und kurz und an der Oberseite wie der übrige Körper gefärbt. Die Scherenspitzen sind farblich deutlich abgegrenzt (orange bis gelb). Die Scherenunterseite ist beige bis orange.

Wachstum: Er erreicht eine Körperlänge von ca. 10 cm, max. 12 cm.

Verwechslungsarten: Dohlenkrebs und Steinkrebs haben kein Dornenfeld an der Wange und keine Querstreifen am Pleon sowie keine farblich abgesetzten Scherenspitzen.
Der Edelkrebs hat zusätzlich eine zweigeteilte Hinteraugenleiste, sonst siehe oben.

Verbreitung: nicht heimisch; Ursprungsgebiet Osten der USA; bereits 1890 als Edelkrebsersatz nach Auftreten der Krebspest nach Deutschland eingeführt; in Österreich sind mehrere Bestände vorhanden (Fuschlsee, Zellersee, Weißensee, Donau östl. von Wien und March).

Biologie: Der Kamberkrebs ist relativ anspruchslos und bevorzugt größere Gewässer mit Sommertemperaturen von 20 °C und darüber. Er ist extrem unempfindlich gegenüber Gewässerverschmutzung und Sauerstoffmangel und bevorzugt den schlammigen Gewässergrund als Aufenthaltsgebiet, wo er auch tagsüber sehr aktiv ist.

Fortpflanzung: Die Geschlechtsreife tritt im zweiten oder dritten Lebensjahr ein.
Die Paarungszeit liegt im Herbst. Die Spermatophoren werden jedoch in einer den *Cambaridae* eigenen „Spermatothek" aufbewahrt. Erst im April findet der Eiabstoß und somit die Befruchtung statt.

Gefährdungsursachen: keine
Krebspest: resistent! Krankheitsüberträger! Gefahr für heimische Krebse!

Die Scherenspitzen sind farblich deutlich abgesetzt, an den Wangen befindet sich je ein kräftiges Dornenfeld.

Kamberkrebs, von oben betrachtet

Marmorkrebs

Familie: *Cambaridae*
Marmorkrebs: marbled crayfish, *Procambarus fallax f. virginalis* (Martin et al., 2010) bzw. *Procambarus virginalis sp. nov.* (Lykow 2017), da „forma" (f.) vom International Code of Zoological Nomenclature für Benennungen nach 1960 nicht mehr anerkannt wird (Lykow 2017).
Gattung: *Procambarus*

Merkmale

Körper: Der Carapax ist marmoriert und weist Bedornung in der Nackenfurche auf. Die Färbung der Tiere in freier Wildbahn ist dunkelbraun bis dunkel-/olivgrün und am lateralen Cephalothorax und Pleon sind hellere Flecken sichtbar. An den Seiten des Vorderkörpers sind kleine, spitze Dornen, weiters hat der Marmorkrebs eine eng zusammenlaufende Rückenfurche.
Anhand des *Annulus ventralis* (Spermienspeicher der Weibchen bei der Gattung *Procambarus*) kann diese Art von *P. fallax* (Everglades-Sumpfkrebs) und *P. alleni* (Blauer Floridakrebs), welchen sie ähnelt, morphologisch unterschieden werden. Der Marmorkrebs hat ein Paar Augenleisten (Nehring, 2017; Chucholl 2011; Lykow 2017).

Rostrum: Mit marginalen Dornen und fehlender medianer Carina (Lykow 2017).

Scheren: Im Verhältnis zum Körper kleine Scheren, die an den Unterseiten nie rot sind (Nehring 2017).

Wachstum: Die Totallänge wird zwischen 10–13 cm angegeben, meist werden aber weniger oder um 10 cm erreicht (Chucholl 2011).

Verwechslungarten: Keine der aktuell in Deutschland und Österreich vorkommenden Krebsarten. Die nahe verwandten Arten *P. fallax* (Everglades-Sumpfkrebs) und *P. alleni* (Blauer Floridakrebs) sind aktuell noch nicht in die Umwelt verbracht worden;

in der Aquarienhaltung jedoch beliebt. Die einheimischen Flusskrebse haben keine seitlichen Dornen und deutlich größere Scheren. Der Edelkrebs hat zwei Paar Augenleisten (Nehring 2017).

Verbreitung: Nicht heimisch. Das Ursprungsgebiet der Stammform, der Everglades-Sumpfkrebs, ist der Süden der USA. Die inzwischen als eigenständige Art beschriebene Form des Marmorkrebses wurde seit Mitte der 1990er-Jahre in Deutschland im Zierfischhandel angeboten. Bereits 2003 wurde der Erstnachweis in Deutschland für einen Marmorkrebs aus einem Teich in der Nähe von Karlsruhe erbracht (Nehring 2017, Chucholl 2011). In Österreich wurde der Marmorkrebs 2018 erstmals in Teichen in der Stadt Salzburg nachgewiesen (Latzer & Pekny 2018). Weiters wird von einem Fund im Mühlwasser in Wien berichtet (Moog et al. 2018). Inzwischen ist die Verbreitung des Marmorkrebses europaweit und auch auf Madagaskar und Japan ist die Art nachgewiesen worden (Chucholl 2011).

Biologie: Der Marmorkrebs benötigt Temperaturen zwischen 20 und 25 °C zur Entwicklung und Reproduktion. Die bisher bekannten Wildpopulationen zeigen, dass der Marmorkrebs tolerant gegenüber vielen Umweltbedingungen ist, wie z. B. niedriger Sauerstoffgehalt oder kurzfristige Temperaturextrema (Chucholl 2011). Sein Nahrungsspektrum ist breit, als Allesfresser ernährt er sich von Algen, Pflanzen, Detritus und Wirbellosen (Latzer & Pekny 2018).

Fortpflanzung: Der Marmorkrebs vermehrt sich parthenogenetisch, das heißt, es gibt nur Weibchen dieser Art, welche Klone von sich produzieren. Versuche, weibliche Marmorkrebse mit *P. fallax* zu kreuzen, gelangen, es wurde auch das typische Paarungsverhalten beobachtet, jedoch waren die Nachkommen rein weiblichen Geschlechts und es konnten im Genom keine Beiträge von männlichen *P. fallax* gefunden werden (Vogt et al. 2015).

Gefährdung: Überträger der Krebspest, Fortpflanzung durch Jungfernzeugung, das heißt, nur ein geschlechtsreifes Tier ist notwendig, um sich zu vermehren

Schere eines Marmorkrebses

Roter Amerikanischer Sumpfkrebs

Familie: *Cambaridae*
Roter Amerikanischer Sumpfkrebs: *Procambarus clarkii* (Girard, 1852)
Süßwasserhummer
Gattung: *Procambarus*

Merkmale

Körper: Der Körper ist spindelförmig und meist von dunkelroter bis rotschwarzer Färbung mit durchgehend kräftiger, roter Bedornung.
Er besitzt eine einteilige Hinteraugenleiste (ein Paar Postorbitalknoten).
Rostrum: Zwischen den glatten Längsseiten ist die Fläche tief eingebuchtet. Die Rostrumspitze ist abgesetzt, kurz, spitz und trägt keinen Mittelkiel.
Scheren: Die Scheren sind eher schlank, geschwungen und an der Oberseite wie der übrige Körper gefärbt. Charakteristisch ist die ausgesprochen kräftige, leuchtend rote Bedornung. Die Scherenunterseite ist lebhaft rot. Der unbewegliche Scherenfinger besitzt zwei Höcker.

Wachstum: Er erreicht eine Körperlänge von ca. 12 cm, max. 15 cm.

Verwechslungsarten: keine

Verbreitung: nicht heimisch; Ursprungsgebiet Südstaaten der USA, Mittelamerika; in den 70er-Jahren des vorigen Jahrhunderts in Spanien und Italien ausgesetzt; als Speise- und Aquarienkrebs im Handel weit verbreitet; einzelne Bestände in Mitteleuropa (2005 auch in Österreich nachgewiesen); meist durch Aussetzen von Aquarienkrebsen begründet.

Biologie: Der Rote Amerikanische Sumpfkrebs stammt ursprünglich aus subtropischen (auch zeitweise trocken fallenden)

Gewässern. Wider Erwarten kann er auch in den warmen Gewässern der gemäßigten Zonen Mitteleuropas überleben und reproduzieren. Er ist ein ausgesprochen starker Gräber, der bis zu sechs Meter lange Höhlengänge anlegt, in denen er längere Trocken- oder Frostperioden überlebt.

Fortpflanzung: Die Geschlechtsreife tritt im ersten oder zweiten Lebensjahr ein. Paarung und Fortpflanzung finden während des ganzen Jahres, bei optimalen Bedingungen auch mehrmals pro Jahr statt.

Eizahl: bis 800

Gefährdungsursachen: keine
Krebspest: resistent! Krankheitsüberträger! Gefahr für heimische Krebse!

Die Scheren sind schlank und geschwungen, charakteristisch ist ihre leuchtend rote Bedornung.

Süßwasser-muscheln

Muscheln

von Mag. Dr. Daniela Achleitner

Klasse:	*Bivalvia*
Unterklasse:	*Eulamellibranchiata*
Ordnung:	*Unionoida*
Überfamilie:	Najaden (= Großmuscheln)
Familie:	*Margaritiferidae*
Familie:	*Unionidae*
Ordnung:	*Veneroida*
Familie:	*Sphaeriidae* (Kugel-, Häubchen- und Erbsenmuscheln)
Familie:	*Dreissenidae*

Vom großen Tierstamm der Weichtiere, zu denen auch die Tintenfische zählen, sind im Binnenland nur die Schnecken *(Gastropoda)* und Muscheln *(Bivalvia)* vertreten. Bisher konnten in Österreich insgesamt 28 Muschelarten nachgewiesen werden. Die meisten Arten zählen dabei zur Ordnung der *Veneroida,* welche meist sehr klein und nur schwer zu bestimmen sind. Die in einem Gewässer deutlich auffallenden „Großmuscheln" *(= Najaden)* erreichen jedoch Gehäuselängen von bis zu 30 cm und können anhand weniger Merkmale oft sogar bis zur Art bestimmt werden. Muscheln sind aber je nach den vorherrschenden Lebensbedingungen zum Teil ausgesprochen formvariabel.

Den Namen Najaden tragen die Großmuscheln übrigens nach den antiken Quell- und Flussgöttinen, die für die Reinheit des Wassers bürgten. Die Filterleistung von heimischen Großmuscheln wird in der Literatur mit bis zu 40 l/h angegeben, Muscheln leisten somit einen bedeutenden Beitrag zur Säuberung des Wassers.

Im Folgenden werden nur die bei uns häufigsten Großmuschelarten und die eingeschleppte *Dreissena polymorpha* behandelt, wenn nicht anders vermerkt, erfolgten die Beschreibungen nach Jungbluth et al. (2000), Taurer (2002), Glöer & Meier-Brook (2003) und Patzner (2003).

Allgemeines

Als das typische Merkmal für Muscheln gelten die zwei Schalenklappen. Am oberen Rand sind die Klappen durch ein Scharnier, der sogenannten Schlossleiste, gelenkig miteinander verbunden. Als Weichtiere besitzen Muscheln keinerlei Skelettelemente. Ein gesonderter Kopf fehlt ihnen, so dass sich der Körper aus dem die Eingeweide enthaltenden Rumpf, dem davon entspringenden Fuß und dem paarigen Mantel zusammensetzt. Die inneren Organe haben sich zum Großteil in den Fuß verlagert. Am Hinterende der Muschel befinden sich die Ein- bzw. Ausströmöffnung, durch die der Austausch von Wasser und Nährstoffen mit der Umgebung erfolgt. In den zwischen Fuß und Mantel liegenden Mantelraum ragen paarige Kiemen, diese sind nicht nur für die Atmung zuständig, sondern auch für die Nahrungsbeschaffung der Muschel.

Nahrung: Muscheln sind Filtrierer, als Nahrung dienen ihnen im Wasser schwebende Zerfallsstoffe, Bakterien oder Plankton. Der nötige Wasserstrom wird durch die mit Cilien (= Wimpern) besetzten Kiemen erzeugt. Das Wasser gelangt über die Einströmöffnung in die Mantelhöhle, an den schleimbedeckten Kiemen bleiben potentielle Nahrungspartikel hängen und werden zur Mundöffnung transportiert. Der unverwertbare Rest wird über die Ausströmöffnung wieder abtransportiert. Muscheln müssen sich zur Nahrungsaufnahme also nicht unbedingt bewegen, manche graben sich auch direkt im Boden ein und es ragen nur die Ein- und Ausströmöffnungen heraus.

Einströmöffnung unten und Ausströmöffnung oben

Fortpflanzung: Muscheln können getrenntgeschlechtlich oder zwittrig sein. Generell scheint die Geschlechtsdetermination sehr plastisch zu sein. So pflanzt sich die Gemeine Teichmuschel *(Anodonta anatina)* überwiegend getrenntgeschlechtlich fort, während die Große Teichmuschel *(Anodonta cygnea)* vorwiegend hermaphroditisch ist.
Die Spermaübertragung erfolgt durch das freie Wasser, daher finden wir an Muscheln keine richtigen Begattungsorgane, sondern nur Geschlechtsdrüsen. Äußerlich ist die Unterscheidung der Geschlechter nicht möglich. Die Entwicklung der Muschel erfolgt anschließend in einer Kiemenhöhlung des Muttertieres (Ausnahme: *Dreissenidae).* Bei den Großmuscheln wird dabei ein spezielles Larvenstadium ausgebildet, die sogenannten Glochidien. Diese Glochidien werden in das Wasser abgegeben, und um zu überleben, muss es ihnen gelingen, an die Kiemen oder Flossen eines Wirtsfisches zu gelangen. Die wenigen, die das schaffen, schmarotzen dann zirka zwei bis zehn Monate an dem Wirtsfisch. Dabei entwickeln sie sich zu kleinen Muscheln, die nach dem Abfallen vom Fisch ihr eigentliches Muscheldasein beginnen. Die Wirtsfische scheinen durch die Glochidien keinen Schaden zu nehmen.

Schloss einer Flussperlmuschel – Detailansicht

Gefährdungsursachen: In den letzten Jahrzehnten wurde ein weltweiter Rückgang der Großmuscheln immer deutlicher. Die Gründe dafür sind vielfältig und zum Teil immer noch nicht genau bekannt. Derzeit sind jedenfalls alle heimischen Großmuscheln in ihrem Bestand bedroht und werden in der Roten Liste gefährdeter Tiere Österreichs mit Gefährdungsgraden zwischen 1 und 3–4 angeführt.
Wie für andere im Wasser lebende Organismen stellen die zahlreichen anthropogen bedingten Veränderungen der Lebensräume wie Gewässerverbauung, -verschmutzung, Eutrophierung oder die Trockenlegung von Kleingewässern eine große Gefahr für Muscheln dar. Eine nicht zu unterschätzende Gefahr für Restbestände bedrohter Arten sind neue Fressfeinde, wie zum Beispiel die Bisamratte. Diese im letzten Jahrhundert aus Nordamerika eingeschleppten Tiere fressen vor allem im Winter häufig Muscheln, sodass man zum Teil große Schalenanhäufungen als Zeichen ihrer Fresstätigkeit finden kann. Großmuscheln können auch durch den zum Teil enormen Bewuchs mit der eingeschleppten Dreikantmuschel *(Dreissena polymorpha)* stark beeinträchtigt werden (Gewichtsbelastung, Nahrungskonkurrenz, Beeinträchtigung der Fortpflanzung).

Detailansicht Wirbelregion

Zur Artunterscheidung wichtige Körperteile und -bereiche

Wirbel: Älteste Teile der Schale, von ihnen geht das Wachstum ringartig aus. Die Zuwachsstreifen werden konzentrisch um den Wirbel angelegt, sie entsprechen den Wachstumszonen, sind aber keineswegs immer Jahresringe (Kilias 1993).

Schloss: Durch diese ineinandergreifenden Zähne und Vertiefungen wird das Längsverschieben der Schalen verhindert, die Anordnung und Form der Zähne wird häufig zur Artunterscheidung herangezogen.

Die Großgruppen der heimischen Muscheln lassen sich nach der Größe und der Form der Schale sowie nach der Lage und Erscheinungsform der Wirbel unterscheiden. Die weitere Bestimmung (insbesondere der Sphariiden) verlangt jedoch viel Übung und wird im Rahmen dieses Buches nicht weiter behandelt.

Flussperl-muschel

Familie: *Margaritiferidae*
Flussperlmuschel: *Margaritifera margaritifera* (Linnaeus, 1758)
Gattung: *Margaritifera*

Merkmale

Schale: Die schwarze Schale ist nierenförmig, ausgesprochen dickwandig und schwer. Die Zuwachsstreifen sind sehr dicht angelegt (Länge: 118–148 mm, Höhe: 57–72 mm, Dicke: 32–45 mm).
Wirbel: Die gesamte Wirbelregion ist meistens sehr stark zerfressen.
Schloss: Sehr kräftige Hauptzähne vorhanden; ein Zahn rechts, zwei links
Schild: kaum ausgeprägt

Biologie: Die Flussperlmuschel lebt nur in kalkarmen, reinen, sommerkühlen Fließgewässern (hauptsächlich in kristalliner Gesteinsformation: max. 10 mg Kalk/l). Ihre Ansprüche an die Wasser- und Bodensubstratqualität sind sehr hoch. Sie bevorzugt Feinkies und Schotter, weniger Sand. Auf Grund der Gewässerverschmutzung ist diese Art stark bedroht. Das Lebensalter von Flussperlmuscheln ist sehr hoch und liegt zwischen 70 und 140 Jahren.
Fortpflanzung: In der Regel sind Flussperlmuscheln getrenntgeschlechtlich, Bauer (1987) nimmt jedoch an, dass isolierte Weibchen zwittrig werden können. Die Befruchtung der Eier erfolgt im Frühsommer (Juni–Juli). Die Glochidien reifen in den Kiementaschen des Weibchens heran und werden im Spätsommer (August–September) ausgestoßen (bis zu zehn Millionen, Bauer 1987). Die Glochidien der Flussperlmuschel sind auf die Bachforelle als einzige Wirtsfischart angewiesen. Das Kiemengewebe der Bachforelle wird im darauffolgenden Frühjahr verlassen und die Jungmuscheln wandern in das Bachsohlensubstrat ein. Dann verbringen sie ca. vier bis sieben Jahre im Lückensystem der Gewässersohle. Mit einer Länge von ca. 2–3 cm kommen sie schließlich als Jungmuscheln an die Oberfläche. Die Geschlechtsreife erreichen Flussperlmuscheln je nach Wassertemperatur nach ungefähr 15 bis 20 Jahren.

Verbreitung: Die Verbreitung der Flussperlmuschel reicht über die gesamte nördliche Hemisphäre von Europa, über den Osten Nordamerikas bis ins nordöstliche Asien. Die südliche Verbreitungsgrenze in Europa verläuft durch Österreich, Bayern, Frankreich und den Nordwesten Spaniens. Noch vor 200 Jahren waren die Muscheln weit verbreitet, im Zentrum des Interesses standen in erster Linie die Perlen (= in jeder fünfhundersten bis tausendsten Muschel). Kostbare Perlenstickereien in Klöstern zeugen von dem einst zahlreichen Vorkommen der Flussperlmuschel. Seit Beginn des 20. Jahrhunderts zeigte sich jedoch ein dramatischer Bestandszusammenbruch, der vor allem auf die Gewässerverschmutzung und wohl auch die Perlenräuberei zurückzuführen ist. Heute wird die Flussperlmuschel in der Roten Liste mit der Gefährdungsstufe 1 geführt (Frank & Reischütz 1996).

Verwechslungsarten: keine

Flussperlmuscheln im natürlichen Lebensraum

Typische, stark korrodierte Wirbelregion
einer Flussperlmuschel

Die Familie der Unionidae

Kleine Flussmuschel

Familie: *Unionidae*
Kleine Flussmuschel: *Unio crassus* (Philipsson, 1788)
Bachmuschel
Gattung: *Unio*

Merkmale

Schale: Die recht dickwandige, meist dunkelbraun-schwarze Schale ist elliptisch bis nierenförmig. Im Allgemeinen ist sie zumindest nicht ganz doppelt so lange wie hoch (wichtige Unterscheidung zur Malermuschel), der ganze Schalenoberrand ist gleichförmig gebogen (Länge: 50–60 mm, Höhe 30–35 mm, Dicke: 25–35 mm).
Wirbel: Meist weit nach vorn gedrückt, sonst mit dichten, konzentrischen Runzelfalten.
Schloss: Hauptzähne vorhanden
Schild: kaum ausgeprägt

Biologie: Sie besiedelt überwiegend kleine Bäche, aber auch Flüsse mit klarem, fließendem Wasser und bevorzugt sandigen bis feinkiesigen Untergrund. Meist ist die Muschel nahezu völlig im Sediment eingegraben. Gelegentlich findet man sie auch in stehenden Gewässern, wobei nach Falkner (1990) die Seepopulationen in Mitteleuropa ohne ständigen Nachschub aus den Zuflüssen nicht lebensfähig sind. Ihre Ansprüche an die Wasserqualität sind recht hoch, wenn auch Alttiere eine gewisse Beeinträchtigung tolerieren. Ihre Lebensdauer liegt zwischen 20 und 30 Jahren, in Nordeuropa bei bis zu 50 Jahren (Falkner 1990).

Fortpflanzung: Nach Hochwald (1997) ist die Kleine Flussmuschel streng getrenntgeschlechtlich. Über die Zeit der Befruchtung ist bisher noch wenig bekannt, unsere heimischen Flussmuscheln dürften aber mehrmals jährlich trächtig werden. Hochwald (1997) beobachtete zwischen ein und fünf Laichschübe pro Jahr. Zum Wirtsfischspektrum der Glochidien zählen nach bisherigem Wissensstand: Aitel, Dreistachliger Stichling, Elritze, Flussbarsch, Kaulbarsch, Mühlkoppe und Rotfeder. Die Jungmuscheln verbringen drei bis vier Jahre im Kiesgrund des Wohngewässers.

Verbreitung: Ganz Europa mit Ausnahme der Britischen Inseln, der Iberischen Halbinsel und Italien. Im Osten reicht ihr Verbreitungsgebiet bis zum Ural, im Südosten über das gesamte Schwarzmeergebiet bis Mesopotamien. Früher war die Kleine Flussmuschel so häufig, dass sie zur Fütterung des Hausgeflügels aus den Bächen geschaufelt wurde (Israel 1910). Noch nach dem Zweiten Weltkrieg wurden die Muscheln zur Knopfproduktion verwendet, seit der 2. Hälfte des 20. Jahrhunderts kam es aber zu einem drastischen Rückgang der Art. Heute wird sie in der Roten Liste mit der Gefährdungsstufe 1 geführt (Frank & Reischütz 1996) und auch die Flora-Fauna-Habitat-Richtlinie der Europäischen Union gibt sie als „Anhang II" als besonders zu schützende Tierart an.

Verwechslungsarten: Malermuschel: Bei der Malermuschel ist die Schale zirka doppelt so lange wie hoch.

Wirbelregion einer Kleinen Flussperlmuschel mit deutlichen Runzelfalten

Malermuschel

Familie: *Unionidae*
Malermuschel: *Unio pictorum* (Linnaeus, 1758)
Gattung: *Unio*

Merkmale

Schale: Die verhältnismäßig dicke, grünlich-gelbe Schale ist schmal-zungenförmig und mehr als doppelt so lang wie hoch. Der Unterrand verläuft annähernd parallel zum Oberrand (Länge: 72–90 mm, Höhe 31–41 mm, Dicke: 23–31 mm). Die Art ist generell recht formstabil. Früher wurden die bauchigen Schalen von Malern zur Aufnahme von Farben oder Verdünnungsmitteln verwendet, daher nennt man diese Art im Deutschen „Malermuschel".
Wirbel: Die Wirbelskulptur besteht aus einzelnen in Reihen stehenden Höckern (vor allem bei Jungtieren gut sichtbar).
Schloss: Kräftige Zähne vorhanden
Schild: kaum ausgeprägt

Biologie: Die Muscheln zeigen eine Tendenz zum seichteren Wasser und damit auch zu etwas grobkörnigeren Lebensräumen. Sie besiedeln die oberen Gewässerbereiche von Seen, Teichen, Altwässern oder Flüssen. Malermuscheln werden meist nach drei bis fünf Jahren geschlechtsreif. Das Lebensalter ist in den einzelnen Gewässern recht unterschiedlich. In warmen, nährstoffreichen Gewässern wächst die Muschel oft schnell heran und lebt nur wenige Jahre. In kühlen, nährstoffarmen Gewässern hingegen ist das Wachstum meist eher langsam und die Muscheln erreichen zum Teil ein Alter von über 15 Jahren.

Fortpflanzung: Über die Fortpflanzung gibt es derzeit erst wenige Untersuchungen und zum Teil recht unterschiedliche Angaben. Meist sind Malermuscheln jedoch getrenntgeschlechtlich (Israel 1914) und die Weibchen dürften zweimal im Jahr trächtig werden. Als mögliche Wirtsfische für die Entwicklung der Glochidien werden in der Literatur derzeit folgende Fischarten genannt: Aitel, Dreistachliger Stichling, Donau-Gründling, Flussbarsch, Karausche, Rotauge, Rotfeder und Schleie.

Verbreitung: West-, mittel- und nordwesteuropäische Verbreitung; von Portugal und West-Spanien über Mitteleuropa bis zum Ural hin reichend. In der Roten Liste Österreichs wird die Art mit der Gefährdungsstufe 3 angegeben (Frank & Reischütz 1996).

Verwechslungsarten: Kleine Flussmuschel: Bei der Kleinen Flussmuschel ist die Schale etwas gedrungener (= nicht ganz doppelt so lange wie hoch).

Oberansicht einer Malermuschel mit leicht korrodierter Wirbelregion

Gemeine Teichmuschel

Familie: *Unionidae*
Gemeine Teichmuschel: *Anodonta anatina* (Linnaeus, 1758)
Entenmuschel
Gattung: *Anodonta*

Merkmale

Schale: Die Art wird weitgehend als formstabil angesehen (Länge: 76–95 mm, Höhe: 49–60 mm, Dicke: 28–29 mm). Die Schale ist rhombisch-eiförmig und verhältnismäßig dick. Außerdem ist die Innenseite des vorderen Unterrandes wulstig verdickt, bei leeren Klappen kann man diese Verdickung gut ertasten. Die Farbe ist innen stumpf weißgrau oder glänzend. Die Einströmöffnung ist breit mit kurzen Papillen.
Wirbel: Bei der Gemeinen Teichmuschel kreuzen die Runzeln der Wirbelskulptur die Zuwachsstreifen. Es ergibt sich ein Muster, in dem konzentrische Linien von mehr oder weniger parallelen Geraden gekreuzt werden.
Schloss: Wie der Gattungsname (Anodonta) schon andeutet, fehlen die Schlosszähne.
Schild: Das Schild ist stark dreieckig gewinkelt, der Schildhinterrand fällt meist etwas konkav ab.

Biologie: Diese Art besiedelt von allen einheimischen Großmuscheln das breiteste Spektrum an Gewässertypen. Man findet sie in stehenden oder leicht strömenden Gewässern auf schlammigem bis grobsandigem Untergrund. Die bevorzugten Gewässertiefen liegen meist zwischen zwei und acht Metern. Das Lebensalter ist in den einzelnen Gewässern recht unterschiedlich. In warmen, nährstoffreichen Gewässern wächst sie oft schnell heran und wird nicht älter als vier bis fünf Jahre. In kühlen, nährstoffarmen Gewässern hingegen werden die Tiere erst mit vier bis fünf Jahren geschlechtsreif und können ein Alter von bis zu 15 Jahren erreichen.

Fortpflanzung: Im Gegensatz zur Großen Teichmuschel scheinen bei der Gemeinen Teichmuschel die meisten Muscheln getrenntgeschlechtlich zu sein. Die Befruchtung der Eier erfolgt im Hochsommer. Die Glochidien entwickeln sich in den Kiementaschen des Muttertieres weiter und werden zwischen Jänner

Oberansicht einer Gemeinen Teichmuschel (Schale)

und April des folgenden Jahres in das freie Wasser entlassen (300.000 bis 400.000). Das Wirtsfischspektrum umfasst Arten zahlreicher Familien, darunter auch ins Süßwasser vordringende Salzwasserarten. Als mögliche Wirtsfische für die Entwicklung der Glochidien werden in der Literatur derzeit folgende Fischarten genannt: Aal, Aitel, Bachforelle, Dreistacheliger Stichling, Flussbarsch, Donau-Gründling, Güster, Hasel, Hecht, Koppe, Meerforelle, Moderlieschen, Nerfling, Regenbogenforelle, Rotauge, Rotfeder, Schleie, Sonnenbarsch, Stint und Zander.

Verbreitung: Fast ganz Europa und Nord-Asien, die Gesamtverbreitung ist jedoch auf Grund der häufigen Verwechslung mit der Großen Teichmuschel noch unklar. Die Große Teichmuschel ist in der Roten Liste Österreichs mit 3–4 eingestuft (Frank & Reischütz 1996).

Verwechslungsarten: Bei der Großen Teichmuschel ist der Schalenunterrand innen nicht verdickt.

Große Teichmuschel

Familie: *Unionidae*
Große Teichmuschel: *Anodonta cygnea* (Linnaeus, 1758)
Schwanenmuschel
Gattung: *Anodonta*

Merkmale

Schale: Die Art ist generell recht formvariabel (Länge: 175–200 mm, Höhe: 84–120 mm, Dicke: 52–60 mm). Die gelblich bis olivbraune, dünnwandige Schale der Großen Teichmuschel ist länglich-eiförmig und im Gegensatz zur Gemeinen Teichmuschel *(A. anatina)* ist der Schalenunterrand innen nicht verdickt. Der Oberrand verläuft parallel zum Unterrand und innen zeigt sich oft ein stark perlmuttartiger Glanz. Die Einströmöffnung ist schmal, mit langen Papillen. Die Schalen können durchaus beeindruckende Längen von über 20 cm erreichen und damit ist sie die größte heimische Muschelart (maximale Länge: 26 cm, Falkner 1990).
Wirbel: Die Wirbelskulptur weist zu den Anwachsstreifen parallele Fältchen auf, sodass sich schöne konzentrische Linien ergeben.
Schloss: Wie der Gattungsname *(Anodonta)* bereits andeutet, fehlen die Schlosszähne.
Schild: Das Schild ist nur wenig ausgeprägt, aber stark zusammengedrückt und von der Schalenwölbung abgesetzt.

Oberansicht einer Großen Teichmuschel

Biologie: Die Große Teichmuschel scheint keine besonderen Ansprüche an die Wasserqualität zu stellen, meidet jedoch starke Strömungen (Zettler 1996). Man findet sie im Schlamm von größeren stehenden Gewässern wie Seen, Teichen und Altwässern, wobei das Verbreitungsmaximum meist zwischen zwei und acht Metern liegt. Die Muscheln erreichen ein Alter von mehr als zehn Jahren.

Fortpflanzung: Nach bisherigen Untersuchungsergebnissen sind die Tiere großteils Zwitter. Die Eier werden im Hochsommer befruchtet und im Muttertier entwickeln sich die Glochidien heran. Im folgenden Frühjahr werden zwischen Februar und April die Glochidien in das Wasser abgegeben (ca. 200.000 bis 600.000). Je nach Wassertemperatur dauert das parasitäre Larvenstadium zwischen zwei und acht Wochen. Als Wirtsfische werden in der Literatur folgende Arten genannt: Aitel, Bachforelle, Brachse, Dreistacheliger Stichling, Elritze, Flussbarsch, Donau-Gründling, Güster, Hasel, Hecht, Koppe, Laube, Nerfling, Regenbogenforelle, Rotfeder und Zander.

Verbreitung: In Nord- und Mitteleuropa, im Süden bis Mittelfrankreich, im gesamten Donaugebiet, bis Mittelgriechenland und im Kaukasusgebiet; die Gesamtverbreitung ist jedoch auf Grund der häufigen Verwechslung mit der Gemeinen Teichmuschel noch unklar. In der Roten Liste ist die Art für Österreich mit der Gefährdungsstufe 2 eingestuft (Frank & Reischütz 1996).

Verwechslungsarten: Bei der Gemeinen Teichmuschel ist der Schalenunterrand innen verdickt.

Chinesische Teichmuschel

Familie: *Unionidae*
Chinesische Teichmuschel: *Sinanodonta woodiana* (Lea, 1834)
Gattung: Pseudoanodonta

Merkmale

Schale: Die feste, braune Schale ist oval bis kreisförmig, innen ist eine Perlmuttschicht ausgeprägt (Länge: 90 mm–230 mm). Beim Wachstum nähert sich die ovale Schalenform immer mehr einem Kreis an.
Wirbel: Die Wirbelfalten sind stark runzelig.
Schloss: Schlosszähne fehlen.

Biologie: Die Muschel bevorzugt nährstoffreiche Gewässer mit schlammigem Untergrund (häufig Fischteiche). Die Tiere stammen aus den ostasiatischen Flüssen Amur und Jangtse und wurden vermutlich über mit Glochidien infizierte Besatzfische nach Europa verschleppt. Die Verschleppung erfolgte wohl hauptsächlich über Graskarpfen, Silberkarpfen, Marmorkarpfen und Blaubandbärbling.

Verbreitung: Verbreitung derzeit noch weitgehend unbekannt, die Muscheln kommen aber wahrscheinlich punktuell bereits recht häufig vor, vor allem in der Thaya, March, Altarmen der Donau, Perschling (Edlinger & Daubal 2000, Reischütz & Reischütz 2000), aber auch in verschiedenen Fischzuchten.

Verwechslungsarten: Große und Gemeine Teichmuschel: Die Schalen beider heimischer Teichmuschelarten *(A. cygnea* und *A. anadina)* sind eiförmig und nicht kreisförmig.

Die deutlich bauchige Schale einer Chinesischen Teichmuschel

Die Familie der Dreissenidae

Dreikant-muschel

Familie: *Dreissenidae*
Dreikantmuschel: *Dreissena polymorpha* (Pallas, 1771)
Zebramuschel, Wandermuschel
Gattung: *Dreissena*

Merkmale

Schale: Die Art ist generell recht formstabil und durch ihre dreikantige, kahnartige Form unverkennbar (Länge: 29–40 mm, Höhe: 13–18 mm, Dicke: 17–20 mm). Die Schale ist festwandig. Vor allem jüngere Tiere zeigen an der Schalenoberfläche ein deutliches Zick-Zack-Muster, daher auch der Name „Zebramuschel".
Wirbel: Der Wirbel bildet die vorderste Spitze der Muschel.
Schloss: Kleine Zähne vorhanden.

Biologie: Die Dreikantmuschel bevorzugt kalkreiche Gewässer, stellt aber keine großen Ansprüche an die Wasserqualität. Sie lebt in großen Gewässern wie Seen, Flüssen und Kanälen. Die adulten Muscheln heften sich an festes Substrat wie Steine, Holz, Wasserpflanzen, künstliche Bauten usw. Die größten Populationen leben zwischen zwei und zwölf Metern Tiefe. Vor allem überhängende Felsunterseiten sowie die Schattenseiten werden allgemein bevorzugt. Pro m² können bis zu 30.000 Individuen sitzen (Klee 1971). Cleven & Frenzel (1992) geben sogar 60.000 Tiere pro m² im Bodensee-Obersee-Ausfluss (Seerhein) an.

Fortpflanzung: Im Gegensatz zu den Großmuscheln werden bei der Dreikantmuschel sowohl die männlichen als auch die weiblichen Gameten direkt in das freie Wasser entlassen, wo auch die Befruchtung erfolgt (= keine Brutpflege). Um die Abgabe von Spermien und Eiern zu initiieren, sind Wassertemperaturen von über 12 °C nötig (Borcherding 1990). Die Reproduktionsmaxima sind im Juni/Juli. Die Muschel durchläuft mehrere freischwebende (= planktische) Larvenstadien. Es können enorme Individuendichten im Wasser entstehen, Griffiths et al. (1991) geben 200.000 Larven/m³ an. Zwischen 18 und 90 Tagen nach der Befruchtung beginnt die Muschellarve sich nieder zu lassen und scheidet aus ihrem Byssus-Apparat Eiweißfäden (= Byssusfäden) ab, um sich festzusetzen.
Durch die planktische Larvenphase hat die Dreikantmuschel unter den Süßwassermuscheln eine einzigartige Stellung. Nach der endgültigen Anheftung erfolgen weitere morphologische Veränderungen, z. B. Bildung der Kiemen, Ausbildung des Mundes und Abscheidung der adulten Muschelschale.

Verbreitung: In Europa liegt das Verbreitungsgebiet der Dreikantmuschel heute zwischen dem Atlantik im Westen, dem Aralsee im Osten, dem Weißen Meer im Norden und dem Kaspischen und Schwarzen Meer im Süden (Breitig 1965). Noch im 18. Jahrhundert war diese Art jedoch nirgends in Europa anzutreffen. Das Vorkommen beschränkte sich zu dieser Zeit wahrscheinlich nur auf die Küstengebiete und die nahe liegenden Flüsse und Seen des Asowschen, teilweise auch des Schwarzen und des Kaspischen Meeres sowie des Aralsees.
Sie ist also ein „klassischer Neozoe". Darunter versteht man Tierarten, die nach dem Jahr 1492 unter direkter oder indirekter Mitwirkung des Menschen in ein bestimmtes Gebiet gelangt sind, in dem sie vorher nicht heimisch waren, und dort wild leben.
Besonders in den letzten 50 Jahren verlief der Vormarsch dieser Muschelart im heimischen Raum sehr rasant. Die wesentliche Ausbreitungsstraße war die Donau. Durch „menschliche Hilfe", wie künstliche Wasserwege (Kanäle oder Rohleitungen), Transport von Segel- und Motorbooten und Ballastwasser von Schiffen, wurde und wird die Dreikantmuschel immer weiter verschleppt. In Österreich wurde sie im Jahr 1868 zum ersten Mal aus der Alten Donau bei Wien gemeldet (Zaunick 1917). Wahrscheinlich gelangte sie über einen Bagger, der zuvor am Suezkanal eingesetzt war, dorthin. Durch menschliche Mithilfe besiedelt die Dreikantmuschel seit Mitte der 1980er-Jahre auch zahlreiche Gewässer in Nordamerika. Im Ballastwasser von großen Schiffen gelangten die Larven über den Atlantik, wo die Muscheln zum ersten Mal 1988 im Lake St. Clair entdeckt wurden (Hebert et al. 1989). Die untersuchten Exemplare hatten ein Alter von zwei Jahren, woraus sich 1986 als Kolonisierungsjahr für Amerika durch die planktischen Larven errechnet.

An Stein festhaftende Dreikantmuscheln

Verwechslungsarten: siehe Quagga-Muschel

Quagga-Muschel

Familie: *Dreissenidae*
Quagga-Muschel: Quagga-Dreikantmuschel *Dreissena rostriformis bugensis* (Andrusov 1897)
Die Angabe der Unterart im wissenschaftlichen Namen bzw. die Artbenennung scheint aktuell noch nicht geklärt zu sein. Es wird ebenso unter *Dreissena bugensis* (Andrusov 1897) und *Dreissena rostriformis* (Deshayes 1838) zur Quagga-Muschel publiziert.
Gattung: *Dreissena*

Merkmale: Im Vergleich zur Dreikantmuschel *D. polymorpha* fehlt der Quagga-Muschel die deutliche Dreikantigkeit der Schale. Die Schalenhälften der Dreikantmuschel *D. polymorpha* haben eine durchgängige Aufsitzfläche, welche von den Schalenseiten sichtbar abgewinkelt ist. Das ist bei der Quagga-Muschel nicht so – die ventrale Seite der Schale ist hier leicht gekielt, was dazu führt, dass sich Quagga-Muscheln in einer abgewinkelten Position sitzend auf den Unterlagen befinden.
Wenn man die Quagga-Muschel von unten betrachtet, also die Bauchseite, auf der sie „sitzt", fällt auf, dass im Gegensatz zur *D polymorpha* bei der Quagga-Muschel die Schalenränder in einer wellenförmigen Linie aufeinandertreffen (bei *D. polymorpha* ist es eine gerade Linie).
Bei der Quagga-Muschel kann das Streifenmuster auf der Schale fehlen bzw. ist die Zeichnung als sehr variabel angegeben. Oft liegt eine Längsstreifung vor. Die Färbung der Schalenaußenseite ist ebenso variabel und reicht von Hellbraun-Gelb bis Schwarz (Martens et al. 2007; Wozniczka et al. 2016).

Biologie: Die Quagga-Muschel ist eine ursprünglich pontokaspische Art und lebt in großen Gewässern, wie Seen, Flüssen und Kanälen. Sie bevorzugt Stillgewässerbedingungen und entwickelt sich dort besser als in durchströmten Bereichen. Die Quagga-Muschel hat im Vergleich zur Dreikantmuschel (*D. polymorpha*) das Potential, in größeren Tiefen von Seen und Stauen zu siedeln (Martens et al. 2007). Das ist auch bereits vom Bodensee berichtet. So wurden Larven und Muscheln der Quagga-Muschel bis in 180 m Tiefe des Bodensees nachgewiesen (IGKB 2019). Weiters kann die Quagga-Muschel bei tieferen Temperaturen und schlechterem Nahrungsangebot im Vergleich zu *D. polymorpha* schneller wachsen. Sie zeigt außerdem das Potential, Weichböden zu besiedeln und neben der meist bereits vorhandenen *D. polymorpha* unentdeckt zu existieren und nach einiger Zeit im Bestand zuzunehmen (Martens et al. 2007).

Fortpflanzung: Die Quagga-Muschel kann sich ab einer Wassertemperatur von 5 °C fortpflanzen, damit erzeugt sie mehrere Generationen pro Jahr. Ebenso wie die Dreikantmuschel hat die Quagga-Muschel freischwimmende Larven (IGKB 2019).

Vergleich
Dreikantmuschel - Quagga-Muschel

Verbreitung: Als ursprünglich im pontokaspischen Gebiet beheimatete Art besiedelt die Quagga-Muschel inzwischen weite Teile der europäischen und nordamerikanischen Gewässer. In Osteuropa begann die Verbreitung in den 1940er-Jahren durch Dammbauten am Dnieper Fluss. 1989 wurde die Art in Nordamerika nachgewiesen (Wozniczka et al. 2016). In Europa wurde die Quagga-Muschel 2006 erstmals in den Niederlanden entdeckt und nur ein Jahr später dann in Deutschland im Main-Donau-Kanal nachgewiesen (Van der Velde & Platvoet 2007). Seitdem verbreitet sich die Art in den Gewässern Deutschlands (Martens et al. 2007; Schöll et al. 2012; Müller et al. 2016).
In Österreich wurde die Quagga-Muschel ebenso erstmals 2006 (Chemiepark Linz) bzw. 2007 in der Donau bei Linz entdeckt (Moog & Wiesner 2010; Aescht & Bisenberger 2011; Liška et al. 2008). 2012 wurde sie donauabwärts in der niederösterreichischen und Wiener Donau – wenn auch nur vorwiegend mit Leerschalenfunden – nachgewiesen (Reischütz et al. 2012). Für den Bodensee ist die Quagga-Muschel 2016 nachgewiesen worden (ANEBO 2020). Dort tritt sie seit ihrer Entdeckung in den Nachfolgejahren in Mengen auf, sodass bereits in den Leitungen des Verbandes der Bodensee-Wasserversorgung Probleme auftreten (Fuchs 2019).
Es wird angenommen, dass die Verbreitung der Quagga-Muschel mittels Ballastwasser von Frachtschiffen erfolgte (Martens et al. 2007; Van der Velde & Platvoet 2007). Es ist aber auch die Verbreitung über mobile Tierarten zu erwarten. So konnten bereits Quagga-Muscheln auf Libellenlarven nachgewiesen werden (Postler et al. 2012).

Verwechslungsarten: Die Dreikantmuschel (*Dreissena polymorpha*) ist durch ihre dreikantige Form und durch das gerade Aufeinandertreffen der Schalen auf der Bauchseite von der Quagga-Muschel zu unterscheiden.

Körbchen-muschel

Familie: *Corbiculidae*
Körbchenmuschel *Corbicula fluminea* (O. F. Müller 1774)
Asiatische Körbchenmuschel, Grobgerippte oder Weitgerippte Körbchenmuschel
Gattung: *Corbicula*

Merkmale: Die Schale ist rundlich dreieckig und asymmetrisch. Der Vorderteil ist kürzer gestaltet als der hintere Teil. Vorne ist die Schale rundlich ausladend und nach hinten gewinkelt. Die Rippung der Schale ist unregelmäßig, aber parallel zu den Zuwachsstreifen in kräftigten Leisten gestaltet. Die Außenseite der Schale ist gelblich-dunkelbraun, innen ist die Schale der Muschel weiß bis blassbläulich.
Länge: 20–36 mm, Höhe: 20–33 mm, Dicke: 20 mm.

Biologie: Die Körbchenmuschel ist in Flüssen sowie Seen vertreten. Sie bevorzugt langsam fließende, große Gewässer mit sandig-kiesigem und gut durchlüftetem Boden. Da sie eine ursprüngliche Brackwasserart ist, verfügt sie über eine hohe Salztoleranz (Tittizer & Taxacher 1997).

Fortpflanzung: Die Vermehrung der Körbchenmuschel ist von kurzen Reproduktionsphasen geprägt. So sind bis zu drei Generationen pro Jahr möglich und erleichtern die Bildung von hohen Populationsdichten (bis 10.000 Individuen/m^2) (Tittizer & Taxacher 1997). Untersuchungen an *C. fluminea* und *C. fluminalis* (Schwesterart, siehe unten bei Verwechslungarten) am Rhein ergaben, dass beide Arten offensichtlich unterschiedliche Temperaturoptima und Reproduktionszeiten haben. So ist für *C. fluminea* berichtet, dass die Art vorwiegend zwittrig ist (simultane Hermaphroditen), wobei Samen und Eier zeitgleich gebildet werden. Ebenso stellten die Autoren fest, dass bei *C. fluminea* befruchtete Eier zu Beginn für 30–60 Tage im Inneren der Muschel behalten werden (Rajagopal et al. 2000).

Verbreitung: Die Gattung der Körbchenmuscheln war während dem Tertiär in ganz Europa verbreitet und ist mit Auftreten der Eiszeit im Quartär nach Osten ins Kaspische Meer, nach Vorderasien und ins Nil-System abgedrängt worden (Kinzelbach 1991). Von Südostasien über Nordamerika gelangte die Körbchenmuschel schließlich um 1980 wieder nach Europa (Bij de Vaate 1991). 1997 wurde die Körbchenmuschel erstmals in der Donau (unterhalb der Isar-Mündung) nachgewiesen (Tittizer & Taxacher 1997). Für Österreich ist der Erstnachweis mit 1999 datiert. Die Körbchenmuschel wurde in einem Donaualtarm bei Bad Deutsch-Altenburg aufgefunden (Fischer & Schultz 1999). Bereits fünf Jahre danach wurden mehrere Nachweise in der Donau von Altenwörth bis an die Grenze zur Slowakei gemeldet (Fischer 2004). Aktuell ist die Art bereits entlang der gesamten österreichischen Donau nachgewiesen und breitet sich in Österreich entlang der Zubringergewässer aus (Moog et al. 2013). So ist sie 2015 im Kamp-Mühlbach bei Langenlois (Reischütz & Reischütz 2015) sowie im Eisbach bei Eisenstadt (Reischütz et al. 2016) nachgewiesen worden.
Für den Bodensee ist *Corbicula fluminea* 2003 erstmals nachgewiesen worden (Werner & Mörtl 2004).

Körbchenmuschel in der Seitenansicht

Verwechslungsarten: Die Schwesterart der oben beschriebenen Körbchenmuschel *C. fluminea* ist *Corbicula fluminalis* (O. F. Müller 1774), auch feingerippte Körbchenmuschel genannt, da die parallel zu den Zuwachsstreifen verlaufenden Leisten feiner gestaltet sind. Die Unterscheidung beider Arten ist nicht immer einfach. So wird berichtet, dass die Merkmale (z. B. Adultgröße und Feinheit der Rippung) variabel sind und es auch Mischformen gibt. Ebenso ist die Hybridisierung von beiden Arten bekannt (Pfenninger et al. 2002). Aktuell ist *C. fluminalis* für Österreich noch nicht bekannt, dafür aber ist sie in Deutschland in Ausbreitung begriffen (Bisenberger 2014, Schleuter 1992, Tittizer & Taxacher 1997).

Danksagung

Für die stets freundliche Unterstützung darf ich ganz besonders Herrn Hofrat Dr. Albert Jagsch, dem langjährigen Leiter des Institutes für Gewässerökologie, Fischereibiologie und Seenkunde, sowie den Mitarbeitern der Abteilung Gewässerökologie und ebenso Herrn FM Manfred Kletzl, FM Franz Grubinger, FM Stefan Strobl und dem engagierten Team der Fischzucht Kreuzstein sehr herzlich danken.

Für konstruktive Anregungen und die Durchsicht des Manuskripts danke ich Herrn Hofrat Dr. Ernst Bauernfeind, Herrn Dr. Wolfgang Honsig-Erlenburg, Herrn Dr. Thomas Spindler und Herrn Thomas Friedrich (Störartige). Ebenso gilt mein Dank Herrn Dipl. Ing. Walter Gaigg sowie dem Verleger Herrn Mag. Wolfgang Dvorak-Stocker für ihr Verständnis und ihre Geduld bei der Umsetzung meiner Wünsche.

Fachliche und institutionelle Hilfestellung bei der Entstehung dieses Buches verdanke ich:

- Dem Bundesamt für Wasserwirtschaft, Institut für Gewässerökologie, Fischereibiologie und Seenkunde (Leitung: HR Dr. A. Jagsch)
- HR Dr. E. Bauernfeind (Naturhistorisches Museum Wien) und der Österreichischen Fischereigesellschaft, gegr. 1880
- Den Autoren der Roten Liste der Fische Österreichs, Mag. Dr. Georg Wolfram (Technisches Büro für Ökologie) und Dr. Ernst Mikschi (Naturhistorisches Museum Wien)
- Dr. Karoly Pinter (Department for Hunting, Fisheries and Water Management, Budapest)
- DI Dr. Christian Wiesner (Universität für Bodenkultur, Institut für Hydrobiologie und Gewässermanagement, Wien)
- Dr. Wolfgang Honsig-Erlenburg und Dr. Thomas Friedl (Kärntner Institut für Seenforschung)
- DI Jürgen Petutschnig, Umweltbüro Klagenfurt, Forum Flusskrebse
- Dr. Robert Konecny, Umweltbundesamt Wien
- Der Biologischen Station Neusiedler See (Leitung: HR Univ.-Prof. Dr. Alois Herzig) und ihren Mitarbeitern Richard Haider und Rudolf Schalli
- Mag. Dr. Regina Petz-Glechner (Petz OEG, Technisches Büro für Ökologie)
- Dr. Jörg Bohlen, Akademie der Wissenschaften, Prag
- Dr. Günther Unfer (Universität für Bodenkultur, Institut für Hydrobiologie und Gewässermanagement, Wien)
- Dr. Michael Schabuss, Universität Wien
- Oskar Tiefenbach (Fischbiologe)

Für ihre tatkräftige Hilfe bei der Beschaffung von Fischen für die fotografischen Aufnahmen bedanke ich mich bei:

- Oliver Beer, Stift St. Paul
- DI Klaus Berg, Ried im Innkreis
- Hermann & Thomas Birngruber, Linz
- Sandra & Thomas Blaselbauer, Salzburg
- FM Bernhard Ebner, Wolfgangsee
- Josef Fischer, Rossatz
- Werner Gritsch, Fischereiverein Leibnitz
- Uschi & Walter Grüll, Forellenzucht, APescatore, Salzburg
- FM Johannes Hager, Fischzucht Lunz am See
- FM Peter Hartl, Forellenzucht Hartl, Hagenau
- Gerhard Hatteier (Peter Pfenninger Stiftung, Salzburg)
- FM Andreas Hofer, Kärnten Fisch, Feld am See
- FM Hannes Igler, Forellenzucht Igler, Kalwang
- Anton Karner, Melk
- Felix Krikava, Fischzucht Strobl am Wolfgangsee
- FM Gerhard Langmaier, Fuschlsee
- FM Paul von Menzel, Teichwirtschaft Waldschach
- Max Motschuinigg und Josef Huainigg, Wörthersee
- Peter Novotny, St. Pölten
- Franz Xaver Ortner, Salzburg
- Gerhard Pock, Wilhelmsburger Fischereiverein
- FM Manfred Reisinger, Fischzucht von Aal bis Zander, Wels
- Uwe Rieder, Hallein
- Ing. Karl Salcher, Großraming
- Erhard Schwarz, Lammerfischerei Golling/Salzburg
- FM Ewald Steiner, Alpenzoo Innsbruck
- FM Monika Trawöger, Walter Hopf, Anton Gaigg, Traunsee
- FM Klaus Tschlatscher, Feld am See
- FM Rudolf Wakolbinger, Stift Schlägl
- Roland Wienerroither, Fischzucht Wienerroither

Mein Dank bei der Neuüberarbeitung dieses Bestimmungsbuches gilt

Frau Veronika Stabauer, MMSc, für die aufwändige Aktualisierung der Roten Listen, der Einstufungen in der FFH-Richtlinie sowie des Washingtoner Artenschutzabkommens. Auch bei den Artporträts einiger Neozooen und bei der mehrfachen Durchsicht des Umbruchs durfte ich auf ihre Unterstützung zurückgreifen.

Herrn Dr. Ernst Bauernfeind für den langjährigen fachlichen Gedankenaustausch.

Herrn DI Dr. Thomas Friedrich für die umfängliche Überarbeitung des Störkapitels und der Beschreibung des neu entdeckten Smaragdgresslings.

Herrn FM Ing. Johannes Hager für die Aktualisierung und Ergänzung des Kapitels über die Süßwasserkrebse.

Herrn Dr. Peter Rey für die Beschaffung der in Alkohol konservierten Quaggamuscheln und für die sehr informativen Diskussionen zur Neozooenfauna.

Herrn Mag. Clemens Ratschan für die Überlassung seines Fotos vom Smaragdgressling.

Für die Überlassung der in der zweiten Auflage neu vorgestellten Fischarten möchte ich mich bei Dr. Josef Wanzenböck, Dr. Thomas Friedrich, Dr. Wolfgang Lechtaler und Mag. Clemens Ratschan recht herzlich bedanken.

Zum Autor

Schon als Kind faszinierte Wolfgang Hauer das Element Wasser und seine Bewohner. In Linz geboren, lebt und arbeitet er heute in Scharfling am Mondsee.

War die Fischerei während seiner Jugend vor allem eine Leidenschaft, die er mit Begeisterung ausübte, absolvierte er später neben seinem Hauptberuf als Exekutivbeamter die Fachausbildungzum Fischereimeister und war mehr als 25 Jahre hauptberuflich am Institut für Gewässerökologie und Fischereiwirtschaft in Scharfling am Mondsee tätig.

Daneben arbeitet er noch als Fachjournalist und Fotograf für die wichtigsten Fischereizeitschriften im deutschsprachigen Raum. Im Fokus seiner fotografischen Arbeit steht vor allem der Lebensraum Wasser mit all seinen Bewohnern über und unter der Wasseroberfläche. Weitere Schwerpunkte der Naturfotografie liegen bei Amphibien, Reptilien, Schmetterlingen und Wasserinsekten.

Mehr dazu unter: www.hauer-naturfoto.at

Glossar

Aquakultur: befasst sich mit der kontrollierten Aufzucht von aquatischen, also im Wasser befindlichen Organismen. Dies sind also nicht nur Fische, sondern auch Muscheln, Krebstiere und Pflanzen, insbesondere Algen. Allen in Aquakultur produzierten Organismen gemein ist die Zuordnung zu einem Besitzer, der den Bestand hegt und pflegt.

Benthos: bezeichnet die Gesamtheit aller am Grund der Gewässer, dem Benthal, lebenden Tiere und Pflanzen bzw. die in diesem Biotop anzutreffende Biozönosen (Lebensgemeinschaften). Das Benthos schließt sowohl die festsitzenden (sessilen) Organismen als auch die kriechenden, laufenden oder vorübergehend schwimmenden, also vagilen Bodentiere ein.

Beutespektrum: alle Arten von Beutetieren, die eine bestimmte Art von Beutegreifern nutzen kann. Sowohl durch Spezialisierung als auch durch Erweiterung des Nahrungsspektrums können Vorteile für das Überleben der Art entstehen. Oft wird nur ein Teil des Beutespektrums ständig genutzt und auf den verbleibenden Teil bei Nahrungsmangel zurückgegriffen.

Brackwasser: Fluss- oder Meerwasser mit einem Salzgehalt von 0,1 % bis 1 % (1 ‰ bis 10 ‰). Im Bereich von Flussmündungen im Meer entsteht durch die Durchmischung des süßen Flusswassers mit dem salzigen Meerwasser die so genannte Brackwasserzone. Diese zeichnet sich durch einen permanent wechselnden Salzgehalt aus und stellt somit an die dort lebenden Organismen stark erhöhte Anforderungen an die Regulation ihres Wasser- und Salzhaushaltes.

Brut: Darunter versteht man üblicherweise, gerade geschlüpfte oder noch sehr kleine Jungfische, die oft in Schwärmen auftreten.

FFH-Richtlinie: Fauna-Flora-Habitat-Richtlinie, Naturschutz-Richtlinie der Europäischen Union, die 1992 beschlossen wurde. Die FFH-Richtlinie hat zum Ziel, wildlebende Arten, deren Lebensräume und die europaweite Vernetzung dieser Lebensräume zu sichern und zu schützen.

Gonade: von griech. *gone* (Geschlecht, Erzeugung, Same) und *aden* (Drüse) – deshalb auch Keim- oder Geschlechtsdrüse genannt, ist jenes Organ, in dem die Keimzellen (Eier, Samenzellen) sowie Sexualhormone gebildet werden. (Weibliche Gonaden: Eierstock, männliche Gonaden: Hoden).

Hypophysieren: Behandlung von Laichfischen mit gonadotropem Hormon (aus der Hirnanhangdrüse = Hypophyse), um die Abgabe von Geschlechtsprodukten zu erreichen

Kieslückensystem (Interstitial): durchströmte Poren- und Hohlräume zwischen den Steinen des Gewässergrunds

Laich: Als Laich werden die Eier von Tieren bezeichnet, bei denen die Eiablage im Wasser erfolgt. Dazu gehören Fische und Amphibien, aber auch Wasserschnecken.

Milchner: Männlicher Fisch, unmittelbar nachdem der Rogner seine Eier abgesetzt hat, werden die Eier vom Männchen („Milchner") besamt.

Neozoen: Tierarten, die vom Menschen in andere Gebiete gebracht worden sind und sich dort dauerhaft etabliert haben. Dabei kann es sich ursprünglich um bewusste Aussetzung der jeweiligen Tiere handeln, um Gefangenschaftsflüchtlinge oder um unwissentlich verschleppte Tiere.

Plankton: Frei im Wasser treibende und schwebende Organismen.

Zooplankton (tierisches Plankton): Alle planktischen Organismen, die keine Photosynthese betreiben, sondern sich von anderen Organismen ernähren, werden zum Zooplankton gezählt. Dabei wird zwischen herbivorem (pflanzenfressenden) und carnivorem (fleischfressenden) Zooplankton unterschieden.

Phytoplankton (pflanzliches Plankton): pflanzliches Plankton, vor allem bestehend aus Kieselalgen, Grünalgen, Goldalgen, Dinoflagellaten und Blaualgen (Cyanobakterien). Es baut als Primärproduzent mit Hilfe von Licht in der Photosynthese aus Kohlendioxid, Wasser und Mineralstoffen seine Körpersubstanz (Biomasse) auf (Primärproduktion). Das Phytoplankton ist damit die Basis der autochthonen Nahrungspyramide in stehenden und langsam fließenden Gewässern. Das Wesentliche der Photosynthese ist, dass aus **anorganischen** Stoffen (CO_2, H_2O) mit Lichtenergie organische Stoffe gebildet werden!

Querbauwerke: quer zur Fließrichtung eines Gewässers errichtete Bauwerke, wie Sohlschwellen, Rückhaltebecken, Stauwerke etc.; häufig bilden sie Wanderhindernisse und damit eine Unterbrechung des Fließgewässerkontinuums.

Renaturierung: Versuch einer Wiederherstellung von naturnahen Lebensräumen aus begradigten Flüssen. Daraus folgend kann sich eine **Revitalisierung** durch die Ansiedelung ursprünglich vorhandener Lebensformen in den wiederhergestellten Lebensräumen ergeben.

Rhithralisierung: durch menschliche Eingriffe hervorgerufene Veränderung eines ursprünglich dem Potamal (meist Epipotamal) zugehörenden Gewässerabschnittes in einen Rhithralbereich

Rogen: Die noch in den Eierstöcken oder der Leibeshöhle befindlichen Eier weiblicher Fische. Nach der Abgabe der Eier ins Wasser spricht man von Laich.

Rogner: Bei den Fischen legt das Weibchen („Rogner") den Laich, der, solange er sich noch innerhalb der Eierstöcke befindet, auch als Rogen bezeichnet wird.

Verbuttung: generelle Kleinwüchsigkeit einer Fisch- bzw. Flusskrebsart, die aus Nahrungsmangel durch einen überstarken Anstieg der Individuenzahl resultiert. Die überhöhte Bestandsdichte kann im Fehlen natürlicher Fressfeinde liegen, wird aber beispielsweise auch durch falschen Besatz oder Bewirtschaftungsfehler (falsche Entnahme) gefördert.

Weichtiere (*Mollusca*) oder **Mollusken:** bilden einen arten- und formenreichen Tierstamm innerhalb der Gewebetiere (*Eumetazoa*). Im Süßwasser sind Schnecken und Muscheln von Bedeutung.

Zu den Weichtieren werden traditionell mehrere Taxa als Klassen gezählt:

- Wurmmollusken (*Aplacophora*)
- Käferschnecken (*Polyplacophora*)
- Einschaler (*Monoplacophora*)
- Schnecken (*Gastropoda*)
- Kahnfüßer (*Scaphopoda*)
- Muscheln (*Bivalvia*)
- Kopffüßer (*Cephalopoda*), unter anderem mit den Tintenfischen und Kraken

Die Fließgewässer werden in Fischregionen eingeteilt, deren Grenzen aber fließend sind.

Krenal: Quellregion

Rhithral: Salmonidenregion
- Epirhithral: obere Bachforellenregion
- Metarhithral: untere Bachforellenregion
- Hyporhithral: Äschenregion

Potamal: Cyprinidenregion
- Epipotamal: Barbenregion
- Metapotamal: Brachsenregion
- Hypopotamal: Brackwasserregion

Literaturverzeichnis

AESCHT E., BISENBERGER A. (2011): Artenliste der Weichtiere *(Mollusca: Gastropoda* und *Bivalvia*) des Bundeslandes Oberösterreich mit Anmerkungen zur Gefährdung. Beitr. Naturk. Oberösterreichs 21: S. 405-466.

AHNELT H. & TIEFENBACH O. (1994): Verbreitungsmuster zweier Steinbeißerarten (*Cobitis aurata, Cobitis taenia*) im Einzugsgebiet der Mur (Österreich). Fischökologie Heft 7, S. 11–24.

ANEBO (2020): Aquatische Neozoen im Bodensee. In: http://www.neozoen-bodensee.de/ Stand 03. 03. 2020, Zugriff 16. 03. 2020.

BAUER G. (1987): Reproductive strategy of the freshwater peral mussel *Margaritifera margaritifera*. J. Animal Ecol. 56. S. 691–704.

BAER, J. ET AL. (2014): Die Rote Liste für Baden-Württembergs Fische, Neunaugen und Flusskrebse - Ministerium für Ländlichen Raum und Verbraucherschutz Baden-Württmberg, Stuttgart, 64 S.

BIJ DE VAATE A. (1991): Colonization of the German part of the river Rhine by the Asiatic clam, *Corbicula fluminea* O. F. Müller, 1774 (Pelecypoda, Corbiculidae). Bull. Zool. Mus. Univ. Amsterdam 13(2), S. 13–16.

BISENBERGER A. (2014): Tier des Monats – Jänner 2014. Die Grobgerippte Körbchenmuschel. ÖO. Landesmuseum. Biologiezentrum Linz.

BOHL E., KLEISINGER H. & LEUNER E. (2003): Rote Liste gefährdeter Fische *(Pisces)* und Rundmäuler *(Cyclostomata)* Bayerns. Bayrisches Landesamt für Umwelt.

BORCHERDING J. (1990): Die Reproduktionsleistung der Wandermuschel *Dreissena polymorpha*. Dissertation, Universität Köln, S. 168 ff.

BREITIG G. (1965): Beiträge zur Biologie, Verbreitung und Bekämpfung von *Dreissena polymorpha* (PALL.) 1771 (*Lamellibranchiata*). Diss. Math. Nat. Fak. Univ. Greifswald.

CHUCHOLL C. (2011): *Procambarus fallax f. virgninalis* (Marmorkrebs). In CABI- Invasive Species compendium: Zugriff: 30. 03. 2020 www.cabi.org/isc/datasheet/110477#top-page,

CLEVEN E. J. & FRENZEL P. (1992): Population Dynamics and Production of *Dreissena polymorpha* in the River Seerhein, The Outlet of Lake Constance. In: NEUMANN D. & JENNER H. A. (Eds.) Limnologie aktuell. The Zebra Mussel *Dreissena polymorpha*. Gustav Fischer Verlag. Stuttgart, Jena, New York, S. 45–47.

DJUMIC A. (1997): Der vernachlässigte Edelfisch: Die Äsche. Facultas Universitätsverlag, Wien, S. 111 ff.

EDLINGER K. & DAUBAL W. (2000): Ein Fund der ostasiatischen Chinesischen Flussperlmuschel *Sinanodonta woodiana* (LEA 1834) in Österreich. Club Conchylia Inf. 32 (4/6): S. 51–53.

ESSL F., NEHRING S., KLINGENSTEIN F., MILASOWSZKY N., NOWACK C. & RABITSCH W. (2011): Review of risk assessment systems of IAS in Europe and introducing the German-Austrian black list information system (GABLIS). J. Nat. Conserv. 19, S. 339–350.

EU (2013): Council Directive 92/43/EEC of 21 May 1992 on the conservation of natural habitats and of wild fauna and flora.

EUROPEAN COMMISSION, DIRECTORATE-GENERAL FOR ENVIRONMENT, STUDY ON INVASIVE ALIEN SPECIES: Development of Risk Assessments to tackle priority species and enhanced prevention: final report, Publications Office of the European Union, 2022 in: http://data.europa.eu/doi/10.2779/5726

F. FALKNER G. (1990): Binnenmollusken. In: Weichtiere. Europäische Meeres- und Binnenmollusken (FECHTER R. & FALKNER G.). Steinbachs Naturführer 10, Mosaik Verlag. München, S. 112–280.

FINDENEGG I. (1948): Vorkommen und Verbreitung der Wirbeltiere in Kärnten. Die Fische. – Carinthia II, Sonderheft 11 (Festschrift zum 100-jährigen Bestehen des NW-Vereines für Kärnten). Klagenfurt, S. 58–62

FISCHER W., SCHULTZ P. (1999): Erstnachweis von *Corbicula cf. Fluminea* (O. F. Müller 1774) *(Mollusca: Bivalia: Corbiculidae)* aus Österreich, sowie ein Nachweis von lebenden *Microcolpia daudebartii acicularis* (Ferussac 1821) *(Mollusca: Gastropoda: Melanopsidae)* aus Bad Deutsch-Altenburg (NÖ, Österreich). Club Conchylia Informationen 31: (3/4), S. 23–26. Lundwigsburg

FISCHER W. (2004): Beiträge zur Kenntnis der Molluskenfauna Österreichs VIII. Zur Verbreitung von *Corbicula fluminea* (O. F. Müller 1774) *(Mollusca: Bivalvia)* und *Microcolpia daudebartii acicularis* (Ferussac 1821) *(Mollusca: Gastropoda)* im Donaugebiet in Niederösterreich sowie Bemerkungen zu *Unio* und *Pseudanodonta (Mollusca: Bivalvia)*. Nachr.bl. erste Vorarlb. malak. Ges. 12, S. 15–18, Rankweil.

FRANK CH. & REISCHÜTZ P. L. (1994): Rote Liste gefährdeter Weichtiere Österreichs *(Mollusca: Gastropoda* und *Bivalvia)*. – In: GEPP, J. (Hrsg.): Rote Liste gefährdeter Tiere Österreichs, Styria Medienservice, Graz, S. 283–317.

FRIEDRICH T., WIESNER C., ZANGL L., DAILL D., FREYHOF J., KOBLMÜLLER S. (2018): *Romanogobio skywalkeri*, a new gudgeon *(Teleostei: Gobionidae)* from the upper Mur River, Austria. Zootaxa 4403 (2), S. 336–350.

FUCHS C. (2019): Die Bodensee-Wasserversorgung muss investieren. Kampf gegen Muscheln kostet Millionen. In: Stuttgarter Zeitung (2019), Online 12. 11. 2019. Zugriff 16. 03. 2020

GERSTMEIER R. & ROMIG T. (1998): Die Süßwasserfische Europas für Naturfreunde und Angler, Franckh-Kosmos Verlag-GmbH & Co., Stuttgart.

GLÖER P. & MEIER-BROOK C. (2003): Süßwassermollusken. 13. Auflage. Deutscher Jugendbund für Naturbeobachtung (Hrsg.), Hamburg.

GRIFFITHS R. W., SCHLOESSER D. W., LEACH J.H. & KOVALAK W. P. (1991): Distribution and dispersal of the zebra mussel (*Dreissena polymorpha*) in the Great Lakes region. Can. J. Fish. Aquat. Sci. 48: S. 1381–1388.

HÄRTL M., HÖLLEIN M. & SCHLIEWEN U. K.: First Record of East Asian Catfish, *Tachysurus fulvidraco* (Richardson, 1846) in Germany. (2018) Spixiana 41: S. 167–168.

HAUPT H., LUDWIG G., GRUTTKE H., BINOT-HAFKE M., OTTO C. & PAULY A. (RED.) (2009): Rote Liste gefährdeter Tiere, Pflanzen und Pilze Deutschlands Band 1: Wirbeltiere Bundesamt für Naturschutz, Bonn-Bad Godesberg Naturschutz und Biologische Vielfalt 70 (1), 386 S.

HEBERT P. D., MUNCHASTER B. W. & MACKIE G. L. (1989): Ecological and Genetic studies on *Dreissena polymorpha* (Pallas): a new mollusc in the Great Lakes. Can. J. Fish. Aquat. Sci. 46: S. 1587–1591.
HOCHLEITNER M. (1996): Störe, Verbreitung, Lebensweise, Aquakultur. Österreichischer Agrarverlag, Klosterneuburg.
HOCHWALD S. (1997): Das Beziehungsgefüge innerhalb der Größenwachstums- und Fortpflanzungsparameter bayerischer Bachmuschelpopulationen (*Unio crassus* PHIL. 1788) und dessen Abhängigkeit von Umweltparametern. Bayreuther Forum Ökologie 50: S. 1–166.
HONSIG-ERLENBURG W. & FRIEDL T. (1995): Erstnachweis des Steingresslings (*Gobio uranoscopus*, AGASSIZ, 1828) in Kärnten. Österreichs Fischerei 48: S. 229–231.
HONSIG-ERLENBURG W. & PETUTSCHNIG W. (RED.) (2002): Fische, Neunaugen, Flusskrebse, Großmuscheln. Natur Kärnten 1, Naturwissenschaftlicher Verein für Kärnten, Klagenfurt, S. 256 ff.
HONSIG-ERLENBURG W. (2001): Der Semling (*Barbus peloponnesius* VALENCIENNES, 1842) – eine verschollene Fischart in Kärnten wiederentdeckt. Österreichs Fischerei 54, Scharfling, S. 120–122.
HONSIG-ERLENBURG W., FRIEDL T. & MAIER B. (1997): Erstnachweis des Weißflossengründlings (*Gobio albipinnatus* LUKASCH, 1933) in Kärnten. Carinthia II, 187/107: S. 119–22.
IGKB – Internationale Gewässerschutzkommission für den Bodensee (2019): Faktenblatt Quagga-Muschel im Bodensee.
ISRAEL W. (1910): Die Najaden des Weidagebietes. Beiträge zur Kenntnis der mitteleuropäischen Najaden. Beil. Nachr. bl. dtsch. Malak. Ges. 4: S. 49–64.
ISRAEL W. (1914): Biologie der europäischen Süßwassermuscheln. Stuttgart, S. 93 ff.
JUNG M., RATSCHAN C., ZAUNER G., FRIEDRICH T. & ZANGL L. (2021): Erste Nachweise des Nordchinesischen Schlammpeitzgers (*Misgurnus bipartitus* Sauvage & Dabry de Thiersant, 1874) und Ausbreitung in Österreich. In: Österreichs Fischerei, 74. Jahrgang, S. 217–232.
JUNGBLUTH J. H., GERBER J. & GROH K. (2000): Muscheln. In: Ergebnisse der Artenkartierungen in den Fließgewässern Bayerns. Fische, Krebse, Muscheln. Hrsg: Bayerisches Staatsministerium für Ernährung, Landwirtschaft und Forsten. S. 194–209.
KERSCHBAUMER G. & PROCHINIG U. (1999): Erstnachweis des Kessler-Gründlings (*Gobio kessleri*, DYBOWSKI 1862) in Kärnten. Carinthia II 189/109, Klagenfurt, S. 237–240.
KILIAS R. (1993): Mollusca. In: Lehrbuch der Speziellen Zoologie (Begr.: KAESTNER A., Hrsg.: GRUNER E.) Band 1 (3), 5. Auflage, Gustav Fischer Verlag, Jena, Stuttgart, New York, S. 9–244.
KINZELBACH R. (1991): Die Körbchenmuscheln *Corbicula fluminea, Corbicula fluminalis* und *Corbicula fluviatilis* in Europa *(Bivalvia: Corbiculidae)*. Mainzer Naturw. Archiv 29: S. 215–228, Mainz.
KLEE O. (1971): Die größte Kläranlage im Bodensee. Eine Muschel. Mikrokosmos 60: S. 129–132.
KOTTELAT M. & FREYHOF J. (2007): Handbook of European Freshwater Fishes. Kottelat, Cornol, Switzerland and Freyhof, Berlin, Germany, S. 646.
LADIGES W. & VOGT D. (1979): Die Süßwasserfische Europas. Paul Parey. Hamburg und Berlin.
LATZER D., PEKNY R. (2018): Erstnachweis des Marmorkrebses *(Procambarus fallax f. virginalis)* in Salzburg bzw. in Österreich. Österreichs Fischerei Jg. 71 (8/9), S. 227–240.
LIŠKA I., WAGNER F., SLOBODNÍK J. (EDS.) (2008): Joint Danube Survey. Final Scientific Report; ICPDR – International Commission for the Protection of the Danube River, Wien, 242 S.
LYKOW F. (2017): The marbled crayfish *(Decapoda: Cambaridae)* represents an independent new species. Zootaxa 4363 (4): S. 544–552.
MARTENS A., GRABOW K., SCHOOLMANN G. (2007): Die Quagga-Muschel *Dreissena rostriformis bugensis* (Andrusov, 1897) am Oberrhein *(Bivalvia: Dreissenidae)*. Lauterbornia 61: S. 145–152, Dinkelscherben
MILLER P. J. (2003): The Freshwater Fishes of Europe. *Mugilidae, Atherinidae, Atherinopsidae, Blenniidae, Odontobutidae, Gobiidae* 1. AULA-Verlag. Vol. 8/I, S. 405.
MITTERLEHNER C. (2008): Erstbeschreibung *Sander volgensis* in OÖ: Wallsee-Donaualtarm. Österreichs Fischerei 61 (4) S. 100–102.
MOOG O., WIESNER C. (2010): Meeresgrundel, Körbchenmuschel, Schwebgarnele und Co. – gebietsfremde Fische und Bodentiere in Österreichs Flüssen und Seen. In: W. RABITSCH & F. ESSL, ALIENS – Pflanzen und Tiere auf Wanderschaft. Katalog des Landesmuseums Niederösterreich 485: S. 71–79, Verlag publication PN 1 Bibliothek der Provinz: Weitra.
MOOG O., LEITNER P. & HUBER T. (2013): Aquatische Wirbellose Neozoa in Österreich. In: Ofenböck G., Aquatische Neobiota in Österreich – Stand 2013. Bundesministerium für Land- und Forstwirtschaft, Umwelt und Wasserwirtschaft, Vienna, S. 54–91.
MOOG O., LEITNER P., HUBER T., RABITSCH W., GRAF W. (2018): Marbled Crayfish *(Procambarus virginalis* Lykow, 2017) – a supplement to the list of Aquatic Invertebrate Neozoa in Austria. Supplement aus: Moog, O., Leitner, P., Huber, T., Rabitsch, W. & W. Graf (2017): Aquatische wirbellose Neozoa. In Moog O. & A. Hartmann (Eds.): Fauna Aquatica Austriaca, 3. Edition 2017. BMLFUW, Wien.
MÜLLER O., WÖHRMANN J., HOFFMANN N., MARTENS A. (2016): Die Quagga-Muschel *Dreissena rostriformis* (Deshayes, 1838) in ostbrandenburgischen Seen und Kanälen *(Bivalvia: Dreissenidae)*. Lauterbornia 81: S. 13–19. Dinkelscherben
NEHRING S., SKOWRONEK S. (2017): Die invasiven gebietsfremden Arten der Unionsliste der Verordnung (EU) Nr.1143/2014. Erste Fortschreibung 2017. BfN-Skripten 471: 176 S.
PATZNER R. A. (2003): Flusskrebse und Großmuscheln im Bundesland Salzburg. Projektsendbericht. Universität Salzburg, S. 78 ff.
PETER F., NEF U., EGLOFF N., POLLI B., FORESTI D., (2019): Der Fall Fählensee. Aus: www.petri-heil.ch
PETUTSCHNIG, J. (2009): Rote Liste der Flusskrebse (Decapoda) Österreichs. In: Zulka, K. P. (Red.): Rote Liste gefährdeter Tiere Österreichs. Checklisten, Gefährdungsanalysen, Handlungsbedarf. Teil 3: Flusskrebse, Köcherfliegen, Skorpione, Weberknechte, Zikaden. Grüne Reihe des Lebensministeriums (Gesamtherausgeberin Ruth Wallner) Band 14/3. Wien, Böhlau: S. 25–40.
PFENNINGER M., REINHARDT F., STREIT B. (2002): Evidence for cryptic hybridization between different evolutionary lineages of the invasive clam genus *Corbicula (Veneroida, Bivalvia)*. Journal of Evolutionary Biology Vol. 15, Iss. 5, S. 818–829.
PINTER K., ERZBERGER P. & LEWIT P. (1998): Die Fische Ungarns, Verlag: Akademiai Kiado, H-1117 Budapest, Prielle Kornelia u., S. 19–35.
POSTLER E., POSTLER W., SCHIEL FJ., MARTENS A. (2012): Die Quagga-Muschel *Dreissena rostriformis bugensis* als neuer Aufsitzer von Libellenlarven *(Bivalvia: Dreissenidae; Odonata: Gomphidae, Libellulidae)*. Libellula 31 (3/4), S. 237–241.

Literaturverzeichnis

POVŽ M. & SKET B. (1990): Naše sladkovdne ribe. Zalošba Mladdinska knjiga. Ljubljana.

PRINZ H. & HAUER W. (2018): Die Amurgrundel *Perccottus glenii*. Österreichs Fischerei. Jg. 71/7, S. 179–188.

RAICHLE G. (1997): Der Stör ein gefährdeter Urweltfisch, Lassleben Kallmünz Verlag, Pettendorf.

RAJAGOPAL S., VAN DER VELDE G., BIJ DE VELDE A. (2000): Reproductive biology of the Asiatic clams *Corbicula fluminalis* and *Corbicula fluminea* in the river Rhine. Archiv für Hydrobiologie 149 (3): S. 403–420.

RESHETNIKOV, A. (2013): Spatio-temporal dynamics of the West-Ukrainian centre of invasion of the fish *Perccottus glenii* and consequences for European freshwater ecosystems. Aquatic Invasions 8, S. 193–206.

RESHETNIKOV A. N. & SCHLIEWEN U. K. (2013): First record of the invasive alien fish rotan *Perccottus glenii* Dybowski, 1877 *(Odontobutidae)* in the Upper Danube drainage (Bavaria, Germany). J. Appl. Ichthyol. 29, S. 1367–1369.

REISCHÜTZ A. & REISCHÜTZ P. L. (2000): Kurzmitteilungen: Beiträge zur Kenntnis der Molluskenfauna Niederösterreichs (17/18) und Wiens. Nachr. bl. erste Vorarlb. malak. Ges. 8: S. 66–68.

REISCHÜTZ A., REISCHÜTZ, P. L., FISCHER W. (2012): Beiträge zur Kenntnis der Molluskenfauna Niederösterreichs, XXVI. Jetzt ist die letzte Lücke geschlossen: Die Quagga-Muschel *Dreissena bugensis* (Andusov 1897) *(Dreissenidae:Bivalvia)* in Niederösterreich und Wien. Nachr.bl. erste Vorarlb. malak. Ges. 19: S. 3–6, Rankweil.

REISCHÜTZ A. & REISCHÜTZ P. L. (2015): *Corbicula* ad portas – Die Weitgerippte Körbchenmuschel auf dem Weg in das Waldviertel. Das Waldviertel 64(3), S. 289–293, Horn.

REISCHÜTZ A., MOOG O., GRASSER U. (2016): Erstnachweis der Weitgerippten Körbchenmuschel *Corbicula fluminea* (O. F. Müller 1774) im Burgenland sowie weitere malakologische Befunde aus dem Eisbachsystem. Acta ZooBot Austria 153, 2016, S. 137–148.

ROLIK, H. (1959): Gobio kessleri (Dyb.) in Polen. Fragmenta Faunistica 8: S. 207–221.

SCHLEUTER M. (1992): Ausbreitung der Körbchenmuscheln *Corbicula fluminea* (Müller 1774) und *Corbicula fluminalis* (Müller 1774) im Main. Lauterbornia 12: S. 17–20. Dinkelscherben

SCHÖLL F., EGGERS T. O., HAYBACH A., GORKA M., KLIMA M., KÖNIG B. (2012): Verbreitung von *Dreissena rostriformis bugensis* (Andrusov, 1897) in Deutschland *(Mollusca: Bivalvia)*. Lauterbornia 74: S. 111–115. Dinkelscherben.

STEWART D., WEININGER D., ROTTIERS D., EDSALL T. (1983): An energetics model for lake trout, *Salvelinus namaycush:* application to the Lake Michigan population. Can. J. Fish. Aquat. Sci. 40, S. 681–698.

TAURER M. M. (2002): Die Großmuscheln in den Stillgewässern Kärntens. Carinthia II. Sonderheft 59. Naturwissenschaftlicher Verein für Kärnten, Klagenfurt, S. 192 ff.

TITTIZER T., TAXACHER M. (1997): Erstnachweis von *Corbicula fluminea/fluminalis* (Müller 1774) *(Corbiculidae, Mollusca)* in der Donau. Lauterbornia H. 31: S. 103–107. Dinkelscherben

UIBLEIN F. , FRIEDL T., HONSIG-ERLENBURG W. & WEISS S. (2002): Lokale Anpassung, Gefährdung und Schutz der Äsche in drei Gewässern in Kärnten. Österreichs Fischerei 55: S. 112–140, Scharfling.

UMWELTBUNDESAMT. *Percottus glenii* - Amurgrundel in: http://www.neobiota-austria.at/ms/neobiota-austria/neobiota_recht/neobiota_steckbriefe/ias-tiere/perccottus_glenii/ Zugriff am 08. 06. 2018

VAN DER VELDE G., PLATVOET D. (2007): Quagga mussels *Dreissena rostriformis bugensis* (Andrusov, 1897) in the Main River (Germany). Aquatic Invasions. Vol. 2. Issue 3: S. 261–264.

VERORDNUNG (EU) NR. 1143/2014 des Europäischen Parlaments und des Rates vom 22. Oktober 2014 über die Prävention und das Management der Einbringung und Ausbreitung invasiver gebietsfremder Arten. URL: http://data.europa.eu/eli/reg/2014/1143/oj

VILCINSKAS A. (1993): Einheimische Süßwasserfische, Naturbuch Verlag

VILCINSKAS A. (1998): Fische, Mitteleuropäische Süsswasserarten und Meeresfische der Nord- und Ostsee, BLV Verlagsgesellschaft mbH, München.

VOGT G., FALCKENHAYN C., SCHRIMPF A., SCHMID K., HANNA K., PANTELEIT J., HELM M., SCHULZ R., LYKO F. (2015): The marbled crayfish as a paradigm for saltatorial specification by autopolyploidy and parthenogenesis in animals. Biology Open 4, S. 1583–1594. https://doi.org/10.1242/bio.014241

WANZENBÖCK J., HOPFINGER M., WANZENBÖCK S., FUXJÄGER L., RUND H. & LAMATSCH D. K. (2021): Erstes erfolgreiches Hybridisierungsexperiment zwischen dem europäischen Schlammpeitzger (*M. fossilis*) und dem asiatischen Schlammpeitzger (*M. anguillicaudatus*) zeigt keine Hinweise auf postzygotische Barrieren. NeoBiota, S. 29–50.

WIESNER C. (2003): Eingeschleppte Meeresgrundeln in der österreichischen Donau – Gefahren und Potentiale. Am Fischwasser, Heft März/April 2003, S. 29–31.

WOLFRAM G., MIKSCHI E. (2007): Rote Liste der Fische (Pisces) Österreichs. In: Zulka, K. P. (Red.): Rote Liste gefährdeter Tiere Österreichs. Checklisten, Gefährdungsanalysen, Handlungsbedarf. Teil 2: Kriechtiere, Lurche, Fische, Nachtfalter, Weichtiere. Grüne Reihe des Bundesministeriums für Land- und Forstwirtschaft, Umwelt und Wasserwirtschaft (Gesamtherausgeberin Ruth Wallner) Band 14/2. Wien, Böhlau: 61–198.

WOZNICZKA A., WAWRZYNIAK-WYDROWSKA B., RADZIEJEWSKA T., SKRZYPACZ A. (2016): The quagga mussel *(Dreissena rostriformis bugensis* Andrusov, 1897) – another Ponto-Caspian dreissenid bivalve in the southern Baltic catchment: the first record from the Szczecin Lagoon. Oceanologia. Vol 58. Issue 2, S. 154–159.

ZAUNICK R. (1917): *Dreissena* in der Alten Donau bei Wien. Nachr. Bl. Dtsch. Malak. Ges. 49: S. 137–138.

ZETTLER M. L. (1996): Die aquatische Malakofauna *(Gastropoda* et *Bivalvia)* im Einzugsgebiet eines norddeutschen Tieflandflusses, der Warnow. Limnologica 26: S. 327–337.

http//www.fishbase.se/summary/SpeciesSummary.php?ID=2708&AT=amerikanischer+Hundsfisch/ Zugriff am 2. 3. 2023

Index (deutsch)

Index (lateinisch)